다가온미래
Tech Trends in Practice

다가온미래
Tech Trends in Practice
포스트 코로나 시대를 구원할 파괴적 기술 25

버나드 마 지음 | 이경민 옮김

다산사이언스

아내 클레어와 아이들 소피아, 제임스, 올리버에게
그리고 놀라운 기술로 더 나은 세상을 만들려는 모든 이에게

한국어판
서문

한국의 독자 여러분에게

시간을 내어 『다가온 미래』의 첫 번째 한국어판을 읽어주신 독자 여러분께 한없는 반가움과 감사를 전한다. 기술 전문가이자 미래학자로서 나에게 한국은 항상 기술 혁신과 우수성으로 빛나는 글로벌 허브이다. 삼성, LG, 현대, 기아와 같은 한국의 회사들은 이 책에서 다룰 앞으로 10년 동안 세계를 변화시킬 가장 중요한 기술 트렌드를 확립하는 데 앞장섰으며 또한 기준이 되어왔다. 또한 AI, 로봇공학, 생명공학을 포함한 이러한 기술과 아이디어 덕분에 실현 가능한 것들의 경계가 꾸준히 새로 그려지고 있는 한국의 많은 대학과 연구기관들이 이들 트렌드의 선두에 서 있다.

물론 이 책의 영문판이 첫 출간된 직후, 우리에겐 전혀 반갑지 않은 계기로 세상이 재편되었다는 점에 유의해야 한다. COVID-19

의 대유행은 전염병의 유행 조짐이 처음 확인되었을 때만 해도 전혀 상상하지 못했던 방식으로 우리가 살고, 일하고, 노는 방식의 많은 측면을 극적으로 변화시켰다. 하지만 이렇게 극적인 한 해를 지나오는 동안 분명해진 것은 기술을 통해 환경에 적응하고 혁신해온 우리의 능력이 전염병으로 인한 피해를 복구하는 데 매우 중요한 역할을 맡게 되었다는 것이다. 마찬가지로 미래에 불가피하게 전염병이 또 발생한다 해도, 바로 이 능력이 우리로 하여금 문제를 예방할 수 있는 새로운 방법을 생각하게 할 것이다.

이는 팬데믹 문제를 극복해야 하는 세계 정부와 산업계가 새로운 방법을 찾는 데 골몰하기는커녕, 오히려 이 책에서 다룬 기술들 전부가 대폭적으로 개발되고 확장 채택되는 과정을 거쳤음을 의미한다. 컴퓨터 비전은 감염 위험이 있는 지역의 인구 이동 및 군중의 밀도와 규모를 모니터링하는 데 사용된다. 클라우드 같은 언택트 서비스를 통해 기업은 업무의 운영 기반을 도심에서 근로자의 집으로 옮길 수 있다. 챗봇을 사용하면 브랜드와 소비자가 온라인으로 안전하게 소통할 수 있다. 로봇은 의료 지원을 원격으로 제공하고 의사나 간병인이 집에 격리되어 있는 사람들과 안전하게 상호작용할 수 있게 한다. 물론 이 모든 것을 뒷받침하는 것은 AI이다. 이는 아마도 우리 생애 중 가장 강력하고 혁신적인 기술 트렌드일 것이며 내가 이 책을 쓰기로 결정한 계기이기도 하다.

이렇듯 팬데믹으로 인해 벌어진 문제 해결에 기술 트렌드를 활용하다 보면 현대 생활의 많은 다른 측면에도 적용될 것이 분명하다. 백신 및 의약품 개발 속도를 가속화하고, 인간에게 더 깨끗하고 안전한 환경을 제공하며, 마침내 도시 중심의 산업 유산에서 벗어난 보다 효율적인 비즈니스 기업이 탄생하는 데까지 이어질 것이다. 지금은 그 어느 때보다 불확실한 시대이며 그렇기에 앞으로의 전망을 바라보는 통찰이 더욱 요구된다. 그러나 우리가 역사를 통해 겪어왔듯이 예측 싸움에선 미래를 만드는 자가 항상 승리한다. 아마도 지금은 그 어느 때보다도 기술이 우리에게 최고의 미래를 구축하는 열쇠이며, 이 책에서 다루는 트렌드가 우리 인간에게, 이 책을 읽는 독자 여러분에게 그 어느 때보다 중요한 역할을 할 것이라고 믿는다.

차 례

| 이 책을 더 잘 활용하려면 |

기록된 기술의 종류가 많을수록 주목도가 높다고 볼 수 있지요. 책이 출간된 현재 기술 트렌드의 분야별 산업 활용도가 어느 정도인지 추측하는 데 활용할 수 있습니다.

영향을 주고받음
함께 발전하고 있는 기술 트렌드로, 관련 비즈니스 모델 예시를 찾아볼 수 있어요.

영향을 받음
해당 트렌드 기술의 상용화 및 개발 속도를 결정짓는 기술을 '문턱 기술'이라고 이름 붙여 정리했습니다. 덧붙여 상용화 촉진을 위해 개발이 선행되어야 할 기술도 함께 기록했습니다.

	기술 트렌드	어느 기술의 토대가 될까	상호 시너지 기술	현재 문턱 기술
1	AI와 머신러닝	2, 8, 11, 12, 13, 14	4	4
2	사물인터넷과 스마트 기기의 부상	3, 5, 7	3, 4, 11, 6	4
3	웨어러블부터 증강 인간까지	3, 7		
4	빅데이터와 증강 분석	1, 2, 10, 12, 23		
5	스마트 공간	7	2, 3, 13, 14	1, 5, 7, 15
6	블록체인과 분산 원장		2	
7	클라우드와 에지 컴퓨팅	9, 18	12	5
8	디지털 확장현실		12	
9	디지털 트윈	1, 2, 20	1	7
10	자연어 처리	11		1, 4
11	음성 인터페이스와 챗봇			1, 4, 10
12	컴퓨터 비전과 안면 인식		4	1
13	로봇과 코봇	3, 22, 23	24	1, 2, 4
14	자율주행차		13	1, 2, 4, 12, 15
15	5G 및 더 빠르고 더 스마트한 네트워크			
16	유전체학 및 유전자 편집			21
17	기계 공동 창의성 및 증강 디자인		10, 11, 12	2
18	디지털 플랫폼		1, 4, 7, 13	6
19	드론과 무인항공기	2	13	1, 12
20	사이버 보안과 사이버 복원력		9	1, 7, 9, 11
21	양자 컴퓨팅		7	
22	로봇 프로세스 자동화		10, 12	1
23	대량 개인화 및 마이크로 모먼츠			4, 24
24	3D 및 4D 프린팅과 적층 가공	23	1, 2, 11, 17	
25	나노기술과 재료과학		2, 5, 14, 16, 19, 24	

- 이 책의 본문에는 관련 있는 다른 기술 트렌드가 표시(◎)되어 있습니다. 기술 트렌드를 더 깊고 폭넓게 이해하는 데 도움이 됩니다.
- 활용 예시 아래의 표는 본문에 언급된 기술 트렌드를 각각의 관계에 따라 정리한 것입니다. 언급이 많이 될수록 먼저 개발되었거나 다른 기술 트렌드와의 관련도가 높고, 그렇지 않을수록 최근에 개발이 시작되었거나 개발 초기 단계라는 것을 알 수 있습니다.

영향을 줌

문턱 기술과는 반대로 해당 트렌드로 인해 새로운 비즈니스 모델이 생기거나, 영향을 받아 상용화할 수 있게 되는 기술입니다.

산업, 비즈니스 적용

비즈니스 모델에는 한 가지 기술만 들어있지 않습니다. 다른 기술과 결합하여 하나의 서비스 혹은 제품이 만들어진 사례를 살펴볼 수 있습니다. 상대적으로 상용화 모델이 많이 만들어졌다고 할 수 있겠습니다.

함께 언급된 산업, 혹은 제도적 이슈로, 해당 기술의 발전에 위협 혹은 기회가 됩니다. 책에 언급되지 않은 것들이 더 많으니 어떤 제품과 서비스를 개발하고 있는지 대략적으로 살피는 정도로 활용하세요.

어느 기술의 열쇠가 될까	비즈니스 활용 사례	함께 언급된 이슈들(일부)
22, 23	2, 3, 18, 12, 13, 17, 23	보안, 사생활, 데이터, 기술 격차
13, 19	3, 5	보안, 보험, 헬스케어
		마케팅, 헬스케어
2, 3, 5, 7, 23	2, 3, 13, 18	보안, 보험, 유통
2		보안, 토목, 유통, 건설
		P2P, 금융, 보안
1	1, 12	미디어, 엔터테인먼트, 서비스, 보안
		게임, 엔터테인먼트, 마케팅, 서비스, 교육, 사생활
	12	헬스케어, 자동차, 항공우주, 국방
	11	미디어, 엔터테인먼트, 서비스, 콘텐츠산업, 헬스케어
		서비스, 마케팅, 판매
	8	보안, 제조, 안보, 국방, 헬스케어, 자동차(자율주행), 사생활
	12	사생활, 서비스, 제조, 헬스케어, 비용, 일자리
7	13, 24	보안, 보험, 유통, 물류
5, 8, 14		자율주행차, 보안, 비용, 교육, 헬스케어
		사생활, 농업, 헬스케어
		예술, 건축, 엔지니어링, 제조
		대체기술, 플랫폼 비즈니스, P2P
		유통, 국방, 여객
2		보안, 국방, 안보, 사생활, 금융
1, 14, 16	7	보안, 기술 격차, 암호학
13		금융, 소매업, 헬스케어, 서비스
		헬스케어, 마케팅, 유통, 제조
23		지식재산권, 제조, 의료
		제조, 의료, 배터리, 디스플레이, 생명공학

※ 위의 표는 이 책에서 다룬 내용만을 사용하여 만든 예시이므로, 단독 자료로 활용하기에는 적절하지 않습니다.

들어가며

우리는 변화 속도가 가장 빠르고 규모 또한 거대한 기술혁신의 시대에 살고 있다. AI, 블록체인, 스마트 로봇, 자율주행차, 3D 프린팅, 첨단 유전체학 등의 놀라운 기술을 비롯한 여러 다른 기술이 새로운 산업혁명을 맞아들이고 있다. 증기기관, 전기, 컴퓨터가 각각 1차, 2차, 3차 산업혁명을 불러온 것처럼, 이 책에서 다루는 25가지 기술이 4차 산업혁명을 이끌고 있다. 앞선 산업혁명이 그랬듯, 4차 산업혁명도 비즈니스를 바꾸고, 비즈니스 모델을 수정하며, 산업계 전체를 변화시킬 것이다. 25가지 기술은 앞으로 비즈니스를 어떻게 운영해야 할지, 무슨 일을 해야 할지, 사회공동체로서 우리가 어떻게 기능해야 할지를 알려준다.

여러분이 어떤 조직의 리더라면 최신 기술이 생겨나는 속도를 따라잡기가 매우 벅찰 수 있다. 전 세계의 가장 혁신적인 기업과 정부에 전략적 조언을 하는 미래학자로서, 나는 이런 기술의 충격을 설명하고 대비하게 하는 일을 한다. 이 책을 통해 4차 산업혁명을 뒷받침하는 주요 기술의 개요를 이해하기 쉽게 설명하고, 오늘날의 비즈니스에서 이런 기술이 실제 어떻게 사용되고 있는지 말하고자 한다. 또한 앞으로 여러분 개인을 비롯한 여러분의 조직이 무엇을 어떻게 준비해야 할지에 관해 몇 가지 조언을 제공하고자 한다.

나는 이 책에서 25가지 기술을 선별했다. 이 기술들이야말로 모든 비즈니스 리더가 꼭 알아야 하는 핵심이라고 생각하기 때문이다. 기초적인 빅데이터, 5G, AI부터 이것과 겹치거나 이미 이 기술을 사용하고 있는 자율주행차, 챗봇, 컴퓨터 비전 등이 이 책에 담겨 있다. 나의 목표는 현재 그리고 중·단기적 미래에 산업계에 가장 큰 영향을 끼칠 주요 기술을 논하는 것이다.

미래 기술 속으로 들어가기 전에 한 가지 꼭 하고 싶은 말이 있다. 4차 산업혁명은 더 나은 세상을 만들 큰 기회를 제공하며, 기후변화, 소득 불평등, 기아, 헬스케어에 이르기까지 가장 도전적인 과제들을 처리할 것이다. 이런 문제를 그냥 내버려 둬선 안 된다.

여느 신기술과 마찬가지로, 25가지 기술 역시 악용될 소지가 있으므로 그런 일이 발생하지 않도록 안전장치를 마련해야 한다. 재차 강조하지만, 이 기술들은 비즈니스를 바꾸고, 비즈니스 모델을 수

정하며, 산업계 전체를 변화시킬 역량이 있다.

이 책에 등장하는 기술의 혁신과 발전 정도는 그야말로 입을 떡 벌어지게 한다. 몇 년 전에는 불가능하다고 생각했던 새로운 혁신과 응용이 매주 일어나고 있다. 이런 변화를 눈여겨보는 게 내 일이다. 《포브스Forbes》에 실린 기사와 유튜브 동영상, 그 밖에 소셜 미디어에 올린 글에 담긴 내 시각을 보고 싶다면 홈페이지 www.bernardmarr.com를 찾아봐도 좋다. 홈페이지에서는 기술에 관한 좀 더 많은 기사와 동영상, 보고서도 찾아볼 수 있다.

01

AI와 머신러닝

ARTIFICIAL INTELLIGENCE AND
MACHINE LEARNING

TECH TRENDS IN PRACTICE

AI와 머신러닝이란 무엇인가?

2016년, 스티븐 호킹Stephen Hawking은 다음과 같이 말했다. "AI의 개발 성공은 인류 역사에서 가장 큰 사건입니다." 물론, 기술 발전을 논하는 말에 과장이 섞여 있는 건 비밀이 아니다. 그러나 AI의 경우는 앞선 언급이 결코 허풍이 아니다. 호킹처럼 나 역시 AI가 세상을 뒤엎고, 우리가 사는 방식을 획기적으로 탈바꿈시킬 것이라 믿는다.

AI와 머신러닝은 여러분의 상상보다 이미 일상에서 더 큰 역할을 맡고 있다. 알렉사, 시리, 아마존의 제품 추천, 넷플릭스와 스포티파이(음원 스트리밍 서비스─옮긴이)의 추천 알고리즘, 모든 구글 검색 결과, 신용카드 도용을 방지하기 위한 보안 검사, 데이트 앱, 피트니스 트래커(운동량, 수면의 질, 회복량 등을 체크해주는 웨어러블 장치—옮긴이)에 이르기까지 모든 분야에 AI가 적용되고 있다.

AI와 머신러닝은 이 책에서 다루는 많은 기술이 발을 디딜 수 있는 기반이 된다. 예를 들어, AI가 없다면 우리는 2장의 사물인터넷이나 8장의 가상현실, 11장의 챗봇, 12장의 안면 인식, 13장의 로봇과 자동화, 14장의 자율주행차를 완성할 수 없다. 몇 가지만 언급해도 이 정도다.

그런데 AI와 머신러닝은 정확히 무엇이며, 어떻게 작동할까? 매우 간단히 말하자면, AI는 문제를 해결하고, 패턴을 식별하고, 다음에 무엇을 해야 하며, 혹은 심지어 미래의 결과가 어떨지 예측하기 위해 일련의 데이터에 알고리즘을 적용하는 것을 뜻한다. 이 과정에서 관건은 데이터를 통해 학습해 시간이 지날수록 데이터 해석력이 발전하는 능력이다. 이 지점에서 바로 머신러닝이 관련된다. 머신러닝은 AI의 하위 분야로, 스스로 학습하는 기술을 가리킨다. (사실, '머신Machines'은 컴퓨터, 스마트폰, 소프트웨어, 산업 장비, 로봇, 차량 등 여러 가지를 포함할 수 있다.)

인간의 두뇌는 미리 프로그램화된 규칙이 아니라, 데이터를 통해 배운다. 인간은 주변 세상으로부터 얻은 정보를 끊임없이 해석하고 학습한다. 성공과 실패를 경험하며 시간이 지날수록 능력이 향상된다. 그리고 이제까지 배운 것으로부터 결정을 내리고 조치를 취한다. AI, 좀 더 구체적으로 말하면 머신러닝도 인간의 이런 습성을 복제했다. 따라서 단순히 기계에 지켜야 할 규칙을 입력하는 게 아니라, 기계 역시 데이터로부터 '학습'할 수 있다. 딥러닝은 어쩌면 여러분이 들어봤을 또 다른 AI 관련 용어다. 머신러닝의 최첨단 형태로서, 좀 더 복잡한 데이터 프로세싱을 뜻한다. (이번 장에서는 머신러닝과 딥러닝을 좀 더 포괄적인 용어인 AI로 표현하려 한다.)

인간과 마찬가지로, 기계도 학습할 수 있는 데이터가 많을수록 더 똑똑해진다. 그렇기에 지난 수년간 AI가 그토록 급격한 발전을 이룰 수 있었다. 5년이나 10년 전만 해도 이 정도로 발달할 거라고는 상상할 수 없었다. 현대의 AI는 처리해야 할 데이터를 요구한다. 그리고 우리는 과거 어느 때보다도 많은 데이터를 만들어내고 있다. ⊙ 4장 빅데이터 이런 데이터의 폭증과 전산 능력의 진보가 AI의 성장을 가속화하고 있다.

AI는 단지 우리의 일상에 일부 스며드는 정도가 아니다. 산업과 비즈니스를 통째로 전환할 참이다. 어느 조사에 따르면, 고위 임원의 73퍼센트가 AI, 머신러닝, 자동화 분야에 투자를 지속하거나 늘릴 예정이다.[1] (정부 역시 AI 투자를 우선시하고 있다. 2019년 백악관은 국가 AI 계획에 착수해 여러 정부 기관이 AI 발전에 힘을 쏟도록 하고 있다.[2])

AI는 모든 비즈니스와 산업계 전체를 뒤바꿀 뿐만 아니라, 개인의 직업에도 영향을 미칠 수 있다. IBM의 예측에 따르면, 전 세계적으로 1억 2천만 명의 사람들이 앞으로 3년 이내에 AI 때문에 재교육을 받아야 한다.[3] 특히 AI로 가능해진 자동화● 22장 때문에 상당한 충격이 발생해 대량실직으로 이어질 수 있다. 그러나 나는 인간의 직업이 모두 로봇에게 빼앗긴 디스토피아적 관점보다는, AI가 우리 삶을 더 낫게 만들 것이라는 믿음을 갖고 있다. 물론 AI와 자동화 때문에 현재의 많은 직업이 10년이나 20년 이내에 사라질지 모른다. 그러나 AI는 인간의 업무를 향상시키며, 새로 생겨나는 직업이 사라진 직업을 속속 대체할 것이다. (컴퓨터와 인터넷이 직업 일부를 없앴으나, 새로운 직업을 등장케 했다는 사실을 기억하자.) 게다가 기계가 좀 더 지능화되어 인간이 하는 일을 더 많이 맡을 수 있게 되면, 인간 고유의 능력, 즉 창조성과 공감, 비판적 사고 등이 미래 직장에서 더 가치 있고 중요해질 것이다.

AI와 머신러닝은 실제로 어떻게 사용되는가?

AI는 기계가 인간과 같은 처리능력을 갖추게 할 수 있다. 즉, 보고(안면 인식), 쓰고(챗봇), 말하게(알렉사) 한다. 기계의 능력이 점점 고도화될수록 AI는 일상 속으로 더 깊숙이 파고들 것이다.

AI는 대단히 폭넓은 분야의 기술을 뒷받침하기 때문에, 여러분은 이 책을 통해 AI가 구체적으로 여러 비즈니스와 산업계에 어떻게 사용되는지에 관한 사례를 엿볼 수 있다. 여기서 짧게나마 AI가 이미 수행할 수 있는 놀라운 일들을 정리했다.

AI는 인간을 상대로 게임을 이길 수 있다.

인간을 상대하는 기계는 많은 SF영화의 단골 주제다. 현실에서는 AI 연구의 발전 덕택에 지능을 갖춘 기계가 인간에게서 중요한 (그러나 유해하지 않은) 승리를 거뒀다.

- 1997년 IBM의 **딥블루**Deep Blue는 세계 챔피언 가리 카스파로프 Garry Kasparov를 상대로 체스 게임에서 승리했다.[4] 많은 사람이 이를 두고 인공지능이 마침내 인간을 따라잡았다고 목소리를 높였지만, 실상은 그보다 덜하다. 딥블루는 모든 가능한 수를 읽기 위해 무지막지한 전산 능력을 활용했고, 이것이 카스파로프를 이긴 비결이었다. (기계가 게임에서 어떻게 더 창조적이 될 수 있는지 17장을 참고하기 바란다.)

- 2011년 IBM의 AI 시스템 **왓슨**Watson은 퀴즈쇼 〈제퍼디!Jeopardy!〉에서 두 명의 인간 참가자를 상대로 승리를 거둔다.[5] 두 사람은 보통의 참가자가 아니었다. 퀴즈쇼 역사상 가장 출중한 출연자로서 둘이 합해 500만 달러(약 60억 원)를 상금으로 거둔 적도 있었다.

- 2018년 **딥마인드**DeepMind의 **알파스타**AlphaStar는 실시간 전략 게임 스타크래프트II에서, 가장 뛰어난 프로 선수 중 한 명에게 5대 0이라는 인상적인 점수 차로 이겼다.[6]

- 2019년 마이크로소프트는 자사의 **Suphx**가 중국의 마작 고수를

상대로 승리할 수 있다고 밝혔다. Suphx가 5,000판을 둔 결과, 등급이 10단에 해당하는 것으로 평가됐다. 10단은 초고수의 등급으로, 이제까지 단 180명만이 도달할 수 있었다.[7]

- 또 2019년 AI가 정육면체의 각 면을 같은 색깔로 맞추는 게임인 루빅큐브를 1.2초 만에 풀 수 있다는 사실이 밝혀졌다. 현재까지의 최고 기록보다 2초 더 빠르다. (일반인 평균보다는 20년 더 빠르다.[8]) **딥큐브에이**DeepCubeA 시스템은 캘리포니아대학교 어바인 캠퍼스의 연구자들이 개발했다.

AI는 헬스케어를 발전시키고 있다.
2019년 8월 영국 정부는 국민건강보험의 AI에 자금을 지원하기 위해 2억 5천만 파운드(약 3,800억 원)를 쏟아붓는다고 발표했다.[9] 아래에 AI가 헬스케어를 어떻게 혁신시키는지 몇몇 예시를 정리했다.

- 2019년 영국의 의학 저널 《란셋The Lancet》에 발표된 연구에 따르면, AI가 의료 영상으로부터 **질병을 진단하는 능력**만큼은 인간 권위자에게 뒤떨어지지 않는 수준으로 우수하다고 한다.[10] 딥러닝은 암이나 눈 질환 진단 등의 분야에서 엄청난 가능성을 보여주고 있다.

- MIT 연구자들은 유방암의 전개를 향후 5년까지 예측할 수 있는

AI 모델을 개발했다.[11] 이는 백인뿐만 아니라 흑인에게도 잘 적용
된다. 과거의 유사한 연구에서는 백인 환자의 경우만 압도적으로
고려되어왔다.

- **인퍼비전**Infervision의 영상 인식 기술은 AI를 이용해 폐암 징후를
  찾는다. 이 기술은 이미 중국의 의료 서비스 현장에서 사용되고
  있다.[12]

책, 음악, 그리고 음식: AI는 어떻게 우리의 취미 생활을 바꾸는가
넷플릭스나 스포티파이 같은 콘텐츠 플랫폼은 AI를 기반으로 하
고 있다. 모두 AI를 이용해 사용자들이 무엇을 보고 듣기를 원하
는지 파악해 맞춤형 추천을 하고, (넷플릭스의 경우) 새로운 콘텐츠
를 제작하기도 한다. 아래에 AI가 어떻게 우리의 휴식 시간을 파
고드는지 정리했다.

- 중국의 검색 엔진 **소우거우**搜狗는 저자의 목소리를 모방해 소설
  을 읽어주는 AI를 개발 중이라고 밝혔다.[13] [딥페이크(딥러닝과 페
  이크의 합성어로 인공지능의 영상 합성, 조작 기술—옮긴이)가 세간의 주
  목을 받는 사람들의 음성과 영상 콘텐츠를 만들어내는 것과 유사한 방식
  이다.] 이는 오디오북 시장에 혁신을 일으킬 수 있다. 특히, 자신의
  오디오북을 만들지 못하는 저자들에게 그렇다.

- **소니**는 곡에 따라 드럼 소리를 만들 수 있는 AI를 개발했다. AI 드

럼넷AI DrumNet이라는 이름의 이 시스템은 수백 곡의 노래를 사용해 학습했고, 다른 악기에 맞춰 기본적인 드럼 소리를 들려줄 수 있다.[14]

- MIT의 연구자들은 AI에 피자를 역설계reverse engineer하는 법을 가르쳤다. 피자 사진을 보여주면 AI가 토핑을 식별하고 여러분에게 사진 속 피자를 만드는 법을 가르쳐준다.[15] 이 기술이 왜 필요한지 궁금한가? 이론적으로 이 기술은 어느 음식이든 사진으로 보여주면 그 내용을 분석해 적절한 레시피를 알려줄 수 있다. 따라서 만약 여러분이 레스토랑에서 먹은 맛있는 음식을 똑같이 만들어보고 싶다면, 몇 년 안에 그런 앱이 출시될지 모른다.

AI의 미래?

2019년 마이크로소프트는 AI 연구소인 **오픈AI**OpenAI에 10억 달러(약 1조 2천억 원)를 투자하겠다고 밝혔다. 오픈AI는 바로 일론 머스크Elon Musk가 설립한 곳이다.[16] 이 막대한 투자의 배경은 무엇일까? 오픈AI는 AI의 '성배'라 할 수 있는 인공 일반 지능AGI, artificial general intelligence을 개발하기 위해 전념하고 있다.

AI가 '일반 지능general intelligence'을 향해 놀라운 발전을 하고는 있지만, 아직 인간의 두뇌에 미치지는 못한다. 다시 말해, AI는 어떤 특정한 일을 배우는 데 대단히 뛰어나지만, 그렇다고 해서 인간처럼 이를 다른 일에 적용할 수는 없다. 이런 AI 시스템에 인간의 두뇌와 같은 전반적인 지능을 심고 융통성을 발휘하게 하는 것이 AGI의 목표이다. 아직은 그런 AI를 개발하지 못했다. 사실, AGI가 가능할지 여부도 불투명하다. 그러나 마이크로소프트의 투자 사실을 놓고 보면, 이것이 진지한 목표임을 알 수 있다.

주요 도전 과제

나는 이번 장을 "AI의 개발 성공은 인류 역사에서 가장 큰 사건입니다"라는 호킹의 언급을 인용하며 시작했다. 그러나 그다음으로 이어지는 그의 말은 "불행히도, 이 사건은 인류의 마지막 사건일 수도 있습니다. 리스크를 피하는 법을 배우지 못한다면요"이다.

AI에는 도전 과제와 리스크가 없지 않다. 한 가지 예를 들면, 인류의 목숨과 사회에 잠재적으로 큰 리스크가 있다. (어떤 나라들은 AI가 탑재된 자동화 무기 개발을 두고 경쟁하고 있다.) AI를 성공적으로 사용하려면 반드시 극복해야 하는 주요 도전 과제를 살펴보자.

규제

규제기관이 AI에 관심을 드러내기 시작하면서, 협상을 벌여야 할 법적 장애물이 들어섰다. 지금까지는 AI의 얼리어답터 기업들이 다소 제멋대로 해왔다. [예를 들어, 페이스북은 이용자 동의 없이 사진 자동 태깅auto-tagging(태그는 어떤 정보를 검색할 때 사용하기 위해 부여하는 단어 혹은 키워드를 의미한다—옮긴이)을 위해 안면 인식 기술을 사용하다 소송에 직면했다.][17] 이런 식의 행동은 계속될 수 없다. 비즈니스 리더는 AI에 윤리적이고 책임감 있게 접근해야 한다.

사생활 침해

윤리적으로 AI를 사용한다는 뜻은 개인의 사생활을 존중하고, 데이터를 수집할 때 개인의 동의를 구하며, 그렇게 모은 데이터를 어떻게 사용하는지 투명하게 밝혀야 한다는 의미다. 과거에는 이런 점이 다소 미흡했다. 예를 들어, 아마존이 소비자의 분노에 직면했던 이유는, 개인이 알렉사와 나누는 대화를 아마존의 하청업체가 엿듣고 있었기 때문이었다. 물론, 음성만으론 개인의 신분이 노출되지 않으며, 아마존이 강조한 점도 이런 작업이 알렉사의 역량 강화를 위해 필요했다는 사실이다. 그러나 소비자들은 자신의 사적인 대화를 누군가 듣고 있을 거라 상상하지 못했다. 그 후로 아마존은 알렉사의 설정에 '노 휴먼 리뷰no human review'라는 옵션을 넣었다. 이 옵션을 설정하면 개인의 대화를 리뷰하지 못하도록 막을 수 있다.[18]

설명 가능성 결여

AI가 루빅큐브를 단 1.2초 만에 풀 수 있다고 말한 것을 기억하는가? 그런데 재밌는 사실은, 이 AI 시스템을 개발한 연구자들은 AI가 어떤 원리로 루빅큐브를 풀어내는지 설명하지 못한다는 점이다. 이것을 일컬어 '블랙박스 문제blackbox problem'라 한다. 직설적으로 말하자면, AI가 어떻게 결론에 도달하는지 항상 알 수 있는 건 아니라는 뜻이다.

이 문제는 책임과 신뢰에 있어 중대한 의문을 품게 한다. 예를 들어, 의사가 AI의 예측을 참고해 환자의 치료법을 바꾸는 경우, (그리고 AI가 어떻게 그런 결론에 도달했는지 의사는 모를 때) 만약 AI가 추후에 틀렸다고 판정되면 그 책임은 누구에게 있는가? 게다가 유럽에서 공표된 일반 개인정보 보호법GDPR, General Data Protection Regulation에 따르면 개인은 자동화된 시스템이 어떤 과정을 거쳐 결론을 내렸는지 설명을 들을 권리가 있다.[19] 그러나 많은 경우, 우리는 여전히 AI가 결론을 내리는 과정을 알지 못한다.

AI가 어떻게 결론에 도달하는지를 설명해줄 새로운 도구와 접근법이 개발되고 있다. 그러나 그중 다수는 아직 초보적인 단계다.

데이터 이슈

AI는 자신이 학습한 데이터만큼만 똑똑하다. 즉, 데이터가 편향되어 있거나 신뢰할 수 없는 수준이면, 그 결과 역시 편향되어 있거나 신뢰할 수 없다. 예를 들어, 안면 인식 기술은 여성이나 유색 인종보다 백인 남성을 잘 식별하는데, 당초 안면 인식 시스템을 학습할 때 쓴 데이터 세트가 남성 75퍼센트, 백인 80퍼센트 이상이었기 때문이다. 이것은 프로그래머가 좀 더 다양한 데이터 세트를 추가함으로써 고칠 수 있는 문제다.[20] 그러므로 기업이 AI로부터 최상의 결과를 얻고 싶다면, 데이터가 가능한 한 편향되거나 배타적이지 않도록 고려해야 한다.

AI 기술 격차

마지막으로, 많은 기업이 힘들게 노력해야 할 문제는 AI 관련 인재를 찾는 일이다. 이렇게 복잡한 AI 시스템을 개발할 수 있는 인재는 한정되어 있으며, 그마저도 구글이나 IBM에서 마구 쓸어 담고 있다. 이 문제에는 서비스형 AI AIaas, AI-as-a-service가 해답이 될 수 있다. IBM이나 아마존 같은 기업에서 제공하는 서비스형 AI를 활용하면 많은 기업이 인프라 구축이나 직원 고용에 값비싼 투자를 하지 않고도 AI 서비스를 이용할 수 있다. 모든 기업이 AI에 더 쉽게 접근할 수 있는 것이다.

AI라는 기술 트렌드를 준비하는 법

AI는 비즈니스를 비롯한 일상생활의 거의 모든 부분에서 혁명을 일으키고 있다. 앞으로 모든 비즈니스는 AI의 잠재성을 간과할 수 없을 것이다. 그렇다면 어떻게 여러분의 비즈니스에 AI를 이용할 수 있을까? 대체로 기업은 세 가지 방식으로 AI를 사용하고 있다.

- 더 스마트한 제품 개발 ◉ 2장, 3장
- 더 스마트한 서비스 제공 ◉ 18장, 23장
- 더 지능적인 비즈니스 프로세스 구현 ◉ 12장, 13장, 17장

모든 비즈니스 리더는 AI를 적용하여 위와 같은 방식으로 비즈니스를 향상할 수 있는지 고심해야 한다. 그러나 AI를 최대한 활용하기 위해선 탄탄한 AI 전략이 필요하다. 좋은 AI 전략이란 늘 대

단히 중요한 비즈니스 전략과 연계되어야 한다. 달리 말하자면, 여러분은 여러분의 비즈니스에서 무엇을 달성하고자 하는지 눈여겨봐야 하며, 그럴 때 비로소 AI가 목표를 이루도록 도울 수 있을 것이다.

주

1. 7 Indicators Of The State-Of-Artificial Intelligence (AI), March 2019, Forbes: https://www.forbes.com/sites/gilpress/2019/04/03/7-indicators-of-the-state-of-artificial-intelligence-ai-march-2019/#73420b34435a

2. White House Unveils a National Artificial Intelligence Initiative: www.nextgov.com/emerging-tech/2019/02/white-house-unveils-national-artificial-intelligence-initiative/154795/

3. More Robots Mean 120 Million Workers Will Need to be Retrained, Bloomberg: www.bloomberg.com/news/articles/2019-09-06/robots-displacing-jobs-means-120-million-workers-need-retraining

4. How Did A Computer Beat A Chess Grandmaster?: www.sciencefriday.com/articles/how-did-ibms-deep-blue-beat-a-chess-grandmaster/

5. Watson and the Jeopardy! Challenge: www.youtube.com/watch?v=P18EdAKuC1U

6. AlphaStar: Mastering the Real-Time Strategy Game StarCraft: https://deepmind.com/blog/article/alphastar-mastering-real-time-strategy-game-starcraft-ii

7. After 5,000 games, Microsoft's Suphx AI can defeat top Mahjong: https://venturebeat.com/2019/08/30/after-5000-games-microsofts-suphx-ai-can-defeat-top-mahjong-players/

8. AI learns to solve a Rubik's Cube in 1.2 seconds: www.engadget.com/2019/07/17/ai-rubiks-cube-machine-learning-neural-network/

9. Boris Johnson pledges £250m for NHS artificial intelligence, The Guardian: www.theguardian.com/society/2019/aug/08/boris-johnson-pledges-250m-for-nhs-artificial-intelligence

10. A comparison of deep learning performance against health-care professionals in detecting diseases from medical imaging, The Lancet: www.thelancet.com/journals/landig/article/PIIS2589-7500(19)30123-2/

fulltext

11. MIT AI tool can predict breast cancer up to 5 years early, works equally well for white and black patients: https://techcrunch.com/2019/06/26/mit-ai-tool-can-predict-breast-cancer-up-to-5-years-early-works-equally-well-for-white-and-black-patients/

12. Infervision: Using AI and Deep Learning to Diagnose Cancer: www.bernardmarr.com/default.asp?contentID=1269

13. The Search Engine AI That Reads Your Books: www.aidaily.co.uk/articles/the-search-engine-ai-that-reads-your-books

14. Sony's new AI drummer could write beats for your band: https://futurism.com/the-byte/sony-ai-drummer-write-beats-your-band

15. MIT's new AI can look at a pizza, and tell you how to make it: https://futurism.com/the-byte/mit-pizza-ai

16. Microsoft invests $1 billion in OpenAI to pursue holy grail of artificial intelligence: www.theverge.com/2019/7/22/20703578/microsoft-openai-investment-partnership-1-billion-azure-artificial-general-intelligence-agi

17. Facebook faces legal fight over facial recognition: www.bbc.com/news/technology-49291661

18. Amazon quietly adds "no human review" option to Alexa settings as voice AIs face privacy scrutiny: https://techcrunch.com/2019/08/03/amazon-quietly-adds-no-human-review-option-to-alexa-as-voice-ais-face-privacy-scrutiny/

19. The "right to an explanation" under EU data protection law, Medium: https://medium.com/golden-data/what-rights-related-to-automated-decision-making-do-individuals-have-under-eu-data-protection-law-76f70370fcd0

20. How Bias Distorts AI, Forbes: www.forbes.com/sites/tomtaulli/2019/08/04/bias-the-silent-killer-of-ai-artificial-intelligence/#260abf2e7d87

트렌드

02

사물인터넷과
스마트 기기의 부상

INTERNET OF THINGS AND
THE RISE OF SMARTDEVICES

TECH TRENDS IN PRACTICE

한 문장 정의 ────────

사물인터넷은 더 많은 일상의 장치와 도구가 인터넷으로 연결돼 서로 데이터를 주고받으며 새로운 서비스를 제공하는 것을 뜻한다.

사물인터넷이란 무엇인가?

스마트 기기의 부상은 데이터의 폭발적인 증가에 큰 역할을 했으며 ○4장 빅데이터 우리가 사는 세상을 빠르게 바꾸고 있다. 그러나 사물인터넷에서는 사람이 아닌 사물에 의해 데이터가 생산된다. 이에 따라 '머신 생성 데이터machine-generated data'라는 용어도 생겨났다. 기계가 데이터를 생산한다는 말은 얼마나 정확할까? 일반적으로 스마트 기기나 장치는 정보를 모아 인터넷으로 서로 통신한다. 예를 들어, 여러분의 피트니스 트래커는 여러분의 활동 데이터를 자동으로 스마트폰 앱으로 전송한다. (이번 장 마지막에서 살펴보겠지만, 미래에는 기기들이 데이터를 따로 전송하지 않고 스스로 처리할 것이다.)

이런 일이 가능한 이유는 오늘날 거의 모든 장치가 더 스마트해졌기 때문이다. 첫 시작은 아이폰이었으며, 그 이후로 스마트TV, 스마트 워치, 피트니스 트래커◉ 3장 웨어러블 기기, 스마트 온도 조절 장치, 스마트 냉장고, 스마트 산업 장비 등이 나왔다. 심지어 최근에는 스마트 기저귀까지 나왔는데, 스마트 기저귀는 아이들이 가장 잘하는 일(?)을 했을 때 이를 알려준다. 다양한 분야의 장치, 기계, 장비에 센서가 부착되어 끊임없이 데이터를 수집하고 전송한다. 오늘날 가장 작은 종류의 장치마저도 컴퓨터처럼 기능할 수 있다. (그러나 실제로 컴퓨터는 사물인터넷의 일부로 여겨지지 않는다. 사물인터넷이란 일반적으로 냉장고나 TV처럼 인터넷에 접속되지 않을 것 같은 일상 사물 간의 연결을 가리키기 때문이다.)

사물인터넷 장치는 전구처럼 작을 수 있으며, 가로등처럼 클 수도 있다.◉ 5장 스마트 공간 또한 집에 있을 수도 있고, 거리나 사무실, 병원, 산업 현장에 있을 수도 있다. 이 장의 후반부에서 사물인터넷의 실제 응용 사례를 다루겠다.

기계가 서로 연결되어 정보를 공유하는 것이 사물인터넷의 핵심이다. 이런 기계 사이의 대화는 장치들이 서로 이야기하며 잠재적으로 인간의 개입 없이 일련의 조치를 결정할 수 있음을 의미한다. 예를 들어, 센서가 부착된 제조 장비는 분석을 위해 클라우드에 성능 데이터를 전송하고, 시스템은 이 데이터를 바탕으로 제조 장비의 보수·유지 일정을 알아서 정할 수 있다. (산업 및 제조 현장에서의 사물인터넷 사용은 종종 '인더스트리 4.0'으로 불린다.)

사물인터넷은 얼마나 클까? 휴, 굉장히 크다. 사물인터넷은 오늘날 무척 성장했으며 스마트 기기의 인기는 쉽사리 꺾일 추세를 보이지 않는다. 글로벌 정보 제공 업체 IHS의 예측에 따르면, 2025년까지 750억 대의 기기가 인터넷에 연결될 것이다.[1] 만약 750억 대라는 숫자를 가늠하기 어렵다면 다음과 같은 사실을 살펴보자. 2019년 1월 현재, 아마존은 알렉사가 설치된 스마트 기기를 1억 대 이상 판매했다.[2] 이 스마트 기기들은 바로 아마존 에코Amazon Echo 스마트 스피커와 알렉사가 설치된 다른 기기들이다. (흥미롭게도, 다수의 사물인터넷 기기가 알렉사 같은 음성 인터페이스를 이해한다. 11장)

이런 스마트 기기는 어느 곳에나 편재할 뿐 아니라, 점점 더 강력해지고 있다. 즉, 단지 클라우드에 데이터를 업로드하는 수준을 넘어 스스로 더 많은 연산을 해낸다. 이것을 일컬어 '에지 컴퓨팅edge computing'이라 한다. 에지 컴퓨팅에서 데이터는 클라우드가 아니라 데이터가 발생한 원천에서 처리된다. 이론적으로는 여러분 가정의 스마트 냉장고가 데이터를 스스로 처리하는 것이다. 물론 아직 에지 컴퓨팅이 본격화되기에는 상대적으로 이르지만, 많은 이점을 얻을 수 있을 것으로 예측된다.

사실 사물인터넷 장치들은 막대한 데이터를 생성한다. 이런 데이터가 모두 대단히 중요한 것도 아닌데, 이로 인해 네트워크가 붐

트렌드 02 **사물인터넷과 스마트 기기의 부상**   039

벼 처리 시간과 의사 결정 과정이 오래 걸릴 수 있다. 만약 알렉사에 날씨를 묻는 정도라면 데이터 처리가 지연된다고 해도 별일 아니지만, 자율주행차를 타고 있다면 얘기가 달라질 수 있다. 그러나 에지 컴퓨팅에서는 네트워크가 덜 붐빈다. 데이터 원천에서 중요한 데이터가 빨리 취급되기 때문이다.

에지 컴퓨팅은 우리가 사물인터넷에서 기대하는 발전 중 하나일 뿐, 유일한 성취는 아니다. 비즈니스 리더가 재빨리 사물인터넷의 능력을 눈치챘다면, 다가오는 미래에 더욱더 흥미진진한 사물인터넷 관련 진전을 기대할 수 있을 것이다.

사물인터넷은 실제로 어떻게 사용되는가?

사물인터넷은 우리의 일상 저변에 더 깊숙이 들어설 전망이다. 직장과 가정, 심지어 우리가 이동하는 중에도 이용하고 있다. 사실 사물인터넷이 얼마나 깊이 침투해 있는지 안다면 여러분은 깜짝 놀랄 것이다. 실제 사물인터넷이 활용되는 예를 살펴보자.

가정과 일상을 더 스마트하게 만드는 법

집 대문을 아직도 구식 열쇠로 열고 있는가? 그럴 필요 없다. 스마트 도어록을 설치한다면 말이다. 여전히 전등 스위치를 손으로 켜고 끄는가? 동굴에 사는 사람이나 그럴 것이다. 많은 스마트 소비재 상품의 아이디어는 이런 종류의 일상 행동을 단순화하거나 자동화하는 것이다. 게다가 요즘의 스마트 제품은 여러분의 기호와

행동까지 파악해, 필요를 예측하고 움직임에 반응한다. 예를 들어
보자.

- 구글이 소유한 **네스트**Nest의 온도 조절 장치는 여러분이 집을 관
  리하는 방식에 맞추어 실내 온도를 조절한다.

- **오로**Orro의 지능형 전등 스위치는 여러분이 실내에 있는 걸 탐지
  해, 스스로 전등을 켜고 끈다. 또한 시간에 따라 조명 밝기를 조절
  하기도 한다.

- **어거스트 스마트록 프로**August Smart Lock Pro 하나면 어디에서나 열
  쇠 없이 집 대문을 열고 잠글 수 있다. 여러분이 외출하면 자동으
  로 잠그고, 집으로 돌아오면 다시 연다. 또한 알렉사나 시리 같은
  음성 지원과 연계될 수 있다.

- **LG의 스마트 와인 냉장고**는 어떤 음식을 술과 곁들일지 안내하
  고, 여러분의 입맛을 체크해 다음번에 무슨 와인을 사면 좋을지
  추천할 수 있다.

- **린카**Linka의 스마트 자전거록은 가까이 다가가는 순간 사용자를
  인식하며, 열쇠 없이 자동으로 자물쇠를 연다. 여러분의 친구나
  가족이 자전거를 사용하게 할 수도 있다.

- 요즘에는 심지어 스마트 변기까지 나왔다. 정말일까? **콜러 누미 2.0 인텔리전트 양변기**Kohler Numi 2.0 Intelligent Toilet에는 아마존 알렉사가 내장되어 있다. 8,000달러(약 960만 원)면 구입할 수 있다.

스마트 워치, 피트니스 트래커, 심지어 스마트 의류 같은 웨어러블 기기는 사물인터넷에서 핵심 역할을 담당한다. 웨어러블에 관해서는 3장에서 알아보자.

의료 사물인터넷IoMT, Internet of Medical Things으로 더 건강해지는 법

사물인터넷은 헬스케어 산업에 일대 변혁을 일으킬 참이다. 의료 사물인터넷이라는 이름까지 만들어졌다. 의료 사물인터넷 기기는 환자 상태를 모니터하고, 응급 상황을 간병인에게 알리며, 전문 의료진에게 진단 가능한 데이터를 제공하고, 환자가 의사의 처방을 따르게 할 수 있다. 의료 사물인터넷 기기는 심장 박동을 비롯한 생명 유지 기관을 추적하고, 혈당을 모니터하며, 활동량과 수면 단계를 기록한다. 이런 조치가 가져올 효과를 잠시 생각해보자. 의사는 더 이상 환자의 진술에만 의존하지 않아도 된다. 의료 사물인터넷이 환자의 건강과 생활에 관한 데이터를 직접 제공할 수 있기 때문이다. 짐작하겠지만, 의료 사물인터넷은 웨어러블 기술의 발전과 밀접한 연관이 있다.◑3장

비즈니스 방식의 변혁

사물인터넷은 비즈니스에 크나큰 유익을 제공한다. 다음과 같은

훌륭한 예가 있다.

- 제품을 만들어 파는 기업들이 제품을 스마트하게 만들면, 제품이 어떻게 사용되고 있는지에 관한 전례 없는 정보를 얻을 수 있다. 이 덕분에 기업은 더 나은 서비스를 제공하고 제품의 품질 또한 향상할 수 있다. 예를 들어 **롤스로이스**는 자사가 제조하는 제트 엔진에 센서를 설치해 항공사가 제트 엔진을 어떻게 사용하는지 더 잘 이해할 수 있다.

- 사물인터넷은 또한 기업이 새로운 고객가치를 제공하도록 할 수 있다. 예를 들어, 트랙터 및 농기계 제조업체인 **디어 앤 컴퍼니** John Deere는 지능형 농기계를 개발했는데, 센서가 토양 상태 및 다른 요인을 모니터해 고객이 어디에 무슨 작물을 심어야 하는지에 관한 정보를 줄 수 있다.

- 기업은 사물인터넷 덕분에 새로운 이익을 얻을 수 있다. **구글 네스트** 스마트 온도 조절 장치가 그런 예 중 하나다. 온도 조절 장치는 실시간으로 에너지 사용량을 수집한다. 이는 공익기업이나 기타 관련 단체에 매주 중요한 정보다. 이런 식으로 발생하는 데이터는 기업의 핵심 자산이 될 수 있으며, 잠재적으로 기업 가치를 높일 수 있다.

- 사물인터넷의 가장 큰 기회는 기업 운영을 최적화하는 데 있다.

제조 장비 같은 스마트 기기에서 생성된 데이터는 기계를 운용하는 방법을 개선하는 데 도움을 줄 수 있으며, 기업은 이를 통해 다양한 프로세스를 자동화하고, 효율과 신뢰도를 높이며, 비용을 절감할 수 있다. 따라서 제조업체가 사물인터넷 기술을 선도하는 것도 놀랄 일이 아니다.

산업 사물인터넷IIoT, Industrial Internet of Things의 발달

기업들은 모든 세세한 작동을 보고할 수 있는, 서로 연결된 기계 장비에서 점점 더 많은 가치를 발견하고 있다. 이런 산업 장비 사이의 네트워크를 산업 사물인터넷이라 한다. 그 예는 다음과 같다.

- 로봇 및 자동화 기업 ABB는 산업 사물인터넷 센서를 이용해 로봇의 점검 요구를 모니터함으로써, 부품이 고장 나기 전에 점검·보수한다.

- 자동차 부품 제조업체 히로텍Hirotec은 산업 사물인터넷을 이용하여 공구 제작 작업 가운데 하나에서 기계의 신뢰성reliability과 성능을 모니터하며, 그렇게 얻은 데이터는 기계를 좀 더 생산적으로 만드는 데 사용된다. 히로텍은 일본에 있는 제조 공장 중 한 곳의 전체 생산 라인을 인터넷으로 연결하려 하고 있다. 이 말은 완전한 자동차 부품(이 경우 자동차 문)이 스마트하게 서로 연결된 방식으로 생산됨을 뜻한다.[3]

- 산업 사물인터넷은 기차가 제시간에 운영되도록 돕는다. **지멘스 AG**Siemens AG는 기차와 철도의 센서에서 데이터를 수집해 예측 정비predictive maintenance를 수행하며 에너지 효율을 높인다. 지멘스 AG에 따르면, 결과적으로 탑승객에게 100퍼센트의 신뢰도를 보장할 수 있다.[4]

- 현장 서비스 관리 제공업체 **서비스맥스**ServiceMax는 커넥티드 필드 서비스Connected Field Service라는 산업 사물인터넷 기반 플랫폼을 만들어 기업이 자사의 외부 현장 장비를 예측 정비할 수 있도록 돕는다. 실제로 서비스맥스는 커넥티드 필드 서비스를 통해 고객의 필수적인 장비가 가동 중지 시간 없이 100퍼센트 작동할 수 있도록 보증하길 희망한다.[5]

스마트 먼지 Smart Dust**에 대한 대비**

센서와 카메라를 장착한 먼지만 한 무선 장치가 세상에 존재할까? 이미 그렇다. MEMS라고 불리기도 하는 미세 전자 기계 시스템은 사물인터넷을 수백만 배, 아니 수십억 배 확장시킬 잠재력이 있다.[6] 다가올 미래에 MEMS는 농업이나 제조업, 보안, 로봇◎13장, 그리고 드론 기술◎19장에 활용될 수 있다.

주요 도전 과제

사생활 침해는 사물인터넷과 관련한 우려 중 하나다. 우리는 가정 내에서 우리의 활동 내역을 어디까지 공개할 수 있을까? 많은 사

람이 좀 더 스마트하고 효율적인 주거를 위해 사생활을 일부 포기
할 수 있는 것으로 보이지만, 크기가 너무 작아 찾아내기 어려운
스마트 먼지는 더 큰 문제를 일으킬 수 있다. 이런 이유로 사물인
터넷을 자사의 제품 및 장비와 작업 현장에 연결하려는 기업은 반
드시 사생활과 윤리, 투명성에 관해 진지하게 고민해야 한다.

보안은 또 다른 주요 이슈다. 예를 들어, 사물인터넷은 봇넷botnets
과 같은 부작용을 일으켰다. 봇넷은 인터넷에 연결되어 중앙 시스
템의 통제를 받는 장치를 뜻한다. 이런 장치는 대개 DDoS 공격과
관련이 있다. DDoS 공격이란, 해커가 인터넷에 연결된 여러 장치
로 웹사이트에 가짜 요청을 하도록 하여 결국 웹사이트를 다운시
키는 것을 말한다. 가장 유명한 예로는 2016년 DDoS 공격이 있
다. 당시 주요 인터넷 프로바이더가 부분적으로 오프라인화되면
서 트위터나 아마존을 비롯한 유명 웹사이트의 인터넷 연결이 끊
겼다. 이 공격을 위해 무방비 상태의 사물인터넷 장치 약 10만여
대가 봇넷으로 이용되었다.[7]

문제는 인터넷에 연결된 이런 기기가 거의 보안 대비가 되어 있지
않다는 것이며, 대비되어 있다 하더라도 사용자들이 패스워드조
차 설정하지 않는 등 기초적인 보안 활동을 하지 않는다는 점이다.
이로 인해 봇넷 문제는 더 나빠지며, 데이터 도난 위험에도 그대로
노출되고 만다. 다른 말로 하자면, 여러분의 스마트 기기는 잠재적
으로 여러분의 데이터를 유출할 수 있으며, 데이터를 훔치고자 하

는 누구에게나 손쉬운 접속 지점을 제공할 수 있다.

어느 기관(물론 사물인터넷을 사용하는 누구나)이 기기와 데이터를 보호하려면 필요 절차를 준수하는 것이 필수적이다. 패스워드 설정은 물론 다음과 같은 활동을 숙지해야 한다.

- **기기가 최신 소프트웨어로 업데이트되었는지 주기적으로 확인.** 새로운 약점은 끊임없이 발견되며, 보안 문제를 해결하는 패치는 정기적으로 발표된다. 당장 업데이트하지 않고, '나중에 업데이트하기' 버튼을 누르면 여러분의 기기는 공격에 취약해질 수 있다.

- **상시 기기 점검.** 기업은 직원들이 자신의 기기를 회사 네트워크에 접속할 수 있도록 점점 더 많이 허용하고 있다. [이는 BYOD(개인 소유의 노트북, 스마트폰 같은 단말기를 업무에 활용하는 것—옮긴이), 즉 'bring your own device'로 알려져 있다.] 그러나 이런 조치는 보안 문제를 일으킬 수 있다. 회사 네트워크에 접속하는 모든 기기를 기록해 최신 운영체제로 업데이트되어 있는지 확인해야 한다.

- **네트워크 분할.** 당장 소통할 필요가 없는 서로 다른 부분의 네트워크는 각각 분리한다. 마찬가지로, 네트워크에 꼭 연결할 필요가 없는 기기는 되도록 연결하지 않는다.

- **봇넷에 대한 경계.** 네트워크 트래픽을 분석하는 것이 최선의 경계다. 만약 여러분의 기기가 습관적으로 여러분이 알지 못하는 목적지에 연결되거나 데이터를 전송하면, 신속히 업데이트하거나 오프라인으로 설정해야 한다.

블록체인●6장은 사물인터넷 보안과 관련해 좀 더 큰 역할을 맡을 수 있다. 한 보고서에 따르면, 사물인터넷 기기와 데이터를 보호하려는 블록체인 기술의 활용은 2018년 동안 두 배로 늘었다.[8] 블록체인을 보호하기 위해 사용된 강력한 암호화 기술 덕분에 해킹으로 침투하기 어려워진 것이다.

사물인터넷이라는 기술 트렌드를 준비하는 법

보안상 위협에도 불구하고, 사물인터넷은 믿을 수 없는 기회를 제공한다. 즉, 기업은 고객을 더 잘 이해할 수 있고, 기업 운영을 능률화하며, 새로운 고객 가치를 만들고, 수익을 끌어올릴 수 있다. 여러분이 잘 준비한다면 말이다. 여기 이런 새로운 트렌드를 준비할 수 있는 핵심 조치를 소개한다.

- **중요한 사업 전략과 사물인터넷이 어떤 관련이 있는지 고려하라.** 사물인터넷에서 진정한 가치를 얻기 위해서는, 그것이 여러분의 비즈니스 목표와 연계되어야만 한다. 여러분은 무엇을 달성하고자 하는가? 고객을 더 잘 이해하는 것인가, 운영비를 줄이는 것인가? 사물인터넷이 어떻게 여러분의 비즈니스를 이 같은 목표로

나아가게 할 수 있는가?

- **제품을 만들고 있다면, 어떻게 해야 그 제품이 더 스마트해질 수 있는지 고민하라.** 심지어 변기까지 스마트한 이 시대에, 소비자들은 일상용품이 좀 더 똑똑하기를 기대한다.

- **데이터 저장 공간은 충분해야 한다.** 사물인터넷은 막대한 양의 데이터를 생성한다. 여러분은 모든 데이터를 저장하고 이해할 수 있는 저장 공간과 전산 능력을 갖추고 있는가?

- **모든 데이터를 어떻게 분석할 수 있을까?** 사물인터넷 관련 데이터를 이해할 수 있도록 돕는 솔루션이 이미 많이 나와 있다.

- **사물인터넷 데이터를 필요로 하는 인원이 확실히 데이터에 접근할 수 있어야 한다.** 단지 데이터 확보에 머무는 게 아니라, 유용하게 사용할 수 있어야 한다. 즉, 기업의 다양한 인원이 데이터에 접근하고 이를 해석함으로써 더 나은 결정을 내리거나 운영을 능률화할 수 있다.

- **사물인터넷 보안 전략을 준비해야 한다.** 어느 부서가 해킹 위협을 최소화하는 임무를 맡을 것인가? 누가 회사 네트워크에 접속한 기기를 점검하고 업데이트할 것인가? 해킹 발생 시 어떻게 대응할 것인가?

주

1. Do you know the tenets of a truly smart home? Wired: www.wired.com/brandlab/2018/11/know-tenets-truly-smart-home/

2. More than 100 million Alexa devices have been sold: https://techcrunch.com/2019/01/04/more-than-100-million-alexa-devices-have-been-sold/

3. Hirotec: Transforming Manufacturing With Big Data and the Industrial Internet of Things (IIoT): www.bernardmarr.com/default.asp?contentID=1267

4. Siemens AG: Using Big Data, Analytics And Sensors To Improve Train Performance: www.bernardmarr.com/default.asp?contentID=1271

5. ServiceMax: How The Internet of Things (IoT) and Predictive Maintenance Are Redefining the Field Service Industry:www.bernardmarr.com/default.asp?contentID=1268

6. Smart Dust Is Coming. Are You Ready? Forbes: www.forbes.com/sites/bernardmarr/2018/09/16/smart-dust-is-coming-are-you-ready/#27afb4125e41

7. Lessons from the Dyn DDoS Attack, Schneier on Security: www.schneier.com/essays/archives/2016/11/lessons_from_the_dyn.html

8. Almost half of companies still can't detect IoT device breaches, reveals Gemalto study: www.gemalto.com/press/Pages/Almost-half-of-companies-still-can-t-detect-IoT-device-breaches-reveals-Gemalto-study.aspx

03

웨어러블부터
증강인간까지

FROM WEARABLES TO
AUGMENTED HUMANS

TECH TRENDS IN PRACTICE

웨어러블과 증강인간이란 무엇인가?

아마도 오늘날 웨어러블 기기의 가장 대표적인 예는 피트니스 트
래커와 스마트 워치일 것이다. 작고 착용하기 쉬운 기기로서 우
리의 활동을 모니터하여, 더 건강하고 더 생산적인 삶을 살 수 있
도록 적합한 정보를 제공한다. 그러나 '웨어러블wearable'이라는 용
어가 반드시 손목에 무언가를 차거나 그 밖에 몸에 무언가를 걸
치는 것을 의미하지는 않는다. 웨어러블 기기는 여러분의 걸음걸
이와 주력을 측정할 수 있는 운동화라든가, 로봇 보철(의족, 의안,
의치 등을 제작해서 끼우는 것—옮긴이), 산업 현장에서 사용하는 착
용형 로봇 등 '스마트' 의류에까지 확장될 수 있다.

웨어러블 기술이 더 작고 더 똑똑해질수록 웨어러블의 범위는 점

점 더 확대되고 있다. 또한, 현재 우리에게 친숙한 웨어러블보다 더 새롭고, 더 작고, 더 지능적인 제품이 등장할 것이다. 예를 들어, 이미 우리에게 익숙한 스마트 안경은 앞으로는 스마트 콘택트렌즈로 대체될 가능성이 높다. (이 장의 후반부에 더 자세히 소개한다.) 그리고 결국 스마트 콘택트렌즈는 스마트 눈 이식으로 바뀔 것이다.

이런 발전 덕분에 많은 사람은 다음과 같이 믿게 된다. 즉, 인간과 기계가 실제로 결합해 진정한 증강인간을 탄생시킨다는 것이다. '트랜스휴먼transhuman' 또는 인간 2.0 등으로 불리는 증강인간은 신체적, 정신적 역량을 높이기 위해 신체를 스포츠카처럼 '튜닝' 한다.

너무 먼 얘기 같은가? 우리에게는 이미 인간의 팔과 다리를 대신할 수 있는 로봇 팔과 다리가 있다. 또한, AI 덕분에 단지 생각만으로 이를 움직일 수 있다. 우리는 더 이상 신체적 증강만을 목표로 삼지 않는다. 두뇌 능력 향상을 위한 AI가 이미 개발 중이며, 페이스북 같은 기업은 손가락이 아니라 생각으로 페이스북을 이용할 수 있는 뇌-컴퓨터 인터페이스를 개발하고 있다. (애매한 기술 용어로 표현하자면, 텔레파시 타이핑telepathic typing이다.)[1] 마찬가지로 일론 머스크가 설립한 뉴럴링크Neuralink는 심각한 뇌 손상을 입은 사람들을 도울 수 있는 뇌-컴퓨터 인터페이스에 공을 들이고 있다. 기계가 점점 지능화되면서 인류에 대한 우려를 공개적으로 표명한 일론 머스크는, 기계와 결합해 인간의 역량을 끌어올리는 것이 똑똑해진 기계에 의해 인간이 제거되거나, 아니면 기계의 '반려동물'이 되는 것을 막는 최선의 길이라 믿고 있다.[2]

따라서 미래에는 우리 몸에 스마트폰이 영구적으로 부착될 수 있다. 말 그대로인데, 기술이 우리 몸에 이식되어 끊임없이 우리의 생각과 감정과 생체정보를 스캔해 우리가 다음 행동으로 무엇을 하기를 원하는지 이해할 수 있다. 두뇌에 이식된 AI 칩은 더 스마트하고 빠른 결정을 내릴 수 있도록 도울 것이다. 또한, 신체적 증강은 우리를 더 강하고 민첩하게 만들 것이다. 인간은 주변 세상을 조종하는 데 만족하지 않고, 인간 자신을 조종하려 하고 있다.

웨어러블은 실제로 어떻게 사용되는가?

시작은 스마트 워치와 피트니스 트래커였다. 이런 웨어러블 기기는 인간이 더 건강한 삶을 누리도록 설계되었으며, 실제로 그렇게 이루어지고 있다. 한 연구에 따르면, 건강 보험과 생명 보험에 연계된 애플 워치를 착용한 참가자들은 활동 수준이 3분의 1만큼 올라, 잠재적으로 기대 수명이 2년 더 증가했다.[3] 현재 스마트 워치는 심장 질환을 알아채는 능력이 있다. 예를 들어, 애플 워치 시리즈 5Apple Watch Series 5는 심전도를 측정할 수 있다. 병원에서와 똑같이 심장 박동을 기록할 수 있으며, 미국 FDA에 의해 의료 장비로 승인받았다.[4]

이런 기능은 곧 모든 스마트 워치와 피트니스 트래커, 기타 스마트 기기에 당연히 포함되어야 하는 기술처럼 여겨질 것이다. 그러나 웨어러블 세계에는 더 많은 놀라운 (때로는 기괴한) 발전이 예정되어 있다. 즉, 스마트 의류부터 인간의 신체를 물리적으로 증강하는 기술까지, 더 나아가 인간의 뇌와 컴퓨터를 결합하는 데까지 이를 것이다. 각각의 내용을 차례대로 살펴보자.

스마트한 삶을 위한 스마트 의류

의복이 점점 더 똑똑해지고 있다. 더 편리하고 나은 삶을 만들기 위해서다. 스마트 의류란 다름 아닌 센서나 하이테크 회로 등의 기술로 기능을 향상한 옷을 말한다. 추가된 기능은 단지 몸을 따뜻하게 하거나 단정하게 하는 정도를 넘어선다. 이미 시장에 나와 있는 스마트 의류의 예를 살펴보자.

- 운동선수나 운동광을 위해 제작된 **언더아머**Under Armour의 **애슬릿 리커버리 슬립웨어**Athlete Recovery Sleepwear는 체온을 흡수해 적외선으로 방출함으로써, 수면의 질을 높이고 근육 회복을 돕도록 설계되었다.

- **랄프 로렌**Ralph Lauren의 **폴로 테크**Polo Tech 티셔츠에는 심장 박동 수를 비롯한 생체정보를 모니터하는 센서가 있어서, 스마트폰이나 스마트 워치에 맞춤형 운동 조언을 전달한다.

- 러너를 위해 설계된 **센서리아 스마트 양말**Sensoria Smart Socks은 달리기할 때 발에 실리는 압력을 모니터해 스마트폰으로 데이터를 보낸다. (그러나 모든 스마트 양말이 운동광을 위한 것은 아니다.) **사이렌**Siren의 **당뇨병 양말 족부 모니터링 시스템**Diabetic Sock and Foot Monitoring System은 온도를 모니터해 염증의 초기 징후를 탐지한다. 염증은 당뇨병성 족부 궤양으로 이어질 수 있다.

- **웨어러블 X**Wearable X의 **나디 요가 팬츠**Nadi yoga pants는 무릎이나 엉덩이 같은 다양한 부위에서 진동을 일으켜 자세를 바꾸거나 유지하도록 돕는다. 앱에 동기화하면 여러분의 요가 자세에 대한 추가 피드백을 줄 수 있다.

- 패션 테크Fashion tech 스타트업 **수파**Supa는 여러분의 운동을 모니터하는 심장 박동 수 센서와 AI를 갖춘 스마트 브라를 출시했다. 앱에 동기화하면 시간별 건강 데이터를 기록할 수 있다.

- **타미힐피거**Tommy Hilfiger는 여러분이 자사의 캐주얼웨어를 자주 착용하기를 원한다. 얼마 전 새로운 제품 라인을 선보였는데, 여러분이 얼마나 타미힐피거의 제품을 자주 착용하는지 추적해 그에 대해 보상한다. 새로운 제품 라인에는 후드티와 진, 티셔츠 등이 있으며 모두 칩이 부착되어 있고 앱에 정보를 전달한다.

- **구글과 리바이스**는 서로 협업하여 자카드Jacquard라는 이름의 스

마트 데님 재킷을 발표했다. 이 재킷은 스마트폰과 연결되어 소매를 터치하거나 문질러 스마트폰의 음악 볼륨을 조절할 수 있고, 전화 수신을 차단하거나, 길 찾기 안내를 받을 수 있으며, 우버 도착 시 알림을 설정할 수 있다.

- 아이가 자고 있을 때 심장 박동 수를 모니터하는 스마트 양말이 있다면? (모든 부모가 그렇겠지만) 아이에 대한 염려가 많은 초보 부모라면 이 양말이 완벽한 아기용품인 것처럼 들릴지 모르겠다. **올렛 스마트 양말**Owlet Smart Sock은 심장 박동 수와 호흡 중단을 모니터할 뿐만 아니라 불규칙한 수면, 심장병, 폐병, 폐렴 징후 등을 식별할 수 있다.

인간을 신체적으로 증강하는 웨어러블 기술

팔다리를 절단한 사람들의 운동 기능을 회복해주는 보철부터 근로자들이 더 스마트하고 안전하게 일할 수 있도록 돕는 산업 장치까지, 웨어러블 기술은 일상의 스마트 워치나 똑똑한 요가 팬츠를 넘어선다. 웨어러블 기술이 인간을 신체적으로 어떻게 증강하는지 살펴보자.

힘과 균형의 향상

- (본질적으로 웨어러블 로봇 슈트인) 외골격 슈트는 착용자의 힘을 대폭 강화할 수 있다. 예를 들어, **사코스 가디언 XO**Sarcos Guardian XO **외골격 슈트**는 전신 슈트로서 공장이나 건설 현장 근로자가 별다

른 부담 없이 90킬로그램짜리 물건을 들 수 있도록 돕는다. 사코스에 따르면 이 기술로 생산성은 높이고 부상은 줄일 수 있다. 이 전신 슈트가 어떻게 생겼는지 궁금하다면, 영화 〈에이리언〉의 여주인공이 에이리언과 싸울 때의 모습을 떠올리면 된다. 뭐, 크게 다르지 않다.

- 2018년 **포드**는 전 세계의 수많은 자동차 공장에서 75 엑소베스트 어퍼바디75 EksoVest upper-body 외골격 슈트 사용을 확대하고 있다고 발표했다. 글을 쓰는 현재, 이는 현장 적용 사례 중 가장 큰 규모다.[5] 폭스바겐도 자사 공장에 외골격 슈트 사용을 검토하고 있다.[6]

- 그 밖에 여러 종류의 외골격 슈트가 있다. 모든 외골격 슈트가 산업 용도로 설계되는 것은 아니다. 예를 들어, 재활 목적 외골격 슈트의 경우, 환자의 엉덩이와 다리 등 하반신을 지지하도록 사용된다. **리워크 로보틱스 리스토어 소프트 외골격 슈트**Rewalk Robotics Restore soft exoskeleton는 환자가 효율적이면서 효과적으로 걸을 수 있도록 설계되었다.

- MIT는 근육으로부터 신호를 받아 이에 반응할 수 있는 로봇을 개발하여 무거운 물체를 들어 올릴 수 있도록 돕는다. 이 기계 장치는 이두박근으로부터 전기 신호를 읽고 어떻게 활동을 도울지 판단할 수 있다. 그러나 비위가 약한 사람들에게는 추천하지 않

는다. 팔에 전극을 삽입해야 하기 때문이다.[7]

- 만약 팔에 전극을 심는 게 싫다면, **로봇 꼬리**는 어떨까? 일본의 엔지니어가 개발한 허리에 묶는 꼬리는 착용자가 균형을 잘 잡도록 도와준다.[8] 아직 시중에 나와 있지 않지만, 엔지니어의 예측에 따르면 미래에 건설 현장 같은 위험한 곳에서 근로자의 균형 감각을 증강하는 데 사용될 수 있다.

시력 향상

- **오큠트릭스**Ocumetrics는 생체 렌즈Bionic Lens를 개발해 일반적으로 말하는 완벽한 시력인 1.0보다 3배 더 잘 볼 수 있게 한다. 생체 렌즈는 타코처럼 접힌 형태로 눈 속에 이식되어, 그 뒤에 저절로 몇 초 만에 펼쳐지며, 즉시 시력을 교정한다.[9] 임상 시험 중인 생체 렌즈가 널리 사용되면, 기존의 안경과 콘택트렌즈는 과거의 유물이 될 것이다.

- **삼성**은 사진을 찍거나 동영상을 촬영할 수 있는 스마트 콘택트렌즈의 특허를 출원했다. 콘택트렌즈에는 센서가 부착되어 눈의 움직임으로 기능을 조절할 수 있다.[10] 삼성이 콘택트렌즈를 양산하면, 구글 글라스◉8장 증강현실 같은 스마트 안경의 만만치 않은 경쟁자가 될 수 있다.

로봇 팔다리를 통한 움직임 회복

- 보철의 역사는 길지만, 최신 기술은 신경 활동으로 로봇 팔다리를 조종하는 것이다. 한 예를 들면, **존스 홉킨스 응용 물리 연구실** Johns Hopkins Applied Physics Lab이 개발한, 생각으로 제어하는 로봇 팔이 있다.[11]

- 햅틱스Haptix, 데카DEKA, 유타대학교가 만든 **루크 뉴로프로테틱 핸드**Luke neuroprosthetic hand는(그렇다. 스타워즈의 루크 스카이워커 Luke Skywalker에서 이름을 땄다) 팔다리가 절단된 착용자에게 보철을 통한 촉각 회복을 지원한다.[12] 실험에서 착용자는 달걀을 깨뜨리지 않고 손에 쥐거나, 아내의 손을 잡을 수 있었다. 착용자의 팔뚝에 심은 전극 덕택에 감촉, 통증, 압력, 조임 같은 촉각이 전달되었다.

- 그 밖에 **싱가포르국립대학교** 과학자들은 사람 신경보다 더 예민한 인공 피부를 만들었다. 언젠가 보철 위에 덮이게 될 것이다.[13]

연구실에서 배양한 장기 이식

- **미국 매사추세츠병원**과 **하버드의과대학** 연구자들은 서로 협력하여 심장 조직을 형성하는 데 사용할 줄기세포를 만들어냈다. 이렇게 형성된 조직은 전기 충격을 가할 경우 심지어 고동친다. 글래스고대학교와 웨스트스코틀랜드대학교 과학자들은 골수 세포를 이용해 뼈 이식에 사용될 수 있는 접착제를 고안해냈다.[14]

- 심지어 장기를 3D 프린팅하기도 한다. 예를 들어, 바이오프린팅 기업 **오가노보**Organovo는 인간의 간 조직 일부를 3D 프린트할 수 있다. 이는 쥐에게 성공적으로 이식●24장되었다.[15]

생각을 읽는 기술을 통한 두뇌 증강

미래에는 웨어러블 기술이 인간의 신체 능력뿐만 아니라, 정신 능력까지 향상할 것이다. 인간과 컴퓨터를 연결하려는 시도를 잠시 살펴보자.

- **페이스북**이 지원하는 한 연구에서, **캘리포니아대학교 샌프란시스코캠퍼스** 과학자들은 뇌 신호를 대화로 옮길 수 있는 뇌-컴퓨터 인터페이스를 개발했다. 즉, 인간이 말하거나 글자를 입력하지 않고도, 두뇌에서 곧바로 말을 해독할 수 있는 것이다.[16]

- 결코 마크 저커버그에게 지지 않는 일론 머스크의 **뉴럴링크**는 인간의 두뇌와 AI를 연결하는 궁극적인 목표에 다가가고 있다. 아마도 곧 인체 시험이 있을 예정이다.[17]

주요 도전 과제

우리는 분명히 증강인간을 향해 나아가고 있다. 인간이 기계와 결합한다는 꿈은 이제 SF영화 속 이야기가 아니라 실제 기업의 목표가 되고 있다. 그러나 이런 야심 찬 계획에도 주요 과제들이 남아 있다.

예를 들어, 페이스북이나 뉴럴링크가 개발하고 있는 '생각을 읽는 기술'이 성공한다고 해도, 사생활 보호에 큰 영향이 있을 수 있다. 우리는 진정으로 AI가 우리의 생각을 읽기를 원하는가? 그리고 이런 데이터를 페이스북 같은 영리 목적 기업의 손에 넘기기를 바라는가? 그렇지 않을 것이다. 이런 기술이 표준화되기 이전에, 사람들이 자신과 관련한 데이터의 보호에 관해 먼저 깊이 이해해야 할 것 같다. (내 경험으로는 요즘 사람들 대부분이 페이스북이나 구글이 이미 알고 있는 개인정보에 대해 상당히 과소평가하는 것 같다.) 그리고 이런 기술을 제공하는 기업은 데이터 프라이버시와 데이터 윤리를 어떻게 취급할지 숙고해야 할 것이다.

또한 사회적으로 우리는 더 심각한 부의 양극화를 경험할 수 있다. 기술은 우리에게 더 오래, 더 건강하게 살 수 있도록 약속한다. (심지어 영원히 살 수 있게까지.) 그러나 이런 혜택은 비용을 충당할 수 있는 사람에게만 돌아간다. 부자는 슈퍼맨이 되어 영원히 살고, 그 밖의 모두는 유익을 누리지 못하는 사회를 상상해보라. 불행하지 않은가? (또 하나 제기되는 윤리적 문제는, 지구에 가해지는 부담을 고려할 때 우리가 대단히 장수하는 삶을 '꼭 원해야' 하는가이다.)

마지막으로 우리는 인간다움에 관해 다시 생각해야 할 필요가 있다. AI는 인권법 아래에 있는가? 인간이 완전히 새로운 무언가로 탈바꿈했을 때, '인권'이라는 용어는 어떤 의미를 지닐 것인가?

웨어러블과 증강인간이라는 기술 트렌드를 준비하는 법

무엇이 우리를 인간답게 만드는가. 이런 무거운 주제를 다룰 때는 실질적인 행동방침을 찾기 어려울 수 있다! 그러나 '지금 당장' 웨어러블 기술로부터 유익을 얻기 위해 여러분의 조직이 취할 수 있는 실제적인 조치가 있다.

시중에 스마트 기기와 스마트 의류가 넘쳐나는 상황을 보면, 소비자들이 새로운 정보를 주고, 더 건강하고, 더 나은 삶을 살 수 있도록 돕는 똑똑한 웨어러블을 환영한다는 게 분명하다.

그러므로 여러분의 기업이 웨어러블 기기를 만들고 있다면, 그 제품을 더 스마트하게 만들고, 고객에게 더욱 큰 가치를 제공할 수 있도록 고심하자. 서비스 관점에서는, 웨어러블 트렌드로 인해 여러분이 더 똑똑한 서비스를 제공할 수 있는지 고민하자. 보험 업계가 이와 관련한 훌륭한 예시를 보여주는데, 건강 보험과 생명 보험에 가입한 고객들은 스마트 워치나 피트니스 트래커를 이용한 활동 데이터 추적을 통해, 더 건강하고 더 활동적인 삶을 살수록 더 나은 보상을 받는다.

주

1. Here Are the First Hints of How Facebook Plans to Read Your Thoughts: https://gizmodo.com/here-are-the-first-hints-of -how-facebook-plans-to-read-1818624773

2. Elon Musk Isn't the Only One Trying to Computerize Your Brain. Wired: www.wired.com/2017/03/elon-musks-neural-lace-really-look-like/

3. Apple Watch could add two years to your life, research suggests. The Telegraph: www.telegraph.co.uk/news/2018/11/28/apple-watch-could-add-two-years-life-research-suggests/

4. Apple Watch 4 is Now An FDA Class 2 Medical Device. Forbes: www.forbes.com/sites/jeanbaptiste/2018/09/14/apple-watch-4-is-now-an-fda-class-2-medical-device-detects-falls-irregular-heart-rhythm/#30ff9a2d2071

5. Ford Adding EksoVest Exoskeletons to 15 Automotive Plants: www.therobotreport.com/ford-eksovest-exoskeletons-automotive/

6. Ottobock reaches for growth with industrial exoskeletons: https://uk.reuters.com/article/us-ottobock-exoskeletons-focus/ottobock-reaches-for-growth-with-industrial-exoskeletons-idUKKCN1LR0LI

7. MIT's new robot takes orders from your muscles. Popular Science: www.popsci.com/mit-robot-senses-muscles/

8. This robotic tail gives humans key abilities that evolution took away: www.nbcnews.com/mach/science/robotic-tail-gives-humans-key-abilities-evolution-took-away-ncna1041431

9. Superhuman Vision: Bionic Lens. Medium: https://medium.com/@tinaphm7/superhuman-vision-bionic-lens-ad405fc42127

10. Samsung patents "smart" contact lenses that record video and let you control your phone just by blinking. The Telegraph: www.telegraph.

co.uk/technology/2019/08/06/samsung-patents-smart-contact-lenses-record-video-let-control/

11. Florida Man Becomes First Person to Live With Advanced MindControlled Robotic Arm: https://futurism.com/mind-controlled-robotic-arm-johnny-matheny

12. Robotic Hand Restores Wearer's Sense of Touch. Smithsonian: www.smithsonianmag.com/smart-news/robotic-hand-restores-wearers-sense-touch-180972737/

13. Artificial skin can sense 1000 times faster than human nerves. New Scientist: www.newscientist.com/article/2210293-artificial-skin-can-sense-1000-times-faster-than-human-nerves/

14. 7 human organs we can grow in the lab: https://blog.sciencemuseum.org.uk/7-human-organs-we-can-grow-in-the-lab/

15. 5 Most Promising 3D Printed Organs For Transplant: https://all3dp.com/2/5-most-promising-3d-printed-organs-for-transplant/

16. Facebook Takes First Steps in Creating Mind-Reading Technology: www.extremetech.com/extreme/296832-facebook-takes-first-steps-in-creating-mind-reading-technology

17. Elon Musk Announces Plans to "Merge" Human Brains With AI: www.vice.com/en_us/article/7xgnxd/elon-musk-announces-plan-to-merge-human-brains-with-ai

트렌드 **04**

빅데이터와
증강 분석

BIG DATA AND
AUGMENTED ANALYTICS

TECH TRENDS IN PRACTICE

빅데이터와 증강 분석이란 무엇인가?

자, 데이터부터 시작해보자. 데이터는 이 책의 여러 기술 트렌드, 즉 AI◉1장, 사물인터넷◉2장, 자연 언어 처리◉10장, 안면 인식◉12장에 있어 필수적이다. 데이터가 없다면 이런 거대한 기술 도약은 불가능할 것이다.

빅데이터의 중심에 있는 아이디어는 무엇일까. 데이터를 더 많이 모을수록 새로운 통찰을 더 쉽게 얻을 수 있으며, 심지어 미래에 무슨 일이 발생할지 예측할 수도 있다는 것이다. 다량의 데이터를 분석함으로써, 이전에는 알지 못했던 패턴과 역학관계를 발견할 수 있다. 데이터 포인트 사이의 관계를 이해할 수 있을 때, 여러분은 미래 결과를 더 잘 예측할 수 있으며, 그다음으로 무슨 행동을 해야 할지 더 스마트한 결정을 내릴 수 있다. 따라서 빅데이터로 인해 우리가 사는 세상을 더 잘 이해하고 변화시킬 수 있다는 말은 과장이 아니다.

그렇다면 빅데이터의 '빅'은 무엇을 뜻하는가? 사실 데이터 자체는 전혀 새로울 것이 없다. 새로운 것이란 바로 우리 삶의 전례 없는 디지털화다. 우리가 하는 거의 모든 행동에는 디지털 발자국 digital footprint이 남는다. 이는 주로 컴퓨터와 스마트폰, 인터넷, 사물인터넷, 센서 등의 증가 때문이다. 여러분의 일상생활을 생각해보라. 온라인 쇼핑, 뉴스 앱 읽기, 커피 값 카드 결제, 친구와 가족에게 문자 메시지 보내기, 사진 찍고 공유하기, 넷플릭스 드라마 시청, 시리에 질문하기, 데이트 사이트에서 마음에 드는 짝 고르기⋯⋯. 우리는 모두 매 순간 데이터를 만들고 있다.

우리가 만들어내는 데이터 자체의 양과 그것이 커지는 속도는 매우 방대하고 빠르다. 오늘날 전 세계 데이터의 90퍼센트가 지난 2년간 생성되었다.[1] 게다가 이용할 수 있는 데이터의 양은 2년마다 2배씩 증가한다.[2]

그렇다면 데이터의 양은 얼마나 될까? 데이터를 논할 때 우리는 더는 기가바이트를 사용하지 않는다. 오늘날 우리가 언급하는 데이터의 단위는 테라바이트(약 1,000기가바이트), 페타바이트(약 1,000테라바이트), 엑사바이트(약 1,000페타바이트), 그리고 제타바이트(약 1,000엑사바이트)다. 시장조사 및 컨설팅 기관 IDC에 따르면, 전 세계의 데이터양은 2018년 33제타바이트에서 2025년 175제타바이트로 증가할 것이다.[3] 만약 여러분이 175제타바이트를 DVD에 저장한다면, 여러분은 DVD로 지구를 222번 두를 수 있다. 게다가 우리가 생성하는 데이터양의 증가 속도는 점점 더 빨라지고 있다. 다시 말해, 빅데이터는 더욱 커지고 있다.

점점 늘어나는 빅데이터 덕분에 분석해야 하는 데이터의 종류 또한 새롭고 다양해졌다. 우리는 더 이상 스프레드시트의 숫자나 데이터베이스의 항목만 처리하지 않는다. 오늘날의 '데이터'에는 사진 데이터, 동영상 데이터, 알렉사에 노래를 주문하는 음성 데이터, 스마트폰 화면을 오른쪽이나 왼쪽으로 넘기는 동작 데이터, 소셜 미디어에 쓰는 문자 데이터 등이 있다. 우리가 처리해야 하는 데이터가 점점 더 '비구조화'되고 있는 것이다. 이 말은 곧 데이터가 스프레드시트처럼 깔끔한 행과 열로 분류될 수 없다는 뜻이다. 비구조화 데이터는 분석하기가 더 까다롭다. 데이터에서 의미 있는 정보를 추출할 방법이 없다면, 이런 데이터는 쓸모없지 않을까?

이 지점에서 증강 분석이 개입한다. 다량의 데이터를 다루는 데는 비용이 많이 들고, 시간이 오래 걸리며, 고도로 전문화된 능력이 필요하다. 다시 말해, 데이터 자체와 데이터를 의미 있는 정보로 바꾸는 일 사이에는 큰 장벽이 있다. 증강 분석은 이런 장벽을 부수며, 데이터에서 의미를 추출하기 쉽게 만든다.

간단히 말해, 증강 분석은 AI와 머신러닝을 이용◉1장하여 데이터 수집, 데이터 준비, 데이터 클리닝(데이터 오류를 확인하고 정정하는 과정—옮긴이), 분석 모델 개발, 그리고 의미 있는 정보 생성 및 전달을 포함하는 모든 분석 절차를 자동화하는 것이다. 여기서 가장 흥미로운 점은 증강 분석을 통해 사람들이 데이터와 더 쉽게 상호작용하여 필요한 정보를 뽑아낸다는 사실이다. 데이터 전문가의 도움 없이 말이다. 따라서 이론적으로는, 비전문가도 증강 분석으로 간단히 다음과 같은 질문을 던질 수 있다. "우리 직원 중 누가 앞으로 12개월 이내에 퇴사할 가능성이 높을까?" 그러면 시스템이 자동으로 답변을 줄 것이다.

시장조사 기업 가트너Gartner의 예측에 따르면, 얼마 안 가 데이터 분석 업무의 40퍼센트가 자동화될 것이다.[4] 즉 증강 분석이 미래의 선도적인 분석 기법이 되고 있다는 뜻이다. 이 기술 트렌드가 유행함에 따라, 우리는 전문화된 증강 분석 앱과 도구를 더 많이 만나게 될지 모른다. 이는 산업계에 무척 반가운 소식이다. 증강 분석은 모든 종류의 조직에 많은 양의 복잡한 데이터를 처리하는 방법을 제시하며, 조직 구성원이 데이터 분석에 쉽게 접근하고 데이터로부터 의미 있는 정보를 얻을 수 있도록 하기 때문이다. 이렇게 데이터와 정보에 널리 접근할 수 있는 것을 일컬어 '데이터 민주화data democratization'라 한다.

빅데이터와 증강 분석은 실제로 어떻게 사용되는가?

사실 이제 와서 고백하자면, 나는 '빅데이터'라는 표현보다는 그냥 '데이터'라는 말을 더 좋아한다. '빅'이라는 수사가 함축하는 의미는 데이터의 크기가 중요하다는 것이다. 그러나 사실 데이터 자체는 똑같이 소중하다. 오늘날 우리는 데이터로 인상적인 일을 할 수 있다. 데이터는 AI를 비롯한 여러 기술과 결합해 세상을 뒤바꾸고 있다. 집을 더 스마트하게 만들고●2장, 신체적으로 인간을 증강하며 ●3장, 미래의 스마트 도시를 건설한다●5장. 그리고 이는 시작일 뿐이다. 데이터는 우리의 비즈니스 방식 역시 변화시키고 있다. 비즈니스가 데이터를 이용하는 방법을 살펴보자.

비즈니스 결정을 돕는다

더 나은 비즈니스 결정을 내리는 것은 나에게 일을 맡기는 고객들이 꼽는 최고 우선순위 중 하나다. 적절한 인재를 고용하고 알맞은 소비자를 겨냥하는 것부터, 어떻게 하면 이익을 끌어올릴 수 있을지까지, 비즈니스를 위해 최선의 결정을 내려야 한다. 데이터를 통해 여러분은 여러분의 비즈니스 및 시장에서 무슨 일이 발생하는지 더 잘 이해할 수 있고, 미래에 벌어질 일 또한 예측할 수 있다. 올바른 결정을 내릴 때 필수적인 것은 정보다. 그러므로 모든 비즈니스 직무에 걸쳐, 데이터는 더 스마트한 결정을 내리는 데 사용될 수 있다.

아주 단순한 예로, 미국의 패스트푸드 체인 아비스Arby's가 분석한 바에 따르면, 리모델링한 지점은 리모델링하지 않은 지점보다 수익이 컸다. 이런 사실에 따라 아비스는 연간 5배 더 많은 리모델링을 시행하기로 결정했다.[5]

고객 및 트렌드를 더 잘 이해할 수 있다

고객을 더 잘 이해할수록, 고객에게 더 나은 서비스를 제공할 수 있다. 판매 및 마케팅 활동은 종종 과거에 어느 고객이 어떤 상품과 서비스를 구매했는지를 분석한다. 그러나 빅데이터와 증강 분석 덕택에 이런 판매 및 마케팅 활동이 점점 더 예측적으로 변화하고 있다. 기업은 이제 고객이 미래에 무엇을 원할 것인지 정확하게 예상한다. 간단한 예로, 넷플릭스는 여러분이 다음번에 무엇을 시청하길 원하는지 미리 판단해 추천하고 있다.

또 다른 예를 들어보자. 독일의 소매 기업 오토Otto가 주목한 바에 따르면, 고객이 반품을 적게 하는 조건은 이틀 이내의 빠른 배송과 일괄 배송이다. 이는 세상이 깜짝 놀랄 새로운 발견은 아니다. 상품을 재고로 잘 준비해뒀다가 효율적으로 배송하면 되는 것이다. 그러나 오토는 아마존과 같아서, 수많은 브랜드의 상품을 판매한다. 즉, 재고를 비축해두고 한 번에 묶어서 배송하기가 쉽지 않다. 그래서 오토는 지난 30억 건의 거래 데이터와 날씨 데이터를 분석해 고객이 다음 30일 이내에 무엇을 구매할지 예측할 수 있는 모델을 개발했다. 정확도는 무려 90퍼센트에 이른다.[6] 현재 오토는 예측 상품을 미리 재고로 비축하고 있으며, 결과적으로 반품은 연간 200만 건이 넘게 감소했다.

좀 더 똑똑한 제품과 서비스를 전달할 수 있다

고객에 관해 더 잘 알면, 고객이 원하는 바를 더 정확히 제공할 수 있다. 즉, 고객의 필요에 지능적으로 반응하는 스마트 제품과 서비스를 내놓을 수 있다. 이제 스마트 스피커, 스마트 워치, 심지어 스마트 잔디깎이까지 나왔다. 스마트 제품과 서비스에 관한 풍부한 예는 2장(사물인터넷), 3장(웨어러블), 18장(디지털 플랫폼)을 참고하자.

내부 운영 효율을 향상할 수 있다

각각의 비즈니스 프로세스와 비즈니스 운영상의 모든 면은 빅데이터로 간소화되고 향상될 수 있다. 가격 책정을 최적화하고, 수요를 정확히 예측하며, 직원의 이직률을 낮추고, 생산성을 높이고, 공급망을 강화하는 등 비즈니스의 모든 영역에 걸쳐 향상을 꾀하기가 그 어느 때보다 쉬워졌다. 효율을 높이고, 비용을 절감하고, 프로세스를 자동화하는 것도 마찬가지다.

재고 비축을 위해 수요를 예측했던 오토의 예를 기억하는가? 데이터 덕분에 이런 처리가 자동으로 가능하다. 오토의 시스템은 월간 20만 개의 제품을 인간의 개입 없이 스스로 주문한다.

또 다른 예도 있다. 뱅크 오브 아메리카Bank of America는 휴머나이즈

Humanyze와 협업해 직원용 스마트 명찰을 만들어냈다. 여기에는 센서가 부착되어 있어, 직장에서의 사회 활동을 탐지할 수 있다. 이렇게 얻은 데이터는 흥미로웠다. 콜센터에서 가장 우수한 성과를 낸 직원은 다른 직원들과 함께 적절한 휴식 시간을 가진다는 사실이 드러난 것이다. 뱅크 오브 아메리카는 곧바로 새로운 휴식 정책을 도입했고, 실적은 23퍼센트 향상됐다.[7] 13장에서 비즈니스 프로세스 향상과 자동화에 관한 더 많은 예를 찾아볼 수 있다.

추가적인 수익을 올릴 수 있다

비즈니스 프로세스를 최적화하고, 더 나은 비즈니스 결정을 내리는 것은 의심의 여지 없이 최종 결산 결과에 긍정적인 영향을 미친다. 그러나 데이터와 최종 결산 결과 사이의 관계는 훨씬 더 분명해질 수 있다. 즉, 데이터는 새로운 수익 흐름을 창출할 수 있다.

이 말은 참신한 데이터 기반 상품이 등장할 수 있다는 의미다. (예를 들어, 2장과 3장의 스마트 제품이나) 구글의 데이터 기반 광고 제공과 같은 최적화된 서비스의 경우, 데이터 자체를 적극적으로 판매하는 것까지 의미할 수 있다. 데이터는 기업의 가치를 올릴 수 있다. 이 글을 쓰는 현재, 세계에서 가장 가치 있는 브랜드 최상위 세 곳은 구글과 애플, 아마존이다. 그리고 이들 모두 데이터에 기반을 둔 비즈니스를 하고 있다.[8]

주요 도전 과제

여러분은 아마도 빅데이터와 관련한 가장 분명한 과제로 기술, 인프라, 인재를 꼽을지 모른다. 그런데 빅데이터로부터 이익을 얻는 구글이나 아마존처럼 우리도 예산과 인프라와 노하우를 갖추고 있어야만 할까? 증강 분석과 서비스형 빅데이터BDaaS, big-data-as-a-service 덕택에 그럴 필요가 없어졌다. 증강 분석은 앞서 다뤘으니 서비스형 빅데이터만 간단히 살펴보자. 이 용어는 서비스형 소프트웨어software-as-a-service(소프트웨어의 여러 기능 중에서 사용자가 필요로 하는 서비스만 이용할 수 있도록 한 소프트웨어. 전통적 소프트웨어 비즈니스 모델과 비교할 때 서비스형 소프트웨어의 가장 큰 차이점은 제품 소유 여부다. 서비스형 소프트웨어는 기업이 새로운 소프트웨어 기능을 구매하는 데 드는 비용을 대폭 줄여주며, 일정 기간 사용량 기반으로 비용을 지급함으로써 인프라 투자와 관리 부담을 피할 수 있게 한다─옮긴이) 플랫폼을 통해 빅데이터의 도구와 기술, 잠재적으로는 데이터 자체까지 전달하는 것을 말한다. 이 덕분에 기업들은 값비싼 인프라 투자 없이 빅데이터 도구를 이용할 수 있다. 따라서 작은 기업들도 빅데이터에 접근할 수 있다. 이는 결국 빅데이터의 기술 격차를 극복하는 데 도움이 된다.

또한, 기본적으로, 채용할 수 있는 데이터 과학자 수가 충분치 않다. 맥킨지 글로벌 인스티튜트Mckinsey Global Institute에 따르면, 2024년까지 미국 내에서만 25만여 명의 데이터 과학자가 부족한 실정이다.[9]

나의 바람이 있다면, 분석 도구가 발전해 기술, 인프라, 인재라는 장벽이 더 낮아지는 것이다. 그러나 그렇다고 해서 다른 장벽이 없는 것은 아니다. 내 생각에 빅데이터와 관련한 또 다른 두 가지 주요 이슈는 데이터 보안과 데이터 프라이버시다.

데이터의 양이 확대됨에 따라 (그리고 데이터가 점점 더 필수적인 기업 자산이 되고 있다는 사실을 고려할 때) 데이터 보호는 중대한 문제가 되었다. 그러므로 조직이 자신의 데이터를 공격으로부터 방어하는 것은 더할 나위 없이 중요하다. 특히 고객과 직원의 개인정보에 관한 한 더 그렇다. 사물인터넷의 발전은 또 다른 위협이 된다. 서로 연결된 많은 기기가 무방비 상태에 놓여 있어, 해커가 침투할 수 있는 길을 제공하기 때문이다. (한 조사에 따르면, 82퍼센트의 조직이 무방비 상태의 사물인터넷 기기로 인해 몇 년 이내에 데이터 유출이 일어나리라 생각한다.[10]) 그러나 여러분의 직원 역시 심각한 위협이 될 수 있다. 단단한 데이터 보안 정책을 갖추는 것만큼이나 중요한 점은 여러분이 잠재적인 위협을 인지하고, 여러분의 직원에게 데이터 보호의 필요성에 관해 교육하는 일이다.

보안은 데이터 프라이버시와 밀접한 관련이 있다. 조직이 다루는 정보의 상당량은 개인식별정보personally identifiable information(생존하는 개인에 관한 정보로서 해당 정보에 의거하여 개인을 식별할 수 있는 정보—옮긴이)를 담고 있다. 규제 기관도 데이터 프라이버시 법을 개선하기 위해 애쓰고 있으며, 곧 상황이 바뀔 것이다. 최근 유럽의 일반 개인정보 보호법은 안전하고 윤리적인 개인정보 처리를 고취하고, 조직의 개인정보 사용방식에 관하여 개인에게 더 큰 발언권을 준다.

그러므로 여러분이 데이터를 안전하게 보호하는 것만으로는 충분치 않다. 즉, 여러분은 데이터를 수집하고 사용할 때 윤리적으로 접근해야 한다. 완전한 투명성을 제공하며, 고객을 비롯한 이해 당사자에게 여러분이 무슨 데이터를 어떤 이유로 모으는지 알리며, 가능한 경우 정보를 제공하지 않을 수도 있는 선택권을 주어야 한다. 이런 규제를 따르지 않거나, 개인정보를 아무렇게나 대하는 기업은 앞으로 심각한 재정적 어려움을 겪거나 명성에 큰 타격을 입을 수 있다.

빅데이터와 증강 분석이라는 기술 트렌드를 준비하는 법

여러 문제에도 불구하고, 나를 비롯한 전문가들은 빅데이터가 주는 유익이 크다고 믿고 있다. 적절히 준비한다면 데이터는 여러분의 조직에 큰 가치를 가져다줄 수 있다. 예를 들면, 다음을 준비해야 한다.

- 조직 전반에 걸쳐 데이터 사용 능력을 키워야 한다.
- 데이터 전략을 수립해야 한다.

차례차례 살펴보자.

조직 전반에 걸친 데이터 사용 능력 강화

여러분의 조직이 데이터를 더 잘 사용할 수 있으면, 결과는 더 좋아질 것이다. 매우 간단하다. 그러나 모든 사람이 데이터 과학자가 되어야 한다는 말은 아니다. 그저 데이터에 편안함을 느끼고, 데이터를 사용하고 말하며, 데이터를 비판적으로 바라볼 수 있고, 의미 있는 결과를 도출해내며, 궁극적으로는 데이터에 기반하여 행동하면 된다. 데이터 사용 능력이란 기본적으로 모두 데이터를 활용할 수 있는지 여부다.

조직 전반에 걸쳐 데이터 사용 능력을 진작하기 위해서는 데이터 사용 능력에 관한 여러분의 현재 수준을 밝히고, 데이터 사용 능력이 왜 중요한지 서로 소통해야 한다. 데이터의 장점을 역설할 수 있는 데이터 옹호론자를 발굴하고, 데이터에 대한 접근을 보장하고, 데이터를 어떻게 하면 가장 잘 이해할 수 있을지 교육하는 것도 필요하다.

데이터 전략 수립

데이터 전략을 갖추는 것 역시 중요하다. 데이터 전략은 여러분의 비즈니스와 가장 관련 있는 데이터에 집중할 수 있도록 돕는다. 아무 데이터나 다짜고짜 모으는 것이 아니다. 그러면 엄청난 비용이 들 테니 말이다. 오늘날, 이용할 수 있는 데이터는 산처럼 쌓여 있으므로, 여러분의 조직에 최대의 이익을 줄 수 있는, 정확하고 구체적인 데이터를 찾아야 한다. 데이터 전략은 그렇게 할 수 있도록 지원한다. 탄탄한 데이터 전략이 있으면 어떻게 데이터를 실제로 사용할지, 어떻게 데이터 우선순위를 명확하게 설정할지, 어떻게 목표를 달성할 분명한 경로를 계획할지 정리할 수 있다.

여러분의 데이터 전략은 여러분의 비즈니스에 따라 각각 다를 것이다. 하지만 내가 생각하기에 좋은 데이터 전략이란 다음과 같은 내용을 담고 있다.

- **사업적 필요.** 실제 가치를 더하기 위하여, 데이터는 구체적인 사업적 필요에 근거를 두어야 한다. 즉, 여러분의 비즈니스 전략이 여러분의 데이터 전략을 필요로 해야 한다. 여러분의 비즈니스가 달성하려는 것은 무엇인가? 데이터가 어떻게 사업 목표 달성을 도울 수 있는가? 데이터가 1) 어떻게 전략적 목표를 이루도록 돕고, 2) 사업상의 질문에 답하며, 3) 주요 도전 과제를 극복하게 할 것인지에 관한 세 가지에서 다섯 가지 방안을 마련하는 것이 현명하다. 그 후, 세 질문에 대한 각각의 데이터 사용에 관해 다음 사항을 확인해야 한다.

- **데이터 요구사항**Data requirements. 목표를 성취하려면 무슨 데이터가 필요한가? 그리고 그 데이터를 어디서 얻을 것인가? 혹시 필요한 데이터를 이미 갖고 있는가? 회사 내부 데이터를 외부 데이터로 보충할 필요가 있는가? 만약 새로운 데이터를 수집해야 한다면, 어디서부터 시작할 것인가?

- **데이터 거버넌스**Data governance(데이터베이스를 효과적으로 관리하기 위한 체계—옮긴이). 데이터 거버넌스는 여러분의 데이터가 심각한 골칫거리가 되지 않게 하며, 데이터 품질, 데이터 보안, 프라이버시, 윤리, 그리고 투명성을 담당한다. 예를 들어, 여러분의 데이터가 정확하고, 완전하고, 최신의 것으로 업데이트되었는지 확인하는 책임은 누구에게 있는가? 데이터를 수집하고 사용하기 위해 어떤 허가를 받아야 하는가?

- **기술적 요구**. 아주 간단히 말해서 이것은 데이터를 수집하고, 저장하고, 정리하고, 분석해 데이터로부터 의미를 얻을 수 있기까지 필요한 하드웨어적, 소프트웨어적 요구에 귀 기울이는 것을 뜻한다.

- **기량 및 역량**. 여러분은 필요한 데이터를 충분히 얻을 수 있는 역량이 있는가? 그렇지 않다면 그 공백을 어떻게 메꿀 것인가? 예를 들어, 새로운 인재를 고용할 것인가? 아니면 외부 데이터 제공업자와 협력할 생각인가?

주

1. How Much Data Does The World Generate Every Minute? IFL Science: www.iflscience.com/technology/how-much-data-does-the-world-generate-every-minute/

2. The future of big data: 5 predictions from experts: www.itransition.com/blog/the-future-of-big-data-5-predictions-from-experts

3. Data Age 2025: The Digitization of the World, IDC: www.seagate.com/files/www-content/our-story/trends/files/idc-seagate-dataage-whitepaper.pdf

4. Gartner Says More Than 40 Percent of Data Science Tasks Will be Automated by 2020: www.gartner.com/en/newsroom/press-releases/2017-01-16-gartner-says-more-than-40-percent-of-data-science-tasks-will-be-automated-by-2020

5. Arby's forecasts retail success in Tableau, leading to 5x more renovations in a year: www.tableau.com/solutions/customer/renovating-retail-success-arbys-restaurant-group

6. German ecommerce company Otto uses AI to reduce returns: https://ecommercenews.eu/german-ecommerce-company-otto-uses-ai-reduce-returns/

7. The Quantified Workplace: Big Data or Big Brother? Forbes: www.forbes.com/sites/bernardmarr/2015/05/11/the-nanny-state-meets-the-quantified-workplace/#5b16648669fa

8. Amazon beats Apple and Google to become the world's most valuable brand: www.cnbc.com/2019/06/11/amazon-beats-apple-and-google-to-become-the-worlds-most-valuable-brand.html

9. The age of analytics: Competing in a data-driven world: www.mckinsey.com/business-functions/mckinsey-analytics/our-insights/the-age-of-analytics-competing-in-a-data-driven-world

10.   2018 study on global megatrends in cybersecurity: www.raytheon.com/
       sites/default/files/2018-02/2018_Global_Cyber_Megatrends.pdf

05

트렌드

스마트 공간

INTELLIGENT SPACES
AND SMART PLACES

TECH TRENDS IN PRACTICE

스마트 공간이란 무엇인가?

우리를 둘러싼 공간이 점점 스마트해지고 있다. 집에는 우리의 행동과 기호를 학습해 그에 따라 반응하는 스마트 스피커 등의 지능적인 기기들이 갖추어져 있다. 그러나 오늘날 스마트 공간(지능 공간)이라는 트렌드는 우리의 가정을 넘어 팽창하고 있다. 직장도 스마트해지고 있다. 빌딩 전체가 서로 연결되어, 안에서 근무하는 사람들의 요구에 똑똑하게 반응한다. 심지어 도시 역시 스마트해지고 있는데, 이는 스마트 가로등이나 지능적인 교통망과 같은 도시 계획 덕분이다.

트렌드로서 스마트 공간은 이 책의 다른 기술 트렌드인 AI◎1장, 사물인터넷◎2장, 자동화◎13장, 자율주행차◎14장, 5G◎15장와 밀접한 관련이 있다. 사람과 기술이 좀 더 지능적이고 자동화된 방식으로 호흡하는 공간을 만들 수 있는 것은 앞서 나열한 여러 가지 기술의 발전과 조합 덕분이다.

스마트 공간은 실제로 무엇을 뜻하는가? 간단한 예로 스마트 사무실 조명이 있다. 스마트 사무실 조명은 근로자가 가까이 있으면 켜지고 아무도 없으면 꺼진다. 좀 더 복잡한 예를 들면, 최신 기술로 치장한 공항이 있다. 스스로 탑승 수속을 밟는 키오스크와 스스로 수하물을 부치는 셀프서비스 영역, 보안 검색을 강화하고 자동화한 안면 인식 시스템, 사람들의 흐름을 추적하고 대기 줄을 모니터하는 AI, 항공편 업데이트와 공항 내 서비스를 안내하는 앱 등이 갖춰져 있다. 이 장의 뒷부분에 좀 더 다양한 사례를 담았다.

오늘날은 어느 장소든 할 것 없이 더욱 지능적이고 서로 연결되게끔 만들 수 있다. 사무실, 공장, 호텔, 병원, 교통 중심지, 아파트, 개인 주택, 쇼핑센터, 학교, 도서관……. 그런데 우리는 왜 이런 장소를 똑똑하게 만들려는 것일까? 스마트 공간의 이점은 에너지 효율, 생산성, 삶의 질, 안전, 단순화된 절차에 있다. 대개 스마트 공간이라는 아이디어는 그 공간을 사용하는 사람들의 일상을 더 편리하고 더 낫게 만들려는 것이다.

스마트 공간의 정의는 때때로 디지털 환경이나 디지털 플랫폼을 포함한다. 이런 곳은 컴퓨터 한 대나 기기 하나에 제한되지 않고, 공동의 디지털 경험을 창출한다. 예를 들어, 서로 소통하거나 콘텐츠를 공유하는 온라인 플랫폼이 있다. 그러나 이번 장의 목표를 위해, 기술로 기능이 향상될 수 있는 물리 공간에만 집중하겠다.

스마트 공간은 실제로 어떻게 사용되는가?

스마트 공간은 작은 아파트에서 빌딩 전체, 심지어 도시 전체까지 아우를 수 있다. 우리 주변의 물리 공간이 어떻게 더 스마트해지는지 살펴보자.

스마트 홈

스마트한 가재도구의 범위는 계속 늘어나고 있다. 모든 가정용 기기가 서로 연결되고, 스마트한 버전으로 출시되고 있다. 제법 흔한 스마트 온도 조절 장치부터, 아직 그렇게 널리 알려지지 않은 스마트 세탁기, 스마트 잔디깎이, 스마트 변기에 이르기까지 가정에 들어선 사물인터넷 기기를 자세히 알아보려면 2장을 참고하자.

스마트 사무실과 빌딩

스마트 기술이 사무실, 직장, 빌딩에 접목되면서 우리는 근무 환경 개선, 빌딩 이용 방식 변화, 더 나은 사용자 경험 등을 얻고 있다. 생산성은 높아지고 더 안전해졌으며, 많은 이용자가 웰빙을 누리고 있다. 스마트 빌딩 기술은 여러 형태를 띤다. 보안과 같은 절차를 자동화하거나 의사 결정에 실시간으로 도움을 줄 수도 있다. 오늘날 빌딩에 사용되는 스마트 시스템을 살펴보자.

- 사물인터넷 센서는 실내의 장치 사용을 탐지하거나 모니터할 수 있어서 빌딩 이용에 관한 정보를 얻을 수 있다. 사실, 센서는 이 장의 많은 예시를 뒷받침하며, **스마트 조명**과 같은 혁신을 가능케 한다. 스마트 조명은 스마트 빌딩의 핵심이다. 가트너에 따르면, 스마트 조명은 에너지 소비를 90퍼센트까지 낮출 수 있는 잠재력이 있다.[1] 스마트 조명 시스템은 실내의 움직임에 따라 조명을 켜거나 끄며, 햇빛 밝기에 따라 조명의 밝기를 자동으로 조절한다.

- **스마트 온도 조절 시스템**은 사용자의 온도 조절 패턴에 따라 자동으로 빌딩의 온도를 조절할 수 있다.

- **스마트 책상**은 다양한 기능이 있다. 예를 들어, 키가 큰 사람이 책상 앞에 앉을 경우, 자동으로 높이가 조절된다. 또한 사용자가 책상 앞에 앉아 있는 시간을 모니터해서 너무 오래 앉아 있다고 경고할 수도 있다. 만약 책상을 공동으로 사용하는 경우라면 온라인 예약 플랫폼과 연계해 사용자가 손쉽게 빈 책상을 탐색하거나 예약할 수 있다.

- 스마트 책상을 사용하고 있다면, **스마트 의자**를 추가하는 것은 어떤가? 스마트 의자에 부착된 센서는 사용자의 자세를 모니터

해 자세를 개선할 수 있는 피드백을 주거나 요통의 위험을 줄일
수 있다.

- 사무실 건물이나 창고, 아파트에 이르기까지 보안은 현대 빌딩의
  핵심이다. 오늘날, **스마트록**은 사람들이 (분실이나 도난의 위험이
  있는) 열쇠나 카드키를 들고 다닐 필요를 없앤다. 안면 인식 시스
  템◉12장이 누구에게 접근 권한이 있는지 자동으로 판별하고, 방문
  객을 기록함으로써 신분증 배지를 대체할 수 있다.

- 일부 고용주는 웨어러블 기술◉3장을 이용해 직원들에게 무료나
  할인된 가격으로 피트니스 트래커를 제공함으로써 더 건강한 라
  이프스타일을 누리게 한다.

자, 이런 종류의 기술이 어떻게 실생활에 성공적으로 배치되었는
지 두 가지 예를 살펴보자.

- **마이크로소프트**가 암스테르담 본부를 리모델링한 사례를 보면,
  스마트 사무실 기술이 어떻게 손에 잡히는 이익을 주는지 알 수
  있다. 마이크로소프트는 리모델링에 앞서, 센서를 이용해 책상과
  회의실, 그 밖의 공동 구역이 어떻게 사용되는지 모니터함으로써
  직원들이 사무실을 쓰는 방식에 관한 정보를 얻었다. 이런 데이
  터 덕분에 필요한 공간을 줄이고 건물 한 층과 절반을 다른 회사
  에 내줄 수 있었다.[2] 빌딩이 리모델링된 지금도 여전히 센서를 사

용해 실내 이용 및 온도, 소음, 조명 밝기 등을 모니터한다.

- 두바이의 **부르즈 할리파**Burj Khalifa는 이 글을 쓰는 현재 세계에서 가장 높은 빌딩이며 여러 스마트 빌딩 기술을 적용했다. 예를 들어, 빌딩의 자동화 시스템은 분석 플랫폼에 실시간으로 데이터를 전달해 잠재적인 유지·보수 문제가 있는지 분석하게 한다. 그 덕택에 시설 관리자들은 점검 소요 시간을 40퍼센트 줄이면서도 빌딩의 유지·보수 상태를 향상할 수 있었다.[3]

스마트 도시와 스마트 도시계획

기술을 이용해 효율을 높이고 서비스와 삶의 질을 끌어올린 도시가 바로 스마트 도시다. 집이나 직장처럼, 도시도 다량의 데이터와 AI 같은 강력한 기술을 통해, 시간과 돈과 에너지를 절약할 통찰을 얻을 수 있다.

점점 더 많은 사람이 도시에서 살고 있다. UN의 예측에 따르면, 2050년까지 전 세계 인구의 68퍼센트가 도시에 거주할 것이다.[4] 이것은 우리의 도시가 더 많은 사회, 경제, 환경 문제와 직면하게 된다는 의미다. 스마트 도시계획은 이런 문제를 해결할 방법을 제시한다. 맥킨지 글로벌 인스티튜트에 따르면, 도시는 스마트 기술을 접목해 통근 시간, 건강 문제, 범죄 사건을 10~30퍼센트 개선할 수 있다.[5]

따라서 더 많은 도시가 스마트 기술을 적용하는 것도 놀랄 일이 아니다. 전국도시연맹National League of Cities의 한 조사에 따르면, 도시의 66퍼센트가 스마트 도시 기술에 투자하고 있다.[6] 이런 기술은 흔히 새로 설치되지만, 도시가 새로 지어질 때는 도시의 설계 초기부터 활용될 수 있다.

그렇다면 스마트 도시계획이 의미하는 바는 무엇인가? 이런 계획은 배전, 교통 체계, 심지어 쓰레기 수거까지 포함한다. 여기 몇 가지 예를 모아봤다.

- 교통은 많은 시민의 골칫거리이지만, 기술은 유망한 해결책을 제공한다. 예를 들어, 대중교통 노선이 실시간으로 조정될 수 있으며, 차량 흐름을 모니터하고 분석해 지능적인 신호등 시스템으로 교통 혼잡을 해결할 수 있다. **알리바바**Alibaba의 **시티 브레인**City Brain 시스템은 AI를 사용하여 도시 인프라를 최적화하고, 중국 항저우에서 교통 체증을 15퍼센트 줄이도록 도왔다.[7]

- 스마트 가로등은 센서가 자동차나 보행자를 발견했을 때는 켜졌다가, 아무도 없을 때는 꺼질 수 있다. **GE**가 개발한 스마트 가로등은 스마트 도시 조명의 한 예다.[8]

- 덴마크의 **미들파르트 자치구**에서는 도시 자산으로부터 건물의 실내 기후, 에너지 사용량, 유지·보수 상태에 관한 정보를 포함하

여, 에너지 효율 데이터를 수집한다. 그리고 이 데이터를 사용하여 에너지 효율을 높인다.[9]

- 이동 통신 및 고속 데이터 통신망 기업인 **텔레포니카**Telefonica는 자국 스페인의 스마트 도시 콘셉트에 대규모로 투자했다. 한 예로, 쓰레기통에 센서를 부착해 통이 얼마나 가득 찼는지 실시간으로 점검함으로써 시 관계자가 쓰레기 수집 인력 및 장비를 좀 더 효율적으로 쓸 수 있다. 지역 관계자도 앱으로 자신의 지역에 쓰레기통이 꽉 찼는지 추적할 수 있다. 한편 텔레포니카는 발렌시아 자치주에서 주차 문제 해결을 돕기도 한다. 주차장에 설치된 센서가 주차 여력을 모니터하며 시 관계자에게 실시간으로 주차 밀도 데이터를 전달한다.

- **암스테르담 스마트 시티 계획**은 2009년에 시작되었으며, 도시의 실시간 의사 결정에 도움을 줄 수 있는 프로젝트가 170개에 달한다.[10] 가로등은 보행자 유무에 따라 켜지고 꺼질 수 있다. 교통 센서는 운전자에게 현재 교통 상태를 알린다. 그리고 많은 가정에 스마트 에너지 측량기가 설치되었다.

- 내 고향인 **밀턴 케인스**Milton Keynes는 스마트 시티 계획과 관련하여 40곳 이상의 파트너와 협력하고 있다. 공공장소를 찾는 발걸음 및 교통량을 모니터해 대중교통 노선, 인도, 자전거 도로를 구상한다.[11]

- 구글의 모기업인 알파벳의 스마트 시티 스타트업 **사이드워크 랩** Sidewalk Labs은 기술을 통한 도시 인프라 개선에 전념한다. 사이드 워크 랩의 최신 계획 중 하나는 토론토의 온타리오호수 일부 구 역을 매우 효율적이며 혁신적인 곳으로 바꾸려는 것이다. 공공이 이용할 수 있는 와이파이, 눈을 저절로 녹이는 도로 열선, 자율주 행 배달 로봇, 그리고 에너지 소비, 빌딩 이용, 교통 패턴에 관한 정보를 수집하는 센서가 적용될 예정이다.[12] 다시 말하면, 고도로 연결된 자동 제어 구역이 탄생하는 셈이다.

주요 도전 과제

스마트 시티를 만들기 위해 이런 신기술을 채택하는 것은 비용이 크게 들고, 규제와 관련하여 고려할 점이 많다. 그러나 개인 사업 체로서는 좀 더 쉽다. 물론 어려움이 없는 것은 아니다.

스마트 홈 시장은 스마트 직장보다 확실히 자리를 잡았으므로, 스 마트 홈 시장이 문제를 어떻게 해결했는지 참고하면 도움이 된다.

- **와이파이 연결 문제.** 집에 있는 스마트 기기는 데이터를 수집하 거나 전송하고, 다른 기기와 연결되기 위하여 와이파이를 사용한 다. 즉, 인터넷이 없으면 알렉사도 없다. 그러나 스마트 공간이라 는 개념에는 직장과 공공장소도 포함되며, 에지 컴퓨팅●7장과 5G 네트워크●15장가 연결 문제를 해결할 것이다.

- **기기 간 호환성.** 스마트 공간이라는 아이디어의 핵심은 서로 다른 기기와 시스템이 매끄럽게 연결되어, 서로 협력하는 이상적인 환경을 만드는 것이다. 그러나 시장에 진입하는 공급업체가 매우 많아서, 모든 기기가 호환되도록 하는 일은 도전적인 과제다.

- **데이터 보안 우려.** 스마트 공간은 제 역할을 다하는 데이터를 필요로 한다. 데이터를 통해 사람들이 어디에 있는지, 무엇을 하는지 등을 알 수 있다. 이렇듯 데이터는 개인과 직접적인 관련이 있으므로 반드시 적절히 보호해야 한다.

- **프라이버시 우려.** 2019년 알렉사가 설치된 기기를 구입한 많은 소비자가 격분했다. 알렉사와 주고받은 대화를 하청업체가 엿듣고 있었다는 사실이 밝혀졌기 때문이다. 그렇다. 우리 모두 내심 스마트 스피커를 사용한다는 것이 곧 가정마다 음성 기록 장치를 설치한다는 의미라는 점을 알고 있다. 그러나 우리의 대화를 누군가가 모니터한다는 현실은 적지 않은 사람을 불편하게 만들었다.

마지막 이슈, 즉 프라이버시는 큰 문제다. 우리의 활동과 대화를 추적할 수 있는 기기들에 점점 더 촘촘하게 둘러싸이고 있으므로, 개인 프라이버시가 의미하는 바가 더 예민하게 느껴질 수 있다. 집에 있든지, 아니면 직장이나 심지어 바쁜 거리에 있을 때도, 우리는 어느 정도 프라이버시를 보호받을 권리가 있다. 시민운동가들은 스마트 공간이 이런 권리를 침해한다고 주장한다. 특히, 투명성이 담보되지 않거나 개인에게 선택권이 없는 경우에 더 그렇다.

예를 들어, 토론토에 최첨단 지역을 개발하겠다는 사이드워크 랩의 프로젝트는 극심한 반대에 부딪혔으며, 2019년 지역 주민들은 해당 프로젝트를 중단시키려는 캠페인을 벌였다.[13] 이와 관련해 지역 주민에게 좀 더 큰 발언권이 있어야 하며, 의사 결정 과정을 투명하게 공개하라는 주장이었다. 시 관계자와 기업끼리 밀실에서 거래해서는 안 된다. 문제의 핵심은 지역 주민과 그 지역을 지나가는 사람들의 프라이버시와 데이터 보안이다.

마지막으로, 사업계는 데이터와 AI 기술 격차를 극복해야만 한다. 스마트 공간을 효과적으로 사용하겠다면 말이다. 직원들은 스마트 공간을 적절히 개발하고 사용할 수 있도록 교육받아야 하며, 기업은 올바른 기업 문화를 조성해 모든 구성원이 이 기술의 가치를 인정하고, 이것이 유익을 줄 수 있다는 사실을 깨닫도록 해야 한다.

스마트 공간이라는 기술 트렌드를 준비하는 법

스마트 공간을 갖추면, 기업으로서는 생산성, 효율, 운영비, 직원 만족에 있어 큰 이득을 얻을 수 있다.

스마트 공간을 만들 수 있는 단 하나의 비법은 없다. 비즈니스마다 필요가 다르고, 저마다 고유의 환경이 있기 때문이다. 그러나 다음과 같은 조언은 여러분이 스마트 공간의 가능성을 가늠하는 데 도움이 될 수 있을 것이다.

- **여러분이 속한 산업계에서 성공 스토리를 찾아보라.** 여러분과 비슷한 기업은 어떻게 스마트 공간이라는 비전을 실현했는가?

- **여러분의 비즈니스 전략을 고려하라.** 여러분의 비즈니스는 무엇을 달성하길 원하는가? 스마트 기술은 여러분이 목표에 이르도록 도울 수 있는가?

- **한 번에 한 단계씩 진행하라.** 스마트 공간은 인프라 투자를 요구한다. 따라서 비즈니스 전체보다 특정 부문에 우선적으로 투자해볼 수 있다. 즉, 비즈니스적 필요가 가장 큰 곳에 먼저 집중하고, 그곳으로부터 차차 넓혀가자.

주

1. Gartner Says Smart Lighting Has the Potential to Reduce Energy Costs by 90 Percent: www.gartner.com/en/newsroom/press-releases/2015-07-15-gartner-says-smart-lighting-has-the-potential-to-reduce-energy-costs-by-90-percent

2. Could a smart office building transform your workplace? Raconteur: www.raconteur.net/technology/smart-buildings-office-productivity

3. Smart Buildings: The Ultimate Guide: https://blog.temboo.com/ultimate-smart-building-guide/

4. 68% of the world population predicted to live in urban areas by 2050: www.un.org/development/desa/en/news/population/2018-revision-of-world-urbanization-prospects.html

5. Smart cities: Digital solutions for a more liveable future: https://www.mckinsey.com/industries/capital-projects-and-infrastructure/our-insights/smart-cities-digital-solutions-for-a-more-livable-future

6. Cities and Innovation Economy: Perceptions of Local Leaders: www.nlc.org/resource/cities-and-innovation-economy-perceptions-of-local-leaders

7. In China, Alibaba's data-hungry AI is controlling (and watching) cities, Wired: www.wired.co.uk/article/alibaba-city-brain-artificial-intelligence-china-kuala-lumpur

8. How smart is your street light?: www.ge.com/reports/25-06-2015how-smart-is-your-street-light/

9. 10 examples of smart city solutions: https://stateofgreen.com/en/partners/state-of-green/news/10-examples-of-smart-city-solutions/

10. 8 Years On, Amsterdam is Still Leading the Way as a Smart City, Medium: https://towardsdatascience.com/8-years-on-amsterdam-is-still-leading-the-way-as-a-smart-city-79bd91c7ac13

11. Milton Keynes: Using Big Data to make our cities smarter: www.bernardmarr.com/default.asp?contentID=728

12. A Big Master Plan for Google's Growing Smart City: www.citylab.com/solutions/2019/06/alphabet-sidewalk-labs-toronto-quayside-smart-city-google/592453/

13. Newly formed citizens group aims to block Sidewalk Labs project, The Star: www.thestar.com/news/gta/2019/02/25/newly-formed-citizens-group-aims-to-block-sidewalk-labs-project.html

06

블록체인과
분산 원장

BLOCKCHAINS AND
DISTRIBUTED LEDGERS

TECH TRENDS IN PRACTICE

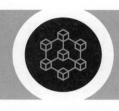

블록체인과 분산 원장이란 무엇인가?

IBM의 CEO 버지니아 로메티Virginia Rometty는 다음과 같이 말했다. "과거 우리는 인터넷으로 통신을 할 수 있었습니다. 마찬가지로 블록체인으로는 신뢰할 수 있는 거래를 할 수 있습니다."[1] 꽤 확실한 예측이다. 자, 블록체인 기술은 무엇이 특별한가?

오늘날 같은 디지털 시대에 정보의 저장, 인증, 보호는 여러 기관에 중대한 과제다. 블록체인은 정보, 신분, 거래 등을 인증할 수 있는 유용하고 안전한 방법을 제공함으로써 이 문제에 해답을 줄 수 있다. 이로 인해 이 장 후반부에 볼 수 있듯, 블록체인은 은행이나 보험회사에 점점 더 매력적인 도구가 되어가고 있다. 사실 블록체인은 금융거래, 계약, 공급망 정보, 심지어 물적 자산 등 많은 기록을 실시간으로 매우 안전하게 제공할 수 있다.

블록체인은 기본적으로 데이터를 저장하는 방법이다. 좀 더 기술적인 용어로 표현하면 공개된 분산 원장(즉, 데이터베이스)으로서, 데이터가 도처의 여러 컴퓨터에 분산되어 '탈중앙화decentralized'되어 있다. 블록체인이 혁신적인 이유는 탈중앙화에 있다. 한 가지 예를 들면, 해커가 겨냥할 수 있는 중심점이 없기 때문에 고도로 안전한 것이다. (물론, 완벽하게 '해킹할 수 없는' 것은 없다. 다만 블록체인은 정보 보안에 있어 현저한 도약이다.) 블록체인의 탈중앙화는 데이터가 하나의 중심 기관에 의해 처리되고 통제되는 게 아니라, P2P(인터넷에서 개인과 개인이 직접 연결되어 파일을 공유하는 방식—옮긴이) 시스템에서 사용자 동의에 의해 검증될 수 있다는 뜻이다. 뒤에서 이에 관해 좀 더 자세히 다루겠다.

블록체인의 이름은 어디서 유래했을까? 블록체인의 기록은 '블록block'이라 불리며, 각각의 블록은 이전 블록과 연결되어 '체인chain'을 이룬다. 모든 블록마다 시간과 날짜 도장이 있어서, 기록이 언제 생성됐고 업데이트되었는지 추적할 수 있다. 체인은 비트코인처럼 공개적일 수도 있고 비공개적일 수도 있다. 이것에 관해서는 나중에 다시 살펴보겠다. 어떤 블록에 변화가 생기면, 모든 블록체인이 동기화되어 블록체인의 복사본마다 실시간으로 그 변화가 업데이트된다.

체인이 공개적이든 비공개적이든, 사용자는 파일을 바꿀 때 필요한 암호 키를 소유함으로써, 블록체인의 일부만 수정할 수 있다. 이것이 실제로 어떻게 이루어지는지 설명하기 위해, 나는 종종 의료기록을 예로 든다. 블록체인을 디지털 의료 기록에 비유해보자. 각 항, 즉 진단과 치료 계획은 각각의 블록으로 구분되어 있고, 기록을 적었을 때 시간과 날짜 도장을 찍는다. 오직 암호 키를 가진 사람만 블록의 정보에 접근할 수 있다. 자, 이 경우에 환자는 키를 가지고 있으므로 그것을 전문의나 가정의에게 주어 기록을 보게 할 수 있다. 누구나 정보를 공유할 수 있다. 다만, 암호 키를 통한 허가가 있는 경우에만 가능하다.

나는 비트코인을 공개적인 블록체인의 한 예로 언급했다. 많은 사람이 블록체인과 비트코인이 같다고 여기지만, 실제로는 그렇지 않다. 디지털 화폐인 비트코인은 블록체인 기술을 이용하여 작동한다. (블록체인은 비트코인 거래에 공개 원장을 제공한다.) 비트코인은 실제로 사용되는 블록체인의 첫 사례다. 그러나 블록체인의 응용 사례는 이보다 더욱 다양하다.

블록체인의 실제 응용사례를 논하기 전에, 확실히 구별해야 할 것이 하나 더 있다. 바로 블록체인과 분산 원장 기술이다. 엄격하게 말해, 두 용어는 서로 구분해서 사용해야 한다. 그러나 블록체인과 분산 원장은 겹치는 부분이 많기 때문에, 이 둘을 묶어 이번 장에서 함께 다루겠다. 블록체인과 분산 원장 모두 정보를 인터넷 전반에 분산하며, 그럼으로써 보안을 향상한다. 그러나 차이가 있다. 정확하게 말하자면, 블록체인은 분산 원장 기술을 구현하는 한 가지 방법이다. 그러나 유일한 방법은 아니다.

둘의 차이를 살펴보면, 블록체인은 대개 공개적이다. 즉, 누구나 체인에 참여할 수 있고, 누구나 정보를 인증할 수 있다. 한 조직이나 한 사람이 '책임지는' 것이 아니라, 진정으로 탈중앙화된 민주적 시스템이다. 비트코인이 바로 공개적인 블록체인의 완벽한 예다. 비트코인의 경우, 비자나 마스터카드 같은 기관이 거래를 인증하는 것이 아니라, 비트코인 커뮤니티가 P2P 시스템으로 그렇게 한다. 반면에 분산 원장은 비공개적일 수 있다. 즉, 한 기업이나 정부 기관이 접근을 제한할 수 있다. 따라서 분산 원장은 탈중앙화되고 민주적이지 않지만 정보가 여전히 분산되어 있어 전통적인 데이터베이스에 비해 훨씬 안전하다. 자, 차이를 요약하자면 이렇다. 블록체인은 열려 있고 허가가 필요 없는 반면, 분산 원장은 허가가 필요할 수 있다.

편의를 위해 나는 이번 장에서 '블록체인'이라는 용어를 사용하겠다. 그러나 이번 장에 소개된 여러 사례는 공개적인 블록체인이라기보다 비공개적인 분산 원장인 경우가 많다. 어쨌든 이 기술은 비즈니스의 여러 측면에 혁신을 일으킬 참이다. 블록체인의 팬들은 그것이 인터넷만큼이나 파괴적일 것이라 예상한다.

블록체인과 분산 원장은 실제로 어떻게 사용되는가?

블록체인의 얼리어답터들이 해당 기술을 금융거래에 사용하는 것은 사실이다. 하지만 몇 년 안에 더 넓은 영역에서 블록체인을 보게 될 가능성이 높다. 의료 기록, 소유권 이전, 부동산 거래, 인사 기록 등 정보를 기록하고, 감독하고, 인증하는 모든 절차가 블록체인 기술로 향상될 수 있다. 이론적으로는, 중앙화되고, 다루기 불편하고, 안전하지 않은 모든 원장 시스템을 간결하고 분산된 블록체인으로 대체할 수 있다. 게다가 정보를 암호화하는 블록체인의 접근법은 사물인터넷 기기들을 안전하게 지키는 방법◉ 2장이 될 수 있다.

실제 각 기관이 어떻게 블록체인 기술을 이용하는지 살펴보자.

스마트 계약을 통한 보험 개선

우리가 이미 알고 있듯이 블록체인은 거래를 용이하게 한다. 그러나 (동의한 조항이 충족되었을 때, 자동으로 실행되는) 스마트 계약을 통해 상업적 관계를 공식화하는 데 사용될 수도 있다. 스마트 계약은 정당한 청구만 지급되도록 보장함으로써 보험업계를 혁신할 수 있다. 예를 들어, 블록체인에 보험 약관과 청구 기록을 저장하면 여러 건의 청구가 같은 사건에 신청되었는지 즉시 알 수 있다. 정당한 청구에 대하여 보험금 지급 요건이 충족될 때는 인간의 개입 없이 즉각 지급될 수 있다.

블록체인 기술을 받아들인 보험사는 다음과 같다.

- 보험사 **네이션와이드**Nationwide가 시험 중인 보험 가입증명서 블록체인 솔루션 리스크블록RiskBlock은 법 집행 기관이나 다른 보험사가 실시간으로 보험 담보 범위를 확인할 수 있도록 해준다.[2]

- 보험사 **AIG**는 다국적 보험 증서를 위한 스마트 계약 시스템을 추진하기 위하여 IBM과 협력 중이다.[3] 다국적 보험 증서는 복잡할 수 있다. 서로 다른 관할권이 포함되기 때문이다. 그러나 AIG는 새 스마트 계약 시스템이 주 보험 계약자와 해외 자회사들의 실시간 정보 공유와 업데이트에 도움이 된다고 자신한다.

- 선적 및 운송 컨소시엄 **머스크**Maersk는 해상 보험을 간소화하는 블록체인 솔루션을 발표했다.[4]

지적 재산 등의 소유권 보호

자산의 소유권 확인 및 이전에 블록체인이 사용될 수 있다.

- **코닥**은 블록체인 비즈니스로 거듭나려는 것으로 보인다. 코닥이 발표한 플랫폼은 인터넷상의 사진 사용을 추적·기록함으로써 권리자의 허가 없이 사진이 사용될 경우 적절한 지급을 받을 수 있도록 한다.[5]

- **마이실리아**Mycelia는 블록체인에 기반을 둔 솔루션으로 음악인을 위해 로열티를 추적·기록하도록 설계되었다. 또한 음악인이 자기 작품의 소유권 기록을 작성할 수 있다.[6]

신원 및 자격 확인

블록체인을 사용해서 확인할 수 있는 것은 자산만이 아니다. 신원 및 기타 신상 정보도 안전하게 저장하고 확인할 수 있다.

- **APPII**는 이른바 '세계 최초의 블록체인 경력 확인 플랫폼'을 출시했다. 이는 입사 지원자의 경험과 자격을 확인하는 데 걸리는 시간을 줄여준다.[7] 입사 지원자나 응시자가 프로필을 작성하고, 학력, 경력 등을 기재하면 기업이나 교육 기관이 그 내용을 다시 확인할 필요 없이 지원자를 채용하거나 합격시킬 수 있다. 이 플랫폼은 또한 안면 인식 기술을 사용하여 신원을 확인한다. 자, 이 모든 기술은 이력서를 '조작'한 사람들이 채용되거나 합격하는 리스크를 줄일 수 있을까? 두고 보면 알게 될 일이다.

- **시에라리온** 정부는 블록체인에 바탕을 둔 신분 확인 체계인 국가 디지털 신분 시스템National Digital Identity System을 채택한다고 발표했다.[8] 우선 시민들의 신분증명서가 디지털화되고, 국가 디지털 신분 시스템을 통해 어느 곳에서나 인식되는 국가 신분 번호가 생성된다. 이는 복제하거나 재사용할 수 없다. 정부는 이 시스템으로 시민들의 신용 거래나 금융서비스 이용을 제한했던 문이 열

리길 희망하고 있다.

공급망의 추적 가능성

블록체인은 공급망의 투명성을 높이고, 제품의 라이프사이클 전 과정을 기록으로 제공할 수 있다. 따라서 제품의 생산지를 밝히길 원하는 기업과 산업계가 이 기술을 열렬히 환영하는 것도 놀랄 일 이 아니다.

- 에버렛저 다이아몬드 타임랩스 프로토콜Everledger Diamond Time-Lapse Protocol은 광산부터 상점까지 다이아몬드의 이동 경로를 추 적하며, 2백만 개가 넘는 다이아몬드의 세부사항을 기록하는 데 사용된다.[9]

- 월마트는 녹색 채소의 안전을 추적하기 위해 블록체인을 사용하 고 있다. 농부가 자신의 채소에 관한 세부 사항을 블록체인에 입 력하면 (2018년 월마트 상추에서 발견된 대장균과 같이) 식품 오염 발 생 시 손쉽게 오염된 분량을 찾아낼 수 있다.[10]

- 블록베리파이Blockverify는 공급망에 투명성을 높이고, 위조품과 도 난품을 식별할 수 있도록 설계된 블록체인 솔루션이다. 블록베리 파이는 다이아몬드, 제약, 전자, 사치품 시장에서 사용된다.[11]

- (환경 파괴 없이) 지속 가능한 신발 브랜드 카노CANO는 오라클

Oracle의 블록체인 플랫폼을 이용하여 공급망의 투명성을 높이고, 어떤 재료가 사용되며 누가 제품을 만드는지까지 신발 제작의 모든 과정을 기록한다.[12]

- **비체인**VeChain은 와인 추적 플랫폼Wine Traceability Platform을 개발했다. 와인병에 암호화된 칩을 부착할 수 있는데, 칩마다 블록체인으로 제품 정보를 담고 있으며, 이 정보는 제삼자가 확인할 수 있다. 호주의 와인 제조사 펜폴즈Penfolds는 이를 도입한 와인 제조사 중 한 곳이다.

금융업의 향상

쉽고 안전한 거래를 할 수 있다는 블록체인의 명성 때문에 금융업계가 블록체인의 사용을 검토하고 있다.

- **바클레이즈**Barclays는 금융 거래, 규정 준수, 금융 사기를 추적하기 위한 다수의 블록체인 계획 수립에 착수했다. 바클레이즈는 블록체인의 이점을 확신하며, '지구를 위한 새로운 운영체제'라 일컫기도 했다.[13]

- 이스라엘에서 가장 큰 은행 중 한 곳인 **해폴림 은행**Bank Hapoalim은 마이크로소프트와 협력해 부동산 구매 등을 할 때 은행지급보증을 처리할 수 있는 블록체인을 개발하고 있다.[14]

- 대한민국의 **신한은행**은 블록체인에 기반한 주식 대여 서비스를 개발하고 있다.[15]

중개인 제거

내가 만약 우버, 에어비앤비Airbnb, 익스피디아Expedia 같은 애그리게이터aggregator(여러 개인이나 회사의 상품과 서비스에 대한 정보를 모아 하나의 웹사이트에서 제공하는 인터넷 회사 및 사이트—옮긴이) 기업을 운영했다면, 블록체인 기술이 몰고 올 충격을 걱정했을 것이다. 블록체인은 서비스 제공자와 소비자가 안전한 환경에서 직접 거래할 수 있는, 확실하고 탈중앙화된 방법을 제공하기 때문이다. 이를테면, 우버와 같은 중개업체의 도움 없이 말이다.

- 관광업을 주력으로 하는 **TUI 그룹**TUI Group은 블록체인이 장차 자사의 비즈니스 모델에서 핵심이 될 것이라고 공식화했다. 결국 익스피디아 같은 중개업체의 도움은 필요 없을 것이다. 한 시험 프로젝트인 베드스와프Bed Swap에서, 호텔은 실시간으로 블록체인에 객실 수와 이용 가능 여부를 기록할 수 있었다.[16]

- **오픈바자**OpenBazaar는 탈중앙화된 시장으로서, 암호화폐를 이용하여 중개인 없이 상품과 서비스를 거래할 수 있다.[17]

- 호텔 애그리게이터인 **고유레카**GOeureka는 블록체인을 이용하여 투명성을 높이고 비용을 줄이고 있다. 이용자에게 중개 비용 없

이 40만여 곳의 호텔 객실을 안내한다.[18] 다른 중개업체들도 자사의 비즈니스 모델을 지키기 위해 같은 방식으로 블록체인을 활용할지 기대된다.

암호화폐를 주류로 편입시키기 위하여

우리가 이미 알고 있듯이 블록체인은 비트코인을 뒷받침하는 기술이다. 블록체인의 사용이 더 확대될 것이 분명해짐에 따라, 암호화폐 시장도 성장하고 있다.

- 권투선수 **매니 파키아오**Manny Pacquiao는 팩Pac이라는 이름의 암호화폐를 공개했다. 이는 파키아오의 팬들이 굿즈를 구입하거나 소셜 네트워크로 그와 소통할 기회를 제공한다.[19]

- 2019년, 페이스북은 **리브라**Libra와 함께 가상화폐의 세계에 도전할 것이라 밝혔다.[20] 리브라는 국제 통화로서 금융 서비스 이용에 제한을 받는 개발도상국 시민에게 유용할 것이었다. (리브라는 가상화폐로서 타인에게 양도하거나, 물건을 구입할 수 있다.) 그러나 비트코인과 달리 탈중앙화되지 않았으며, 첫 번째 가상화폐도 아니다. 페이스북과 페이스북의 협력사가 리브라를 통제하며, 그로 인해 페이스북이 광고 타깃팅 등 자사의 이익을 위해 거래 데이터를 사용할지 모른다는 우려가 커졌다. 규제 기관이 압박을 가하자 일부 후원자는 손을 뗐으며, 프로젝트 전체가 위기에 빠졌다.[21]

주요 도전 과제

산업 규제를 중심으로 여러 도전 과제가 있을 것이다. 리브라와 관련하여 페이스북이 받은 엄격한 조사를 보라. 규제 기관은 앞으로 블록체인에 더 깊은 관심을 보일 것이다.

그러나 현재 이 기술을 도입하려는 기업들이 직면한 가장 큰 문제는 블록체인이 여전히 걸음마 단계에 있다는 사실이다. 블록체인의 발달 수준은 1996년 당시의 인터넷 정도라 할 수 있다. 다른 말로 하면, 표준이 되기까지 아직 갈 길이 멀다. 그러므로 지금 단계에서 뛰어드는 기업이 이 기술을 어떻게 활용할지, 이 기술로 무엇을 달성할지 구체적인 계획이 없다면, 많은 시간과 돈을 낭비할 수 있다.

'좋은 기회를 놓치고 싶지 않은 마음'은 누구나 같다. 블록체인이 차세대 혁신을 불러올 것이라 믿는 기업들은 자신들이 얼마나 최첨단인지 보여주기 위해 필사적이다. 결과적으로 그들은 아직 구체적이지 않으며 진정한 가치를 전달하지도 못하는 신기술에 풍덩 빠진다. 나는 블록체인이 앞으로 비즈니스의 여러 면을 완전히 탈바꿈할 잠재력이 있다고 확신하지만, 그런 변화는 순차적이리라 생각한다. 그 과정 중에 분명히 여러 실패를 경험하기 마련이다.

블록체인이라는 기술 트렌드를 준비하는 법

결국 블록체인은 비즈니스에 여러 유익을 가져다줄 것이다. 다음을 살펴보자.

- **비용 감소.** '중개인'의 필요를 줄이거나 없앰으로써 거래를 성사시키고 기록하는 데 드는 재정적인 부담을 덜 것이다.

- **추적 가능성 향상.** 이론적으로는 공급망의 모든 과정이 블록체인에 확실히 기록된다.

- **보안 강화.** 블록체인의 암호화 덕분에, 민감한 데이터를 다루고 보호하는 일이 훨씬 쉬워질 수 있다.

블록체인이 널리 퍼지기까지 많은 시간이 걸릴 수 있지만, 기업들로서는 차세대 기술 때문에 곤란해져서는 안 된다. 블록체인이 완전히 유행하게 되면 그 충격은 상당할 것이다. 인터넷이 그랬듯 말이다. 그러므로 내가 비즈니스 리더들에게 전하고 싶은 말은, 블록체인 기술 관련 소식을 계속 접하고, 여러분의 비즈니스에 이 기술을 어떻게 활용할지 계속해서 고민하라는 것이다.

주

1. @IBM, Twitter: https://twitter.com/ibm/status/877599373768630273?l ang=en

2. Nationwide delves into blockchain with consortium partners: www. ledgerinsights.com/nationwide-insurance-blockchain-consortium-riskblock/

3. AIG teams with IBM to use blockchain for "smart" insurance policy: https://www.reuters.com/article/aig-blockchain-insurance/aig-teams-with-ibm-to-use-blockchain-for-smart-insurance-policy-idUSL1N1JB2IS

4. World's first blockchain platform for marine insurance: www. ey.com/en_gl/news/2018/05/world-s-first-blockchain-platform-for-marineinsurance-now-in-co

5. KOKAKOne: https://www.kodakone.com/

6. Mycelia: Imogen Heap's Blockchain Project for Artists & Musicians: http://myceliaformusic.org/2018/06/20/mycelia-imogen-heaps-blockchain-project-artists-music-rights/

7. Blockchain-Based CVs Could Change Employment Forever: https://bernardmarr.com/default.asp?contentID=1205

8. Sierra Leone Aims to Finish National Blockchain ID System in Late 2019: https://cointelegraph.com/news/sierra-leone-aims-to-finish-national-blockchain-id-system-in-late-2019

9. Diamond Time-Lapse Protocol, Everledger; https://www.everledger. io/pdfs/Press-Release-Everledger-Announces-the-Industry-Diamond-Time-Lapse-Protocol.pdf

10. In Wake of Romaine E. coli Scare, Walmart Deploys Blockchain to Track Leafy Greens: https://corporate.walmart.com/newsroom/2018/09/24/in-wake-of-romaine-e-coli-scare-walmart-deploys-blockchain-to-track-leafy-greens

11. Blockverify: http://www.blockverify.io/

12. Oracle Blockchain Platform Helps Big Businesses Incorporate Blockchain, Forbes: www.forbes.com/sites/benjaminpirus/2019/07/22/oracle-blockchain-platform-helps-big-businesses-incorporate-blockchain/#4dfd6668797b

13. Why blockchain could be a new "operating system for the planet": https://home.barclays/news/2017/02/blockchain-could-be-new-operating-system-for-the-planet/

14. Simplifying blockchain app development with Azure Blockchain Workbench: https://azure.microsoft.com/en-gb/blog/simplifying-blockchain-app-development-with-azure-blockchain-workbench-2/

15. South Korea's Shinhan Bank Developing a Blockchain Stock Lending System: https://cointelegraph.com/news/south-koreas-shinhan-bank-developing-a-blockchain-stock-lending-system

16. TUI Utilizes Blockchain Technology To Reshape The Travel Industry, Medium: https://medium.com/crypto-browser/tui-utilizes-blockchaintechnology-to-reshape-the-travel-industry-fb83ba5395bf

17. OpenBazaar: https://openbazaar.com/

18. GOeureka uses blockchain to unlock 400,000 hotel rooms with zero commission: https://venturebeat.com/2018/09/28/goeureka-uses-blockchain-to-unlock-400000-hotel-rooms-with-zero-commission/

19. Boxer Manny Pacquiao intros cryptocurrency to cash in on his fame: www.engadget.com/2019/09/01/boxer-manny-pacquiao-cryptocurrency.html

20. What is Libra? Facebook's cryptocurrency, explained, Wired: www.wired.co.uk/article/facebook-libra-cryptocurrency-explained

21. Where it all went wrong for Facebook's Libra, Financial Times: www.ft.com/content/6e29a1f0-ef1e-11e9-ad1e-4367d8281195

07

클라우드와
에지 컴퓨팅

CLOUD AND
EDGE COMPUTING

TECH TRENDS IN PRACTICE

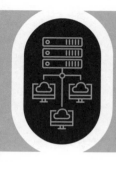
클라우드와 에지 컴퓨팅이란 무엇인가?

아주 간단히 말해서, 클라우드는 '다른 사람의 컴퓨터'다. 아마존, 구글, 마이크로소프트 같은 클라우드 서비스 제공자의 부상 덕분에 더는 여러분의 조직 내에서 직접 IT 인프라를 관리할 필요가 없어졌다.

클라우드에 운영을 맡기면 시스템, 소프트웨어, 데이터를 유지·관리하는 데 드는 간접비를 줄일 수 있다. 클라우드 서비스 제공자가 모든 툴tool(컴퓨터의 이용환경을 편리하게 해주는 비교적 작은 소프트웨어의 총칭으로, 유틸리티라고 부르기도 한다—옮긴이)을 관리하므로 언제 어디서나 필요할 때 접속할 수 있다. 이는 여러분이 툴을 유지하고 업데이트하는 클라우드 서비스 제공자의 전문성을 혜택으로

누림과 동시에, 세계 최상급의 보안과 지원시설도 유익으로 얻을 수 있다는 의미다. 게다가 막대한 전산 능력과 저장 자원도 이용할 수 있다. 여러분이 사용할 수 있는 전산 자원의 양은, 여러분의 수요에 따라 확대하거나 축소할 수 있다.

물론 클라우드 서비스 제공자에게도 유익이 있다. 굳이 수백만 가지의 서로 다른 소프트웨어와 하드웨어를 사용하는 고객층을 지원할 필요가 없다는 점이다. 또 우리가 언제, 어디서, 어떻게 플랫폼을 이용하는지에 관한 데이터도 얻는다. 따라서 소비자의 필요에 맞게 서비스를 조정◉18장할 수 있다. 물론 구독 모델을 통해 요금을 직접 청구할 수도 있다.

에지 컴퓨팅은 반대편에 서 있다. 즉 저 멀리 떨어진 데이터 센터가 아니라, 여러분의 비즈니스 최전선에 있다. 카메라, 스캐너, 휴대용 단말기 또는 센서에서 수집한 모든 정보를 클라우드에 전송하는 게 아니라, 데이터를 모은 원천에서 직접 처리한다.

예를 들어, 컴퓨터 비전 능력◉12장이 있는, AI가 장착된 보안 카메라를 상상해보라. 근무 시간 후에 아무도 없는 사무실 빌딩을 계속 주시하고 있다. 카메라가 수집한 데이터 가운데 99퍼센트는 빈 사무실이나 빈 복도를 촬영한 쓸모없는 영상일 것이다. 만약 모든 데이터가 처리를 위해 클라우드에 전송된다면, 이는 주파수 대역폭의 낭비일뿐더러, 뭔가 긴급 상황이 일어나 경고를 해야 할 순간에

지연이 발생할지 모른다.

클라우드와 에지 컴퓨팅은 실제로 어떻게 사용되는가?

우리는 이미 일상에서 클라우드 소프트웨어와 서비스를 이용하고 있다. 웹에 기반한 이메일 시스템에 접속할 때라든지, 온라인 앨범에 사진과 영상을 저장한다든지, 구글 드라이브Google Drive나 드롭박스Dropbox에 파일을 백업할 때 등등 말이다.

또, 우리는 오피스 365Office 365, 구글 문서Google Documents, 어도비 크리에이티브 제품군Adobe Creative Suite 같은 서비스형 소프트웨어를 사용하기도 한다. 이런 서비스는 서비스 관리팀이 업데이트를 담당한다. 우리는 클라우드에 문서를 업로드해 어느 컴퓨터나 기기든 우리가 등록한 장치로 접속하기만 하면 된다.

소셜 미디어에서의 활동 역시 대부분 클라우드에서 수행된다. 우리가 업로드하는 사진, 동영상, 글은 서비스 제공자가 관리하는 서버에 저장되며, 사진에 필터를 적용하거나 동영상을 편집할 때는 서비스 제공자의 전산 능력을 활용하게 된다.

우리가 스마트폰에서 사용하는 많은 앱, 즉 택시를 부르거나, 기차 시간을 확인하거나, 영화 티켓을 예매하는 앱도, 실제로는 클라우드에서 실행되고 있다.

종종 이런 작업은 '사설 클라우드private cloud'에서 처리된다. 즉, 서비스 제공자가 서버를 직접 소유·관리한다. 한편 '공용 클라우드public cloud'도 있다. 서버 공간이나 전산 자원을 제삼자로부터 임대한 것인데, 제삼자란 아마존 웹 서비스Amazon Web Services, 마이크로소프트 애저Microsoft Azure, 구글 클라우드Google Cloud 등이다.

공용 클라우드 서비스에 관한 한, 지난 3년간 시장을 주도한 기업은 아마존이다.[1] 아마존 웹 서비스는 데이터 저장, 처리, 분석, 배치, 소프트웨어 개발, 프로젝트 관리, 그리고 사물인터넷 기능을 위한 툴을 제공한다.

소비자가 자주 접하는 클라우드 앱의 다수, 즉 넷플릭스[2]와 스포티파이[3] 등은 공용 클라우드 인프라를 사용한다. 고객이 지리적으로 넓게 퍼져 있어 자사 고유의 서버를 갖춰 데이터를 저장·처리하려면 엄청난 비용을 감당해야 하기 때문이다.

클라우드에 고객 서비스, 재고관리, 구인 활동 및 인사, 디자인, 소매, 해상 운송 등을 맡기는 비즈니스도 같은 원리에 따라 비용을 줄일 수 있다.

- **세일즈포스 마케팅 클라우드**Salesforce Marketing Cloud는 사업체가 자사의 온라인, 이메일, 소셜 마케팅 활동을 클라우드에 옮길 수 있도록 돕는다. 사업체는 클라우드에서 분석 도구와 AI 추천 엔

진을 이용하여 고객 정보를 수집하고 처리함으로써 좀 더 정확하게 마케팅할 수 있다.

- **에버노트**Evernote는 소비자가 클라우드에 접속하여 메모한다는 매우 간단한 콘셉트의 비즈니스다. 이용자는 노트나 사진, 동영상, 음성 등의 정보를 기록한 뒤 클라우드에 저장할 수 있다. 클라우드에는 어느 기기로든 접속할 수 있고, 또 저장한 내용을 친구나 동료들과 쉽게 공유할 수 있다.

- **아메리칸 에어라인**American Airlines은 서비스 장애나 취소로 항공편을 재예약할 때 고객에게 더 유연한 서비스를 제공할 수 있는 클라우드 솔루션을 개발하기 위해 IBM과 협업했다.[4] 일반적인 고객들은 대개 재예약 시 자동으로 할당되는 좌석을 이용하지만, 일부 고객은 직접 항공사에 연락하여 선택 가능한 조건을 알아본다. 항공사는 클라우드에 기반한 앱을 마련하여 고객이 선택을 내리는 데 필요한 모든 데이터를 전달한다.

- 온라인 소매업자 **ASOS**는 마이크로소프트의 클라우드 서비스를 이용해 고객에게 맞춤형 추천과 쇼핑 경험을 제공한다. ASOS는 이용자 프로필과 고객 데이터를 클라우드에 저장하고, 클라우드에서는 이를 이용하여 특정 제품이 고객에게 얼마나 적절한지 판단한다.[5]

- 보험사 **아비바**Aviva는 클라우드 시스템을 사용해 운전자의 스마트폰에서 얻은 원격 데이터를 저장하고 분석한 뒤 이를 운전자 개인의 보험료 산정에 활용한다.[6] 즉, 보험료 산정이 더 효율적으로 이루어지며, 안전하게 운전할수록 보험료가 더 저렴해진다는 뜻이다. 이런 시스템은 데이터 저장과 처리 능력을 요구하며, 이를 직접 구현하려면 굉장히 큰 비용을 들여야 한다.

또한, 클라우드의 의미는 기업이 직원들에게 '가상 데스크톱' 환경을 제공할 수 있다는 의미다. 그래서 어디서나 어떤 기기로든 접속할 수 있다. 직원들이 각자의 컴퓨터나 기기에 (보안상의 위협을 감수하고) 직접 소프트웨어와 데이터를 다운로드받도록 하는 게 아니라, 사설 클라우드 서비스에 앱과 데이터를 저장하여 가상 데스크톱으로 접속하게 하는 것이다.

에지 컴퓨팅은 데이터를 수집한 원천의 처리 능력을 활용한다. 그럼으로써 클라우드에 데이터를 전송하고 처리하는 데 필요한 주파수 대역폭을 절약할 수 있다.

- 에지 컴퓨팅의 단순하고 훌륭한 예로, 각자의 콘솔에서 실행하는 온라인 게임을 들 수 있다. 이 경우, 클라우드에 전송되는 데이터는 게임에서 생성되는 데이터의 일부에 불과하다. 대개 게임상의 다른 플레이어에게 영향을 미칠 수 있는 데이터 정도다. 반면에, 대부분의 데이터 프로세싱은 이용자의 콘솔에서 이루어지며, 이

렇게 생성된 영상 데이터는 이용자 개인의 화면에만 보인다.

- 빠르게 현실이 되고 있는 자율주행차의 경우는 좀 더 복잡할 수 있다. 자율주행차는 충돌 위험을 감지하는 센서에 의존하며, 그에 따라 회피 동작을 취한다. 이와 같이 생사가 달린 시나리오에서 자율주행차가 빠른 속도로 달리는 경우, 데이터를 클라우드에 보내 위험이 있는지 없는지를 판단하고 이 결과를 자동차 모터를 제어하는 컴퓨터에 다시 전달한다는 생각은 결코 합리적이지 않다. 이런 상황에서는 카메라와 레이더/라이다LIDAR, Light Imaging Detection and Ranging에서 수집한 데이터를 외부로 전송하기 전에 먼저 분석한다. 적절한 데이터만 클라우드에 전달되며, 클라우드에서는 시간에 덜 민감한 판단, 즉 운행 경로 계획, 연료 최적화, 차량 성능 등을 고려한다.

- 스마트 시티●5장는 도시 환경의 유용성을 향상하는 기술을 사용하며, 에지 컴퓨팅이 배치될 수 있는 토양을 제공한다. 차량 흐름과 혼잡을 모니터하고 반응하는 시스템은 카메라에 탑재된 이미지 프로세싱 기술에 의존해 상황 변화에 반응하고, 교통 신호를 바꾸거나 일시적인 속도 제한을 걸기도 한다. 이산화탄소를 모니터하는 시스템은 특정 지역의 CO_2 배출 정도가 심각한 경우 차량의 경로를 바꾸며, 폐기물 처리 시설은 폐기물 처리 시설이 완전 가동하는 상황이 오면 알림을 보내 빨리 비워질 수 있도록 한다. 이런 일들이 데이터 발생 원천에서 처리되지 않으면, 중앙 서

버에 과부하가 걸려 데이터를 전송하고 요청하는 다른 시스템과
함께 동작이 멈출 수 있다.

- 산업계에서 에지 컴퓨팅은 온라인 서비스에 거의 접속할 수 없는
  환경에서 빠르게 인기를 얻고 있다. 외지의 광산이나 연안 석유
  시추 시설 등의 현장에서 분초를 다투는 결정을 내리기 위한 데
  이터 분석이 이루어진다.

- 제조 공장 역시 에지 분석을 이용하여 장비가 어떻게 운용 중인
  지 이해하고, 예측 정비를 할 수 있다. 즉, 기계적인 문제가 언제
  발생할지를 예상해 사전에 수리한다.

주요 도전 과제

아마도 우선적으로 고려해야 할 사항은 비용이다. 클라우드 솔루
션을 찾게 하는 주요인은, 자체적으로 인프라를 구축해야 하는 필
요를 없앰으로써 얻는 비용 절감이다. 그러므로 클라우드 플랫폼
이 지원과 확장성(사용자 수의 증대에 유연하게 대응할 수 있는 정도—
옮긴이)으로 인해 요구하는 추가 비용은 중요한 문제다. 만약 여러
분이 클라우드로 고객에게 서비스를 제공하고 있다면, 고객이 늘
어남에 따라 클라우드 사용량은 폭증할 것이며, 이는 비용 증가로
이어진다.

보안은 IT 운영과 관련하여 늘 주요한 과제다. 물론 클라우드가 여

러 문제를 해결했지만[예를 들어, 여러분이 직접 서버를 운영하지 않으므로 도둑(?)이 데이터를 훔쳐 갈 위험을 줄였지만] 생각지 못한 다른 문제가 일어날 수 있다.

우선 고려해야 할 한 가지는, 어느 곳에서든 클라우드 서비스에 접속할 수 있으므로, 결과적으로 어느 곳에서든 데이터가 도난당할 수 있다는 사실이다. 서비스에 접속하는 이용자를 인증하는 시스템, 즉 로그인 세부사항, 패스워드, 토큰(토큰은 크게 접근 토큰, 보안 토큰, 세션 토큰 등으로 분류할 수 있으며, 접근 토큰은 시스템이나 소프트웨어에서 어떤 특정 기능이나 데이터에 접근하는 대상에게 권한을 부여하는 데 사용된다―옮긴이) 등이 안전하게 관리되고 있는지 주의 깊게 점검할 필요가 있다.

이는 또 다른 문제로 이어진다. 여러분이 제삼자에게 데이터 보안과 같은 문제를 맡길 경우 여러분이 사용하려는 클라우드 서비스 제공업체가 프라이버시와 규정 준수 같은 이슈에 어떻게 대응하는지 이해하는 것은 필수적이다. 유럽의 예를 들면 데이터 사용과 관련해 일반 개인정보 보호법의 지배를 받으며, 제삼자인 클라우드 서비스 제공업체가 개인정보를 잘못 다뤘다 하더라도, 여러분이 법적 책임을 질 수 있다.

클라우드 서비스를 이용함에 따라, 여러분은 여러분의 서비스 연속성에 관해 클라우드 서비스 제공업체에 의존하게 된다. 즉, 클라우드 서비스 제공업체는 종종 그들이 제공하는 제품과 서비스를 바꾸는데, 만약 여러분이 사용하는 서비스가 사라지거나 기능에 변화가 생기면, 여러분은 머리를 긁적인 채 고민만 하게 될 것이다! 어떻게 해야 고객의 수요를 계속해서 충족시킬 수 있을 것인가.

에지 컴퓨팅에 있어 주요 과제는 무엇일까. 바로 주파수 대역폭을 절약한다는 이유로 다른 쓰임새가 있는 중요한 데이터를 무시하거나 폐기해서는 안 된다는 점이다.

자율주행차를 예로 들면, 자동차가 빈 도로를 따라 달리는 동안 수집한 수백만 장의 사진을 전송하는 것이 별 의미 없어 보일지 모른다. 그러나 자율주행차가 지나쳐 간 도로와 환경의 상태에 관한 데이터는 다른 차가 같은 길을 지날 때 유용한 자료일 수 있다. 데이터 전송과 주파수 대역폭 절약의 균형을 맞추는 것은 필수적이다.

클라우드와 에지 컴퓨팅이라는 기술 트렌드를 준비하는 법

전 조직에 걸쳐 부서와 사용처별로, IT 운영에 필요한 비용, 즉 인프라와 IT 지원, 주파수 대역폭에 드는 경비를 파악하는 것이 중요하다. 그래야 클라우드 서비스 이용이 금전적으로 이득인지 아닌지 판단을 내릴 수 있다.

새로운 기술을 도입할 때는 먼저 '단기 성공' 사례를 찾음으로써 시작하는 편이 합리적이다. 작은 단위의 프로세스나 사업을 클라우드에 맡기면 클라우드 서비스의 유용성을 빠르게 추산할 수 있다. 이 과정을 거쳐 결국 더 큰 프로세스를 클라우드에 넘길 수 있다.

여러분이 주요 클라우드 서비스(아마존 웹 서비스, 구글 클라우드, 마이크로소프트 애저)에 익숙해지는 것도 중요하다. 이는 이들이 제공하는 서비스와 툴이 여러분의 비즈니스 필요에 일치하는지 이해하는 데 도움이 된다.

한편, 클라우드 환경으로의 변화는 일부 구성원에 대한 인식의 전환을 요구할 수 있다. 바로 여러분의 인프라를 관리했던 직원들 말이다. 이 직원들이 자체적인 IT 시스템을 개발하고 유지하는 데 신경을 덜 쓰게 되면서, 어떻게 목표를 이루고 실적을 달성하는지에 관한, 좀 더 전략적이고 높은 수준의 시각을 갖게 될 수 있다. 즉, 클라우드가 제공하는 툴뿐만 아니라 새로운 가능성을 접한다는 것을 의미한다.

또한, 클라우드가 제공하는 서비스를 효과적으로 평가하고, 접속하고, 운영하기 위해서, 보안 및 데이터 관리, 자동화에 관한 적절한 전문 지식도 보유해야 한다.

여러분이 여러분의 IT 운영을 위해 사용할 외부 서비스가 얼마나 잘 관리되는지도 고려해야 한다. 인터넷 서비스 제공업체를 예로 들 수 있다. 만약 여러분의 IT 운영 업무가 자체적인 근거리 통신망에서 수행된다면, 통신망에 문제가 생겼을 때 탄력적으로 대응할 수 있다. 그러나 여러분이 고객에게 서비스를 제공하기 위해 24시간 내내 클라우드에 의존하고 있다면, 품질 저하가 생겼을 때 이는 곧바로 고객의 불편으로 이어진다. 여러분은 이런 리스크를 감수할 수 있겠는가? 또, 이런 일이 벌어졌을 때 대처 방안이 있는가?

주

1. Top cloud providers 2019: AWS, Microsoft Azure, Google Cloud; IBM makes hybrid move; Salesforce dominates SaaS: www.zdnet.com/article/top-cloud-providers-2019-aws-microsoft-azure-google-cloud-ibm-makes-hybrid-move-salesforce-dominates-saas/

2. Netflix on AWS: https://aws.amazon.com/solutions/case-studies/netflix/

3. Switching clouds: What Spotify learned when it swapped AWS for Google's cloud: www.techrepublic.com/article/switching-clouds-what-spotify-learned-when-it-swapped-aws-for-googles-cloud/

4. American Airlines: www.ibm.com/case-studies/american-airlines

5. Online retailer uses cloud database to deliver world-class shopping experiences: https://customers.microsoft.com/en-gb/story/asos-retail-and-consumer-goods-azure

6. UK Insurance Firm Uses Mobile App and Cloud Platform to Track Driving Behavior: https://azure.microsoft.com/en-gb/case-studies/customer-stories-aviva/

08

디지털
확장현실

DIGITALLY EXTENDED
REALITIES

한 문장 정의 ──────

확장현실(약자로 XR)은 가상현실, 증강현실, 혼합현실을 아우르며, 디지털 경험에 좀 더 몰입하도록 만들기 위해 사용하는 기술을 말한다.

디지털 확장현실이란 무엇인가?

확장현실은 다음과 같이 분류할 수 있다.

- **가상현실**VR이란 이용자가 가상의 디지털 환경에 푹 빠져들도록 만드는 컴퓨터 기술을 말한다. 이때 이용자는 실제로 그 환경에 놓여 있다고 느낀다. 가상현실은 특수한 헤드셋이나 글라스를 통해 작동한다. 예를 들어, 오큘러스Oculus의 리프트Rift, HTC의 바이브Vive, 삼성의 기어 VRGear VR 헤드셋이 있다. 가상현실 기술은 최근에 급속도로 발전해, 현재는 달 위를 걷는다거나 18세기의 베네치아를 직접 거니는 경험을 제공할 수 있다. (미래에는 역사 수업이 얼마나 재미있을지 상상해보라!) 또, 전체 테마파크가 가상현실 경험에 맞춰 설계되고 있다. 그중 한 예는 중국의 VR 스타 테마

파크VR Star Theme Park다.

- **증강현실**AR은 가상의 디지털 환경이 아닌 현실 세계에 기반하고 있다. 증강현실을 통하면 이용자가 현실 세계에서 보는 물체 위에 정보나 영상이 표현된다. 유명한 게임인 포켓몬 고도 있었지 않은가. 포켓몬 고 이용자는 스마트폰으로 거리의 포켓몬을 '볼' 수 있었다. 증강현실은 스마트폰, 스마트 글라스, 태블릿, 웹 인터페이스web interfaces, 스마트 스크린smart screens(콘텐츠를 스마트폰, 태블릿 PC, 스마트 자동차, 스마트 TV 등에서 중간에 끊김 없이 이용할 수 있는 서비스를 의미한다─옮긴이), 스마트 미러smart mirrors(옷을 입고 거울 앞에 서면 센서가 자동으로 옷에 부착된 태그를 식별해 해당 상품이 가진 다양한 컬러를 보여준다거나, 거울을 통해 유명 PT 강사들의 수업에 라이브로 참여하며 함께 운동할 수 있다─옮긴이)를 통해 구현된다. 증강현실은 현실 세계에 기반하기 때문에 가상현실보다 몰입도가 덜할 수 있으나, 우리 주변의 세상을 증강하는 놀라운 경험을 제공한다.

- **혼합현실**MR, Mixed Reality은 가상현실과 현실 세계를 합친, 증강현실의 확장판이다. 혼합현실에서는 가상과 현실의 물체가 상호작용할 수 있다. 증강현실에서는 이용자가 현실 세계 위에 덧입혀지는 정보나 물체를 바라만 볼 수 있었다. 그러나 혼합현실에서는 가상의 물체를 가지고 놀 수 있고, 가상의 3D 콘텐츠가 그에 따라 반응한다. 예를 들어, 가상의 물체를 모든 각도에서 볼 수

있도록 손으로 돌리는 것도 가능하다. 혼합현실을 경험하려면 이용자가 마이크로소프트의 홀로렌즈HoloLens 같은 기기를 가지고 있어야 한다. (홀로렌즈는 앱을 홀로그램으로 표현해, 이용자가 만지거나 이리저리 옮길 수 있다.) 혼합현실이 어떻게 작동하는지 이해하고 싶다면 홀로렌즈[1]나 매직 리프Magic Leap[2]의 동영상을 확인해보면 된다.

이 세 가지 기술은 사람들이 세상을 경험하는 새롭고 흥미로운 방식을 제시한다. 그리고 비즈니스에 있어서도, 고객과 소통하고 비즈니스 프로세스를 향상하는 참신한 방법이 될 수 있다.

만약 내가 SF영화에나 나오는 얘기를 소개한 것처럼 보였다면, 다시 생각해보시라. 이번 장에서 볼 수 있겠지만, 확장현실 기술은 이미 실제 응용 사례가 나와 있으며, 우리가 기술과 소통하는 방식에 극적인 변화를 일으킬 수 있다. 사실, 스마트폰에 기반한 증강현실 경험(예를 들어, 포켓몬 고)은 2018년에 전 세계에서 30억 달러(약 3조 6천억 원)의 수익을 올렸다.[3] 글로벌 경영 컨설팅 기업 액센츄어Accenture의 테크놀로지 비전 2018Technology Vision 2018에 따르면, 고위 임원의 80퍼센트 이상이 확장현실 기술로 인해 비즈니스가 소통하고 교류하는 새로운 방식이 나타나리라 믿고 있다.[4]

디지털 확장현실은 실제로 어떻게 사용되는가?

게임과 엔터테인먼트 업계는 분명히 얼리어답터이지만, 확장현실 기술은 현재 여러 산업계와 조직에서도 사용되고 있다. 외과의사와 군인을 훈련하는 작업부터, 최신 럭셔리 차량을 판매하는 일까지 말이다. 많은 브랜드가 이미 고객과 직원에게 기억할 만한 경험을 주기 위해 확장현실 기술에 다가서고 있다.

세 가지 확장현실 기술 중에 혼합현실은 가장 최신의 기술로서 개발도 가장 더디다. 그러므로 다음의 예는 자연스럽게 가상현실과 증강현실을 주로 다루고 있다.

브랜드 참여Brand Engagement 증가

브랜드는 확장현실 기술 덕택에 자사의 브랜드에 관심을 일으킬 수 있는, 새롭고 재밌는 경험을 설계할 수 있다.

- **펩시**는 런던의 버스 정류장에 증강현실이 가능한 디스플레이를 설치했고, 실제 거리에 눈이 튀어나올 만한 영상을 덧입힘으로써 버스 이용객들을 즐겁게 하고 있다. 영상에서는 유성이 땅으로 떨어진다든가, 호랑이가 다가온다든가, 거대한 촉수가 땅 밑에서 튀어나온다.

- **메르세데스**가 만든 멋진 가상현실에서는 최신 SL 모델을 타고 캘리포니아의 아름다운 태평양 연안 고속도로를 달리는 경험을 해볼 수 있다.

- **우버**는 취리히의 기차역에서 증강현실을 경험할 수 있도록 했다. 오가는 사람들은 정글 속의 호랑이를 쓰다듬을 수 있다. 이 영상이 담긴 유튜브 동영상은 조회 수가 100만이 넘는다.[5]

- **버거킹**은 증강현실이 가능한 앱을 만들었다. 이 앱은 버거킹의 팬들이 라이벌 패스트푸드 업체의 광고를 '불태울 수 있게' 한다. 그 후 무료로 와퍼를 교환해준다. 버거킹 앱에서 '번 댓 애드Burn That Ad' 기능을 사용하면, 사용자가 스마트폰으로 경쟁사의 광고를 비출 경우 그 광고가 화염에 휩싸 불타고 와퍼 그림으로 대체된다. 그리고 공짜 버거를 얻을 수 있다.

구매 전에 사용해보기

증강현실 덕분에 소비자는 집에서 편안하게 제품을 미리 사용할 수 있다.

- **이케아**는 증강현실 앱을 만들어 소비자가 가구를 집 안에 들여놓을 수 있도록 했다. 이케아 플레이스Ikea Place라는 이 앱은 여러분 가정의 실내를 스캔해 디지털 영상으로 가구가 배치된 모습을 보여준다. 완전히 새로운 모습이 연출된다.

- 가족 소유의 소매업체 **텐스 스트리트 햇**Tenth Street Hats은 증강현실 솔루션을 제공해 소비자가 집에서 모자를 써볼 수 있도록 했다. 이용자는 각기 다른 모자가 어느 각도에서 어떻게 보이는지

확인할 수 있고, 모자를 쓴 모습을 사진으로 찍을 수도 있다.

- **두룩스**Dulux 비주얼라이저Visualizer 툴은 이용자가 실내를 스캔하면 가상으로 '페인트'칠한 모습을 보여준다.

- **로레알**L'Oreal과 **세포라**Sephora 같은 화장품 기업은 증강현실 기술을 사용해 소비자가 제품을 구입하기 전에 미리 테스트해볼 수 있도록 돕는다.

- 중고 럭셔리 시계에 특화되어 있는 온라인 거래 플랫폼 **워치박스**WatchBox는 자사의 앱에 증강현실 기능을 넣어, 소비자가 구매 전에 시계를 '차볼 수' 있도록 한다. 이 앱을 실행하면 구입하고자 하는 시계가 소비자의 손목에 정확한 크기, 모양, 치수로 채워진 모습을 보여준다.

- **갭**Gap의 탈의실Dressing Room 앱은 이용자가 자신의 신체 치수를 입력하면 가상의 탈의실에서 옷을 입어볼 수 있도록 한다.

- **BMW**의 아이 비주얼라이저i Visualizer 증강현실 툴은 이용자가 실제 크기의 BMW 자동차를 보고 커스터마이징할 수 있도록 한다.

고객 서비스 향상

가상현실과 증강현실 기술을 사용하면 고객에게 편의를 제공하는 방법이 흥미로워질 수 있다.

- 런던 **개트윅 공항**Gatwick Airport이 내놓은 승객 앱은 증강현실 기술을 창의적으로 사용해 상을 받았다.[6] 앱을 이용하면 혼잡한 공항에서 쉽게 길을 찾을 수 있다.

- 마찬가지로 중국의 차량 공유 서비스 기업인 **디디추싱**滴滴出行은 증강현실을 통해 이용자가 복잡한 빌딩 사이에서 정확한 승차 장소를 찾도록 돕는다.

- DIY 상점까지 터벅터벅 걸어왔는데 뒤늦게 줄자를 집에 놓고 왔다는 걸 알아챈 소비자를 위해, **로우스**Lowe's는 증강현실을 이용한 가상의 줄자를 만들었다. 소비자는 스마트폰을 줄자로 활용할 수 있다.

일터 학습을 더욱 효과적으로 만들기

확장현실은 직원들을 더 몰입시킬 수 있는 새로운 방법을 제시하고 학습 경험을 향상할 수 있다.

- 오큘러스의 **버추얼스피치**VirtualSpeech 가상현실 툴은 대중 앞에서 이야기하기 어려워하는 사람들을 위해 집중 훈련을 제공한다. 다른 사람 앞에서 좀 더 자신감을 갖고 말하고, 물건을 팔기 위해 더 적극적으로 권유하며, 더 효과적으로 인적 네트워크를 형성할

수 있도록 돕는다.

- **미 육군**은 증강현실이 적용된 접안경eyepiece을 활용해 병사들의 상황 인식 능력을 향상시키고 있다. 자신의 위치를 정확히 파악하고, 주변에 있는 다른 사람의 위치를 알아내며, 그들이 적인지 아군인지 식별한다.

- **로스앤젤레스 아동병원**Children's Hospital Los Angeles은 가상현실 전문 기업인 바이오플라이트VRBioflightVR, AI솔브AiSolve와 협력하여 소아 외과의사를 위한 가상현실 훈련 시나리오를 개발했다.[7] 가상현실 훈련은 매우 정교한데, 개발사는 아동병원의 실제 간호사를 스캔해 3D로 표현했고, 따라서 훈련생은 실제 수술실과 똑같은 가상현실을 경험할 수 있다.

- **버지니아대학교**의 한 연구실은 가상현실 교실을 개발했다. 교사들은 이 공간에서 미리 수업을 테스트하거나 학급을 관리할 수 있으며, 즉각적인 피드백도 받을 수 있다.[8]

- **뉴저지**의 경찰관과 보안관은 일상적인 차량 검문부터 피격되는 상황에 이르기까지 다양한 범위의 시나리오를 훈련할 수 있는 시스템을 활용하고 있다.[9]

기타 조직 프로세스 향상

산업계에서 사용하는 확장현실 기술은 마케팅과 교육에 중점을 두고 있지만, 다른 조직 프로세스와 기능을 향상하는 데에도 도움이 될 수 있다.

- 확장현실을 이용하면 실제로 값비싼 프로토타입을 만들 필요 없이 한 부품이나 제조 과정의 모든 특성을 시뮬레이션하고 테스트할 수 있다. 이것은 여러 제조업체에 게임 체인저가 될 수 있다. 예를 들어, **보잉**Boeing과 **에어버스**Airbus는 항공기를 디자인할 때, 모의 디지털 공간에서 새 기능이나 새 모델을 설계하고 테스트한다. **포드** 역시 마이크로소프트의 홀로렌즈 헤드셋을 이용해 혼합현실 속에서 자동차를 설계한다. 이 기술이 널리 퍼진다면 혼합현실의 막대한 잠재력을 보여줄 것이다.[10]

- 전 세계의 경찰기관은 안면 인식 기술◉12장을 더 빈번하게 사용하고 있다. 안면 인식 기술을 증강현실 안경과 결합하면, 거리를 지나가는 많은 사람 속에서 실시간으로 범죄자를 식별할 수 있다. 중국 공안 당국의 **경찰관**은 이미 증강현실 안경을 사용해 실시간으로 국가 데이터베이스에 실린 자료와 비교하고 있다.[11]

- 심지어 구인활동도 확장현실을 통해 향상될 수 있다. 식품 서비스 기업 **컴퍼스 그룹**Compass Group은 무려 50만 명을 넘게 고용하고 있지만, 누구나 아는 기업은 아니다. 이렇듯 브랜드 인지도가

떨어지는 탓에, 재능 있는 졸업생을 채용하기가 쉽지 않다.[12] 컴퍼스 그룹은 이를 극복하기 위해 가상현실을 개발해 학생들이 업무 현장을 가상으로 경험하고 화상 인터뷰도 체험해볼 수 있도록 한다.

주요 도전 과제

가격과 접근성은 극복해야 할 분명한 장애물이다. 확장현실 헤드셋은 비싸고 덩치가 크며, 다루기가 불편하다. 이는 기업과 개인 소비자가 이용을 꺼리는 요인이 된다. 그러나 기술은 점점 더 흔해지고, 가격도 조정되며, 더 쓰기 편리해질 것이다. (그래야만 널리 사용될 수 있다.) 이런 점에서 증강현실은 가상현실을 앞서며, 많은 증강현실 기술이 스마트폰과 태블릿에서 매끄럽게 사용되도록 설계될 수 있다.

따라서 기술적인 문제를 일단 제쳐놓는다면, 확장현실 기술이 맞닥뜨린 가장 큰 도전 과제는 프라이버시를 비롯한 잠재적인 정신적·육체적 충격이다.

프라이버시 얘기부터 시작해보자. 확장현실 기술을 통하면 우리의 사적 행동(예를 들어, 무엇을 보고, 무엇을 하며, 어디로 가고, 심지어 무슨 생각을 하고 무엇을 느끼는지)이 매우 상세하게 추적될 수 있다. 이렇게 고도로 개인적인 정보에 무슨 일이 일어날 것인가? 또, 이런 정보가 비윤리적으로 사용되지 않는다고 어떻게 확신할 수 있는가? 개인정보는 오용과 절도, 조작에 노출될 것이며, 어쩌면 극단적인 수준의 신원 도용을 목격하게 될 수도 있다. 범죄자가 여러분의 신용카드 정보를 훔친다는 생각은 잊어라. 앞으로 범죄자는 여러분의 디지털 도플갱어를 만들어, 디지털 세상에서 당황스럽고 불법적인 일을 저지를 것이다.

또한, 이용자의 정신 건강에 잠재적인 충격을 줄 수도 있다. 확장현실을 사용한 사람에게 미치는 영향은 아직 완전히 이해되지 않고 있다. 현재로서는 과잉 의존이 주요 관심사다. 확장현실을 더 오래 사용할수록 현실과 가상을 분간하기 어렵다. 소셜 미디어는 이미 사람들의 실생활과 온라인에서 보이는 모습 사이에 불일치를 만들어내고 있다. 확장현실이 이런 괴리를 더 넓힐까? 아마도 그럴 가능성이 크다. 한번 상상해보라. '완벽한' 온라인 세계에서 많은 시간을 보낸 사람들이 어지러운 현실로 돌아오면 어떻게 반응할까? (전쟁, 빈곤, 오염 등등. 현실 세계를 덜 완벽하게 만드는 몇 가지만 언급했다.) 사람들이 과연 가상의 천국 속에 머물려 할까, 아니면 현실을 더 나은 곳으로 만들기 위해 사회적 이슈에 참여하려 할까? 대부분은 아마 전자에 베팅할 것이다.

이로 인해, 일각에서는 확장현실 중독자가 실생활로부터 점점 더 동떨어지고, 새로운 정신 건강 장애가 발생할 수 있다는 우려를 내놓고 있다. (이 얘기가 너무 지나치게 들린다면, 2019년 세계보건기구가 게임 중독을 정신 건강 장애로 인정한 것을 생각해보라.[13] 가상현실은 점점 더 몰입하도록 진화하고 있다.) 또 다른 우려는 온라인 괴롭힘이 가상 세계에서 점점 더 심각해진다는 사실이다. 결국, 악플러는 사람들에게 욕설을 날리는 대신에, 디지털 공간에서 피해자들을 물리적으로 괴롭히고 위협할 수 있다.

한편, 정신 건강뿐만 아니라, 육체적 건강과 안전도 고려해야 한다. 예를 들어, 증강현실 헤드셋은 현실 세계 위에 정보를 덧입히므로, 운전자나 보행자의 주의를 흐트러뜨릴 수 있다. 특히 해킹에 취약하다면 더욱 그러하다. 미래에 우리가 증강현실 안경을 끼고 주위를 돌아다닐 때, 해커가 끔찍한 이미지를 덧입혀 공포나 불안을 조장할 수 있다.

게다가 확장현실 헤드셋을 너무 오래 사용하면 신체적 부작용도 겪을 수 있다. 제조업체 대부분은 이용자에게 정기적인 휴식을 취해 부작용을 피하도록 권장하고 있다. 공간인식 능력 상실, 어지러움, 방향 감각 상실, 메스꺼움, 눈 따끔거림, 심지어 발작이 일어날 수 있다.[14]

이 모든 우려는 확장현실과 관련한 육체적, 정신적, 사회적 리스크를 강조한 액센츄어의 최근 보고서에 의해 뒷받침된다. 보고서에 따르면 현존하는 기술로 인한 피해보다 상황이 더 심각하다.[15] 이런 우려는 증강현실에 기반한 마케팅을 하려는 관리자의 책임을 넘어서는 듯 보이므로, 기업이 확장현실 기술에 접근할 때는 반드시 책임 있는 방식으로 다가서야 한다. (프라이버시, 보안, 윤리도 함께 고려해야 한다.) 혁신적인 기술이라면 잠재적 피해에 대해 바짝 경계하는 편이 득이 된다. 그럼으로써 진정한 잠재력을 손에 넣고, 최대 이익을 거둘 수 있다.

확장현실이라는 기술 트렌드를 준비하는 법

확장현실이 미치는 영향은 기관별로 다양할 수 있다. 그러나 일반적으로 확장현실 사용은 모든 산업계에 점점 더 흔해질 예정이다. 특히 마케팅과 소비자 참여, 일터 학습에 관한 한 더욱 그렇다. 그렇다면 기업으로서는 어떻게 확장현실의 유익을 누릴 수 있을지 전략적으로 고민하기 시작하는 것이 합리적이다.

아래의 질문은 이런 고민을 시작할 때 우선순위를 정하는 데 도움이 될 수 있다.

- **여러분의 산업계에서 확장현실은 어떻게 사용되고 있는가?** 여러분의 산업계에서 무슨 일이 벌어지는지 바라보는 것은 좋은 출발점이 될 수 있다. 예를 들어, 가상현실이 산업계에서 파장을 일으키고 있는가? 또는 여러분의 경쟁사가 소비자를 위해 증강현실 앱을 개발했는가?

- **마케팅과 브랜딩 관점에서, 확장현실은 여러분의 제품과 서비스 또는 브랜드를 경쟁업체와 어떻게 차별화하는가?** 무엇이 여러분

의 기업을 경쟁사와 다르게 만드는지 고민하라. 그리고 확장현실 기술이 어떻게 여러분의 고유한 위치를 강화할 수 있을지 생각하라. (예를 들어, 버거킹의 불로 굽는 조리법은 '번 댓 애드' 광고에 어떻게 영향을 미쳤는가.)

- **확장현실이 여러분의 내부 비즈니스 프로세스, 즉 직원 교육, 구인 활동, 생산을 어떻게 도울 수 있을까?** 비용을 줄이고, 품질을 높이고, 운영을 효율적으로 하는 것은 확장현실을 사용함으로써 얻을 수 있는 유익의 일부다.

- **확장현실 기술을 자체적으로 갖고 있는가? 아니면 확장현실 전문 제공업체와 협력할 필요가 있는가?** 물론 자체 기술을 갖춘 곳도 점점 늘어나겠지만, 현재로서는 외부 전문가와 협업하는 것 외에 다른 대안이 없다. 물론 여러분이 확장현실 기술을 대단히 중요하게 사용할 예정이라면 자체적인 능력을 키우는 편이 현명하다.

- **충분한 디지털 콘텐츠를 보유하고 있는가?** 효과적인 확장현실은 콘텐츠를 요구한다. 이런 콘텐츠는 교육 재료, 제품 영상, 시방서, 운영 절차, 사용설명서일 수 있다. 콘텐츠를 가지고 있지 않다면, 어떻게 만들어갈 것인가?

- **이용자에게 어떤 하드웨어가 필요할 것인가?** 많은 증강현실과

일부 가상현실 경험이 스마트폰 기반으로 설계되어 있어 이용자가 할 일은 단지 앱을 다운로드받는 것뿐이다. 반면에 완전히 몰입하는 가상현실 경험은 헤드셋 같은 장비를 요구할 수 있다. 이런 사실을 고려해 여러분이 개발하려는 경험의 종류와 대상을 고민해야 한다.

주

1. HoloLens 2 AR Headset: On Stage Live Demonstration: www.youtube. com/watch?v=uIHPPtPBgHk

2. Mixed Reality demo showing a whale jumping: www.youtube.com/ watch?v=LM0T6hLH15k

3. For AR/VR 2.0 to live, AR/VR 1.0 must die:www.digi-capital.com/ news/2019/01/for-ar-vr-2-0-to-live-ar-vr-1-0-must-die/

4. Technology Trends 2018: www.accenture.com/dk-en/insight-technology-trends-2018

5. Augmented reality experience at Zurich main station: www.youtube. com/watch?v=bCcvEVyAXQ0

6. Gatwick's Augmented Reality Passenger App Wins Awards: www. vrfocus.com/2018/05/gatwick-airportsaugmented-reality-passenger-app-wins-awards/

7. How VR training prepares surgeons to save infants' lives: https:// venturebeat.com/2017/07/22/how-vr-training-prepares-surgeons-to-save-infants-lives/

8. Using VR To Help Support Teacher Training; Huffpost: https://www.huffpost.com/entry/using-vr-to-help-support_ b_10114136?guccounter=1

9. Virtual reality helps reinvent law enforcement training, CBS News: https://www.cbsnews.com/news/virtual-reality-law-enforcement-training/

10. Ford is now designing cars in mixed reality using Microsoft HoloLens: https://techcrunch.com/2017/09/22/ford-is-now-designing-cars-in-mixed-reality-using-microsoft-hololens/

11. The Amazing Ways Facial Recognition AIs Are Used in China, Bernard Marr: www.linkedin.com/pulse/amazing-ways-facial-recognition-ais-

used-china-bernard-marr

12. How AR and VR are changing the recruitment process: www. hrtechnologist.com/articles/recruitment-onboarding/how-ar-and-vr-are-changing-the-recruitment-process/

13. Video game addiction now recognized as a mental health disorder by the World Health Organization, Daily Mail: www.dailymail.co.uk/ sciencetech/article-7079529/Video-game-addiction-recognized-mental-health-disorder-World-Health-Organization.html

14. Here's what happens to your body when you've been in virtual reality for too long: www.businessinsider.com/virtual-reality-vr-side-effects-2018-3?r=US&IR=T

15. A responsible future for immersive technologies: www.accenture.com/ us-en/insights/technology/responsible-immersive-technologies

09

디지털 트윈

DIGITAL TWINS

TECH TRENDS IN PRACTICE

디지털 트윈이란 무엇인가?

'디지털 트윈'이라는 용어는 미시간대학교의 마이클 그리브스Michael Grieves가 2002년에 처음 사용했다.[1] 하지만 이 개념의 등장은 그보다 훨씬 이전으로 거슬러 올라간다. 나사는 아폴로 계획 당시 실제 시스템의 디지털 모델로 실용 모형working model(실제와 똑같은 작동을 하는 모형이다─옮긴이)을 만들었고, 아폴로 13호의 장치 고장으로 위험에 처한 우주비행사를 지구로 안전하게 귀환시킴에 따라, 시뮬레이션을 정확히 실행했다고 평가받았다.

AI[○1장]와 사물인터넷[○2장]의 등장은 더 많은 기업과 조직에서 이런 시뮬레이션이 가능해졌다는 사실을 의미한다. 시계나 냉장고부터 공장에서 쓰이는 산업 장비에 이르기까지 모든 것이 데이터를 수집하고 공유할 수 있으므로, 누구든 이런 데이터를 이용해 디지털 모델을 만들 수 있다. 그럼으로써 디지털 모델에 약간의 변화를 줬을 때 무슨 일이 일어나는지까지 관측할 수 있다. 만약 현실에서 이런 변화를 준다면 대단히 큰 비용이 들고, 위험하며, 불확실했을 것이다. 디지털 트윈이 작동하는 가운데 변수를 조정하면 그에 따른 변화를 디지털 세계에서 관찰할 수 있다. 많은 돈을 들이거나 위험을 감수하지 않고서도 가능한 일이다.

간단한 예로 한 식당을 생각해보자. 식당 주인은 음식 가격과 재고 수준, 직원의 직급, 조명이나 냉장고 등의 간접비, 화장실 등의 고객 시설을 디지털 모델로 만들어 각각에 변화를 주었을 때 그 결과가 매출, 이익, 고객 충성도 같은 지표에 어떤 영향을 미치는지 모니터할 수 있다.

이를 실행에 옮기려면 먼저 식당이 실제로 어떻게 운영되는지 정확한 데이터를 모델에 입력해야 한다. 그럼으로써 모델은 음식 가격과 지표 사이의 관계를 '이해할 수 있다'. 대형 소매업체는 이런 데이터의 수집 자동화를 실험하고 있다. 즉, 컴퓨터 비전●12장으로 재고 수준과 유통기한을 관찰한다. 데이터 수집 자동화의 좀 더 발전된 형태는 변수를 더 정확히 기록하기 위해 스스로 학습하는 것이다. 한마디로, 이 기술에 AI와 머신러닝이 구현된 것으로 생각하면 된다.

디지털 모델을 통해 효율을 높이고 성장을 촉진하는 것 외에도, 새로운 제품과 서비스를 초기 단계부터 설계하고 시제품이 만들어지도록 할 수 있다. 현실 세계의 데이터에 바탕을 두고 디지털 트윈 환경 내에서 개발한다는 사실은, 디자이너와 엔지니어가 최종 제품이 실제로 어떻게 작동할지 더 깊이 이해할 수 있음을 의미한다.

기업은 디지털 모델을 사용해 기업이 환경에 미치는 영향을 관측할 수 있다. 기업이 사용하는 에너지와 배출물이 난방과 조명을 조절했을 때 어떤 영향을 받는지 더 정확히 그려볼 수 있다.

독일의 대표적인 소프트웨어 기업 SAP의 수석 부사장인 토마스 카이저Thomas Kaiser는 다음과 같이 말했다. "디지털 트윈은 비즈니스의 필수가 되고 있습니다. 자산 및 프로세스의 전체 라이프사이클을 다루며, 연결된 제품 및 서비스의 근간이 됩니다. 적절한 대응에 실패한 기업들은 뒤처질 것입니다."

디지털 트윈은 클라우드 및 에지 컴퓨팅●7장에서 일어나는 프로세싱 양쪽 모두에 의존한다. 모델에 입력되는 데이터는 에지의 스캐너, 센서 또는 단말기 앞에서 근무하는 직원에 의해 수집되는 반면 모델 시뮬레이션은 클라우드에서 돌아간다. 즉, 어디서든 접속하고 사용할 수 있다.

2020년, 가트너의 조사에 따르면 전체 응답자 중 62퍼센트는 디지털 트윈 기술의 도입을 진행 중이거나, 혹은 빠른 시일 안에 그렇게 할 계획이라고 밝혔다.[2] 마켓앤드마켓MarketsAndMarkets의 최근 조사에 따르면, 디지털 트윈 솔루션 시장은 2019년 38억 달러(약 4조 5천억 원)에서, 2025년 358억 달러(약 43조 원)로 커질 것으로 전망됐다. 최대 사용처는 헬스케어, 자동차, 항공 우주 산업, 그리고 국방 부문이다.[3]

디지털 트윈 솔루션은 가까운 시일 내에 더 많은 기업의 주요 IT 인프라가 될 예정이다. 즉, 데이터에 기반한 의사 결정이 비즈니스에 더 깊이 뿌리내리며, 더 널리 퍼질 것이다. 현시점에서 디지털 트윈 기술이 여러분의 조직에 미치는 영향을 간과하는 것은 매우 나쁜 판단일 가능성이 크다.

디지털 트윈은 실제로 어떻게 사용되는가?

아폴로 미션에서 디지털 트윈의 효과를 입증한 이후, 나사는 계속해서 디지털 트윈 기술을 재정립해왔다. 오늘날은 우주선 운항vehicle operations, 수선 이력maintenance history, 안전 기록safety records을 깊이 이해하기 위해 사용된다.

나사는 디지털 트윈 모델을 "실제 비행체의 수명을 있는 그대로 보여줄 수 있는 최적의 물리적 모델과 센서 업데이트 등을 이용한 (우주선 또는 시스템의) 3D 모델 시뮬레이션으로서, 통합적이고, 다중물리학적이며, 멀티스케일에 확률적인 특성을 갖는다"라고 정의한다.

"디지털 트윈은 우주선 또는 시스템의 상태와 남은 수명, 그리고 미션의 성공 가능성을 끊임없이 예측한다."[4]

자동차 경주의 디지털 트윈

아직 디지털 트윈이라는 용어가 널리 쓰이기 이전, 즉 더 발전된 형태의 시뮬레이션이라는 개념으로 받아들여지기에 앞서, F1 레이싱에서 디지털 트윈이라는 개념이 선구적으로 사용되었다. 자동차에 부착한 센서로부터 얻은 데이터, 또 타이어 교체 등을 위해 정차 시간에 사용한 도구에 관한 데이터를 사용해 모델이 만들어졌다. 이는 경주를 시작하기 전에 미미한 변화가 일으키는 효과를 미리 측정할 수 있었다는 의미다.

맥클라렌 어플라이드 테크놀로지McClaren Applied Technologies의 상무였던 피터 반 매넌Peter van Manen 박사는 이렇게 말했다. "F1은 시간 관리와의 싸움입니다. 차의 내부 동작을 이해해서 시간을 줄일 때마다 매초가 소중합니다. 디지털 트윈은 즉시 완벽해지진 않을 겁니다. 크리스마스 선물로 받는 강아지 같은 거예요. 대단한 것임은 틀림없지만, 끊임없이 돌보아야 합니다. 정말로 이익을 거두려면요."[5]

초기의 예들은 종종 우주선이나 자동차 같은 실제 세계의 물체를 시뮬레이션하기 위해 만든 버추얼 트윈virtual twin과 관련이 있다. 오늘날 이 개념은 더욱 확장되어 프로세스와 조직 전체, 심지어 생태계 전체를 시뮬레이션할 수 있다.

GE는 디지털 윈드 팜Digital Wind Farm이라는 서비스를 내놓았다. 이는 풍력발전 운영자가 건설비용으로 단 한 푼이라도 쓰기 전에, 풍력발전용 터빈 각각의 최적 설정을 이해할 수 있도록 돕는다. 터빈이 작동할 위치나 환경 같은 요인을 고려하기 위해 출력을 조정함으로써, 즉 디지털 세상에서 미리 조절함으로써, 실제 터빈을 들여놓고 난 뒤 뒤늦게 값비싼 평가 및 변경 작업을 할 필요를 없앤다.

알려진 바에 따르면, 디지털 윈드 팜의 고객은 생산한 에너지의 메가와트당 2,500달러(약 300만 원)를 절약할 수 있었다고 한다. 터빈을 조정할 필요가 없었기 때문이다. 기계 부속과 전자 부품에 대한 실시간 진단을 비롯해 풍력 에너지 생산에 관한 기존 데이터를 사용한 결과였다.[6]

GE의 최고 데이터 디지털 관리자이자 소프트웨어 및 분석 총괄 관리자인 가네쉬 벨Ganesh Bell은 다음과 같이 말한다. "우리는 전 세계에 있는 모든 물적 자산에 대해 클라우드에서 실행되는 가상 복사본을 갖고 있습니다. 게다가 매 순간의 운용 데이터로 더 똑똑해지고 있죠."

헬스케어 분야에서는 사람의 디지털 트윈을 개발하려는 시도도 이루어지고 있다. 스마트 워치와 같은 스마트 기기나 전문 센서로 수집한 데이터를 모니터하면 병원은 곧 산업 자동화에 적용된 것과 동일한 원리를 활용할 수 있을 것이다. 핀란드에 있는 GE의 헬스 이노베이션 빌리지Health Innovation Village에서 이 개념을 시험하고 있다.[7]

인간 디지털 트윈의 또 다른 사례로 중국 CCTV의 2019년 춘절 전야제를 들 수 있다. 화면에 등장한 사람들은 AI 복사본으로, AI를 이용해 말과 성격, 동작을 모방했다. 미래에는 실제 인물의 디지털 트윈을 통해, 우리가 기대하는 어떤 역할이든 문제없이 수행할 수 있는 가상의 인간을 만들 수 있다. 어쩌면 죽은 사람의 '부활'도 가능할 것이다.

디지털 트윈 기술은 빠르게 인기를 얻고 있는 **스마트 시티** 개념과 깊은 관련이 있다. 가장 극단적인 사례 중 하나는 싱가포르 도시 전체에 대한 디지털 복사본이다. 이는 싱가포르의 국립연구재단에서 수행하고 있다. 국립연구재단은 도시계획 입안자나 시민 편의 시설 제공에 책임이 있는 자들이 사용하는 인구 통계, 기후, 토지 이용, 교통량, 대중교통, 기반 시설에 관한 자료를 모은다.

버추얼 싱가포르 Virtual Singapore라고 알려진 이 툴은 접근성을 높이기 위해 사용되며, 상업지역이나 스타디움에서의 긴급 상황을 시뮬레이션하거나, 보행자 전용 다리 등의 시설물 설치 위치를 결정하기 위해, 또는 태양 전지판이나 자전거 전용 도로 같은 녹색 경제 계획의 가치를 모니터하기 위해 활용된다.

디지털 트윈 개념은 심지어 더 큰 스케일로 이용되기도 한다. 즉, 자연재해를 예측하고 대응하기 위해 생태계 전체의 모델을 만드는 것이다. 마이크로소프트에 따르면, 정부 기관이나 비정부 기관이 허리케인, 쓰나미, 산불과 같은 위협에 대처하기 위해 위성 영상, 기상 관측소, 긴급 구조 전화, 소셜 미디어 등의 데이터를 처리할 때 사용하는 툴을 자사에서 제공한다.[8]

스카이얼럿SkyAlert은 멕시코에서 사용하는 시스템으로, 맞춤형 센서를 모니터함으로써 시민들에게 지진 발생 경고를 최대 2분 전에 미리 알린다. 2분은 삶과 죽음을 가를 수 있는 긴박한 시간이다.[9]

주요 도전 과제

디지털 트윈의 유용성은 세 가지 요인에 달려 있다. 디지털 트윈을 만드는 데 사용한 데이터의 품질, 디지털 트윈이 일으킬 수 있는 보안 위협, 그리고 디지털 트윈을 이용하는 직무다.

데이터 품질

첫째로, 형편없는 데이터는 필연적으로 형편없는 예측을 하는 디지털 트윈으로 이어진다. 이 문제의 해결책은 디지털 트윈이 스캐너와 카메라 등을 사용해 현실 세계에서 데이터를 직접 모으는 것이다.

그러나 심지어 그렇게 하고 있다 하더라도, 데이터 편향을 피하려면 주의를 기울여야만 한다. 여러분은 혹시 여러분의 결괏값에서만 데이터를 수집하는가? 그런 데이터가 대표성이 있는가? 또한 에지에 설치된 스캐너를 비롯한 장비가 반복적인 결과물을 제공할 만큼 충분히 정확한가?

고객 지원 챗봇chatbot(사람과 대화할 수 있는 메신저 프로그램—옮긴이)과 같은 고객 서비스 운영을 가늠하기 위해 개발된 디지털 트윈은 실제 익명의 소비자 행동 데이터를 통해 학습할 것이다. 그런데 전 세계로 고객 서비스를 제공함에 따라, 각국 소비자들은 어쩌면 서로 다른 기대를 할지 모른다. 즉, 챗봇과 비슷한 내용의 소통을 했지만 결과는 국가마다 크게 다를 수 있다. 그러므로 주의해야 할 점은, 디지털 트윈을 통해 발견한 정보가 특정 개인의 상황에만 적합할 수 있다는 사실이다.

보안

둘째로, 디지털 트윈에 의해 제기되는 리스크 수위는 기본적으로 '현실 세계'에서 어느 정도 거리가 떨어져 있기 때문에 다른 기술 트렌드보다 덜할 수 있다.

그러나 보안 문제는 아직 신중히 다뤄야 한다. 비록 고객 데이터는 대개 익명으로 처리될 테지만, 일단 클라우드의 디지털 트윈 시스템으로 넘어가면 여러분이 어떤 사적인 내용을 노출하지 않는다 해도 그 정보는 여전히 상업적으로 민감한 사안일 수 있다.

현실 세계의 비즈니스와 디지털 세상의 트윈 사이에 있는 새로운 연결은 잠재적인 약점을 만들 가능성이 있다. 그러므로 인간의 실수나 해커의 공격에 취약한 시스템을 만들지 않도록 신중히 처리해야 한다.

현재 다루는 직무

디지털 트윈을 올바른 직무에 활용하는 것, 그리고 디지털 트윈이 여러분의 전반적인 디지털 전략에 발맞추고 있다고 보증하는 것이 바로 세 번째 과제다. 새로운 혁신 기술이 등장하면 늘 그렇듯이, 우선 그 기술을 모든 분야에 적용해보려는 심리가 있다. 이는 종종 최선의 결과로 이어지지 않는다. 기껏해야 시간과 노력의 낭비일 뿐이다. 최악의 경우에는 주요 주주는 물론이고, 다음 프로젝트를 중단시킬 힘을 가진 인물에게서 기술에 대한 신뢰를 앗아갈 수 있다.

디지털 트윈이라는 기술 트렌드를 준비하는 법

성공적으로 디지털 트윈 기술을 사용하기 위해서는 앞서 언급한 주요 과제를 해결해야 한다.

166

우선 여러분은 데이터를 수집하고, 인증하고, 저장하는 정보 루트가 최첨단이며 효율적이라는 사실을 분명히 해야 할 것이다. 아마도 디지털 트윈은 계속 사용되는 툴일 테니 여러분의 정보 루트를 끊임없이 평가하고 조정하는 절차가 필요하지 않겠는가?

디지털 트윈이 성장해 더 많은 비즈니스에 적용되면 데이터의 부피와 속도는 반드시 증가하게 된다. 그러므로 확장 가능한 솔루션이 필요하다. 이는 디지털 트윈을 특정 조건에 맞도록 구현하는 것뿐 아니라, 조직의 전체적인 비즈니스 전략에도 부합한다.

마찬가지로, 데이터 수집 및 분석, 저장과 관련한 디지털 보안 전략을 마련해야 한다. 또한, 데이터가 수집되는 에지에 있는 장치들이 인간의 실수로 부정확해지거나, 또는 데이터 흐름이 해커들의 목표물이 되지 않도록 신경 써야 한다.

디지털 트윈이 실질적으로 문제 해결에 사용되고 있으며, 전반적인 분석 전략과 발맞추고 있다는 사실을 보증하려면 어떻게 해야 할까. 이 기술이 적절한 과제에 적용되고 있으며, 기업의 목표와 일치하고 있음을 확실히 밝혀야 한다.

즉, 여러분은 디지털 트윈의 예측과 실제 지표 및 실적 사이에 명백한 연관성이 있다는 사실을 보여주어야만 한다.

디지털 트윈을 개발하는 데는 자금이 든다. 디지털 트윈을 설계하고 배치할 수 있는 기술을 가진 인원은 조직 내에서 찾기 어렵다. 즉, 반드시 비즈니스적인 수요가 있어야 하며, 궁극적으로는 투자에 대한 회수가 이루어져야만 한다.

다른 고급 분석 기술들과 마찬가지로 '단기 성과'를 낼 수 있는 사례를 찾는 것이 좋은 출발점이다. 디지털 트윈의 유용성을 빠르게 확인할 수 있는 더 작은 규모의 더 간단한 사례가 있기 마련이다. 그 단계에서 제대로 작동하기만 한다면, 더 큰 규모와 더 많은 비용이 드는 용도로 사용하자고 주장하기 쉬워질 것이다.

주

1. Identical Twins: www.asme.org/topics-resources/content/identical-twins

2. Gartner Survey Reveals Digital Twins are Entering Mainstream Use: www.gartner.com/en/newsroom/press-releases/2019-02-20-gartner-survey-reveals-digital-twins-are-entering-mai

3. Digital Twin Market by Technology, Type (Product, Process, and System), Industry (Aerospace & Defense, Automotive & Transportation, Home & Commercial, Healthcare, Energy & Utilities, Oil & Gas), and Geography – Global Forecast to 2025: www.marketsandmarkets.com/Market-Reports/digital-twin-market-225269522.html

4. The Digital Twin Paradigm for Future NASA and U.S. Air Force Vehicles: https://ntrs.nasa.gov/archive/nasa/casi.ntrs.nasa.gov/20120008178.pdf

5. Singapore experiments with its digital twin to improve city life: www.smartcitylab.com/blog/digital-transformation/singapore-experiments-with-its-digital-twin-to-improve-city-life/

6. Renewable Wind Farms: https://www.ge.com/renewableenergy/digital-solutions/digital-wind-farm

7. Healthcare Innovation Could Lead to Your Digital Twin: www.digitalnewsasia.com/digital-economy/healthcare-innovation-could-lead-your-digital-twin

8. Using AI and IoT for Disaster Management: https://azure.microsoft.com/en-gb/blog/using-ai-and-iot-for-disaster-management/

9. Sky Alert: https://customers.microsoft.com/en-us/story/sky-alert

10

자연 언어 처리

NATURAL LANGUAGE
PROCESSING

TECH TRENDS IN PRACTICE

자연 언어 처리란 무엇인가?

자연 언어 처리는 컴퓨터가 글을 읽고, 편집하고, 쓰도록 돕는다. 또한 '말하도록' 하기도 하는데, 11장의 음성 인터페이스와 챗봇에서 이를 확인할 수 있다.

사실, 전 세계에 흩어진 정보의 상당한 양은 이메일, 소셜 미디어, 문자 메시지, 책, 말로 나눈 대화 등 인간의 언어로 이루어져 있다. 전통적으로 컴퓨터는 인간의 언어로부터 정보를 추출하는 데 뛰어나지 못했다. 인간의 언어는 비구조적 데이터이기 때문이다. (스프레드시트에서 볼 수 있는 구조적 데이터와 비교된다.) 그러나 머신러닝[1장]과 같은 AI 분야의 발전 덕분에, 현재의 컴퓨터는 인간의 언어를 상당한 수준까지 처리하고 의미를 추출할 수 있다. 자연 언어 처리는 AI의 일부이기는 하지만, 빅데이터 ●4장에도 의존하고 있다. 자연 언어 처리 모델을 훈련하려면 엄청난 양의 언어 데이터가 필요하며, 시간이 지날수록 자연 언어 처리 수준은 점점 나아지고 있다.

아마 여러분은 한 번쯤 자연 언어 처리와 이미 소통해봤을 것이다. 알렉사, 시리, 또는 구글 어시스턴트가 여러분의 요청을 이해하지 않는가. 여기서 나아가 자연 언어 생성NLG, Natural Language Generation 은 알렉사와 그 친구들로 하여금 인간과 같이 말하게 한다. 자연 언어 생성 역시 AI의 일부로서, 데이터를 취해 인간이 쓰고 말하는 것처럼 자연스럽게 들리는 언어로 바꾼다. 자연 언어 처리는 전달받은 메시지를 이해하며, 자연 언어 생성은 메시지를 전달한다. 이 둘을 합침으로써 우리는 기계가 인간과 자연스럽게 대화하는 시대를 살아갈 수 있다.

이번 장에서 보겠지만, 자연 언어 처리와 자연 언어 생성의 실제 사용 사례는 똑똑한 가상의 어시스턴트를 뛰어넘는다. 언어로 기계와 소통하는 기술은 전 세계의 가정과 직장의 많은 프로세스를 완전히 뒤바꾼다. 예를 들어, 우선 고객에게 마찰 없는 서비스를 제공할 수 있다. 이메일 필터, 검색 엔진, 번역 앱, 음성 인식 시스템 등에 사용될 수도 있다. 그리고 기술이 더 발전함에 따라 기계가 인간이 만든 콘텐츠를 소비하거나 심지어 경쟁할 수도 있다.

자연 언어 처리는 어떻게 작동할까? 아주 간단히 말해서, 자연 언어 처리와 자연 언어 생성은 비구조적 언어 데이터에서 규칙을 추출하기 위해 알고리즘을 적용하며, 기계가 이해할 수 있는 형식으로 데이터를 변환한다. 이런 프로세스는 구문 해석(문법 규칙에 따라 언어를 평가하는 것) 및 의미 해석(언어에 담긴 의미를 파악하는 것)과 같은 분석 기술을 사용한다. 여러분의 생각처럼, 구문 해석보다 의미 해석이 훨씬 복잡하다.

자, 그렇다면 기계는 정말로 인간의 언어를 '이해할까'? 이 질문에 답하기 위해 뉴욕대학교의 언어학자가 컴퓨터의 능력을 평가할 수 있는 독해 테스트를 제안했다. 테스트의 이름은 GLUEGeneral Language Understanding Evaluation였으며, 보통 사람이 보기에는 꽤 간단한 문제로 구성되어 있었다. 앞서 주어진 문장을 참고해 뒤에 오는 문장이 참인지 거짓인지 판단하는 식이었다. 2018년에 발표된 논문에 따르면 대부분의 시스템은 결과가 좋지 않았다. 일반 학생으로 치면 D+에 해당했다.[1] 그 후 구글이 BERT라는 새로운 시스템을 소개했는데, 이 시스템은 훨씬 나았다. B-에 해당했다. 그 뒤 BERT에 기반한 몇몇 신경망◎1장이 A를 받기 시작했고, 심지어 사람보다 좋은 성적을 받는 경우도 생겼다.

BERT에 기반한 시스템은 인간보다 낮지는 않더라도, 인간과 동등하게 읽을 수 있다. 그렇다면 이제 컴퓨터가 인간의 언어를 정말로 이해한다는 뜻일까? 아니면 단지 테스트를 잘 치르는 것뿐

일까? 많은 학자의 판단에 따르면, 언어의 뉘앙스를 모두 이해하는 기계가 나오려면 아직 갈 길이 멀다. 사실, 자연 언어는 혼란스럽고 무계획적인 면이 있으며, 항상 완벽한 규칙을 따르는 것도 아니다. 예를 들어, 영어에는 모순과 관용구, 동음이의어가 모여 있다. 이 모든 것은 컴퓨터를 골치 아프게 한다. 자연 언어 처리와 자연 언어 생성 시스템은 특정 과제를 극단적으로 훌륭하게 모델링할 수 있으나, 인간이라면 생각할 필요조차 없이 해결했을 무한한 범위의 언어 문제에 아직 대처하지 못한다. 다시 말해, 약한 인공지능weak AI(기계가 매우 뛰어난 성능을 보인다)(한 임무에만 집중하는 인공지능—옮긴이)과 일반 지능(기계가 인간 두뇌의 전반적인 지능과 겨루지 못한다) 사이에 아직 차이가 있다. 이와 관련해서는 1장을 읽어보자.

기술은 믿을 수 없는 속도로 발전하고 있다. 많은 툴이 말과 글을 정확히 해석하여 의미를 도출할 수 있으며, 심지어 잘 드러나지 않는 정서까지 탐지해낸다. 기술이 발전을 거듭함에 따라, 우리는 기계가 인간의 언어를 더 잘 알아들으리라 기대할 수 있다. 즉, 인간과 기계의 소통은 더 쉬워질 것이다.

자연 언어 처리는 실제로 어떻게 사용되는가?

아마도 가장 유명한 자연 언어 처리 및 자연 언어 생성의 예는 시리나 알렉사 같은 디지털 어시스턴트일 것이다. 더 많은 음성 인터페이스 시스템에 관해서는 11장을 참고하길 바란다. 이번 장에서는 글과 같은 음성 이외의 의사소통에 집중하겠다.

의사소통의 장벽 극복

구글 번역은 자연 언어 처리의 잘 알려진 예다. 자연 언어 처리가
인간의 의사소통 문제를 돕는 다른 예를 알아보자.

- **리복스**Livox 앱은 자연 언어 처리를 이용해 장애를 지닌 사람들이
  의사소통할 수 있도록 돕는다. 카를로스 페레이라Carlos Pereira가
  말을 못 하는 딸을 위해 개발한 것으로, 그의 딸은 뇌성마비를 앓
  고 있다.[2] 이 앱은 여러 언어를 지원한다.

- **사인올**SignAll 툴은 수화를 글로 번역할 수 있다. 청각장애인이 수
  화를 모르는 사람들과 대화할 수 있도록 돕는다.[3]

기술 세계의 예

우리는 미처 깨닫지 못한 채 일상적으로 자연 언어 처리 기술을
이용한다.

- **스팸 메일 필터**는 자연 언어 처리의 가장 초기 단계다. 그러나 요
  즘의 메일 서비스 제공업체는 스팸 메일 필터링 이외에도 다른
  곳에 자연 언어 처리를 사용한다. 예를 들어 **지메일**Gmail은 이메
  일을 기본과 소셜, 프로모션으로 분류할 수 있다.

- 마찬가지로, **검색 엔진**은 자연 언어 처리를 이용해 여러분의 검색 요청을 이해하고, 적절한 결과로 응답한다. 자연 언어 처리는 검색어를 예측하기도 한다. 즉, 여러분이 철자를 입력하는 도중에 자동 완성된 단어를 보여준다. 같은 기능이 이메일이나 워드 프로세서, 스마트폰 앱에서 자동 오타 수정autocorrect, 자동 완성 autocomplete 기능을 뒷받침한다.

- **그래머리**Grammarly는 자연 언어 처리의 가장 훌륭한 예다. 2009 년 출시 이후, 이 툴은 1,500만 명의 사용자가 이용하고 있으며[4] 최상위 문법 검사 툴 중 하나다. 모바일 기기를 위한 그래머리 키보드Grammarly Keyboard, 마이크로소프트 오피스를 위한 그래머리 플러그인plug-in, 그리고 구글 크롬 확장 기능을 다운로드 받으면 누구나 사용할 수 있다. 이 툴은 워드 문서, 소셜 미디어 및 이메일의 철자와 문법을 확인한다. 그래머리의 AI 기반 시스템은 정확하거나 정확하지 않은 문법, 구두점, 철자를 이용해 학습한다. 만약 이용자가 그래머리의 제안을 무시하면(아마 그 문맥에서는 그래머리의 제안이 옳지 않았기 때문일 것이다) 시스템은 미래에 더 나은 제안을 하기 위해 이를 학습한다.

사업 환경에 자연 언어 처리와 자연 언어 생성 적용

여러분은 어쩌면 이미 소셜 미디어에서 특정 브랜드 관련 언급을 수집하고, 밑바탕에 깔린 정서를 가늠하는(예를 들어, 고객이 그 브랜드에 만족하는지 아닌지 묻는) 마케팅 툴에 익숙할지 모르겠다. 이런 툴은 자연 언어 처리 없이는 불가능하다. 자연 언어 처리와 자연 언어 생성을 사용하는 조직은 어떻게 핵심 비즈니스 활동을 향상시키고 있을까?

- 자연 언어 처리는 신용 기록이 거의 없거나 아예 없는 고객의 신용도를 가늠하는 데 이용될 수 있다. 예를 들어, **렌도**Lenddo 앱은 자연 언어 처리와 텍스트 마이닝text mining(비정형 텍스트 데이터에서 새롭고 유용한 정보를 찾아내는 과정 또는 기술—옮긴이)을 통해, 소셜 미디어 및 스마트폰 활동으로부터 수많은 데이터 포인트에 기반해 신용 점수를 산출한다.[5] 이와 같은 앱은 고객에 관한 정보를 얻기 위해 온라인 활동을 분석한다. 이는 고객의 미래 행동을 예측할 수 있는 자료이다.

- 스웨덴의 은행 **스웨드뱅크**Swedbank는 뉘앙스 커뮤니케이션즈Nuance Communications의 AI 어시스턴트 니나를 도입해, 고객들이 은행 업무와 관련해 던지는 질문에 답변을 잘 얻을 수 있도록 돕는다. 고객들은 은행 홈페이지에서 자유로운 형식의 글로 질문을 던질 수 있고, 니나는 구어체로 대답한다. 뉘앙스 커뮤니케이션즈에 따르면, 니나는 스웨드뱅크에서 월간 3만 건의 문의를 처리한다. '한 번의 답변으로 문제가 해결되는' 비율은 78퍼센트에 달한다.[6] 11장에서 챗봇에 관한 다른 예들을 읽어보라.

- **텍스티오 하이어**Textio Hire 툴은 자연 언어 처리를 이용하여 기업

이 최고의 인재를 채용할 수 있도록 업무 설명서를 분석하고 수정한다. 이 툴은 차별적인 언어를 삭제하고 마음을 사로잡는 표현을 추가해 더 다양한 구직자를 모집할 수 있도록 한다.[7]

- 자연 언어 처리에 기반한 툴이 경험 많은 변호사보다 기밀 유지 협약서의 **리스크 분석**에 더 뛰어난 것으로 밝혀졌다. 컴퓨터는 평균 94퍼센트의 정확도로 일을 처리했지만, 변호사들은 85퍼센트의 정확도에 머물렀다. 또한 컴퓨터는 26초 만에 분석을 끝냈는데, 변호사들은 92분이 걸렸다.[8]

저널리즘의 변화

기계는 콘텐츠를 생산하는 일에도 점점 능숙해지고 있다. 즉, 자연 언어 처리와 자연 언어 생성은 저널리즘을 혁신할 잠재력이 있다. 이미 많은 언론 매체가 AI에 기반한 툴을 사용해 자동으로 기사를 요약하거나 작성하고, 인간 기자가 쓴 글을 증강하고 있다.

- **블룸버그**의 사이보그Cyborg 툴은 재무 보고서를 뉴스로 바꾼다. 매 분기, 기업들의 수익 보고서에 관한 기사를 수천 개씩 작성한다.[9]

- 내가 종종 글을 쓰는 **포브스**는 버티Bertie라는 이름의 툴을 가지고 있다. 이 툴은 뉴스의 초안을 잡고, 헤드라인을 좀 더 매력적으로 만들며, 관련 사진을 찾도록 돕는다.[10] 기업 설립자에게서 이

름을 따왔다.

- **워싱턴 포스트**에는 헬리오그래프Heliograf라는 로봇 보도 툴이 있는데, 이 툴은 첫해에 무려 850개의 기사를 찍어냈다.[11] 트렌드를 읽어 기자에게 알려주기도 하며, 그럼으로써 기자가 발품을 팔아 비하인드 스토리를 찾아내 뉴스로 작성하게 한다.

헬스케어 환경에서의 자연 언어 처리

미래에는 자연 언어 처리가 헬스케어를 향상하고, 환자에게 더 나은 결과를 제공할까? 다음의 예들은 확실히 그렇다고 말한다.

- 자연 언어 처리는 환자의 **심장마비 위험**을 분석하는 데 사용되고 있다. 한 시험에서, 이미 입원한 환자의 진료 기록을 분석해 다음 30일 이내에 환자가 재입원하거나 사망할 확률을 예측하도록 했다. 그 결과 자연 언어 처리 모델의 양성예측도positive predictive value(질환이 있을지 없을지를 모르는 사람을 대상으로 검사를 해서 양성으로 나왔을 때 이 사람에게 정말 질환이 있을 확률—옮긴이)는 97퍼센트에 해당했다.[12]

- **맥킨지**는 다른 여러 곳의 임상 지침을 분석하고 새로운 임상 지침을 향상하기 위해 자연 언어 처리를 활용했다. 정보를 자동으로 정리하고 분류함으로써, 임상 지침을 만드는 데 걸리는 시간을 60퍼센트 단축할 수 있었다.[13]

- **뉘앙스 커뮤니케이션즈**는 드래곤 메디컬 원Dragon Medical One이라는 음성 인식 툴을 개발했다. 이 툴은 의사의 말을 전자 건강 기록으로 바꾼다.[14]

주요 도전 과제

이번 장 앞에서도 말했듯이, 자연 언어 '처리'는 자연 언어 '이해'와 반드시 일치하지는 않는다. 기계가 자연 언어를 이해한다면, 인간이 인간의 말을 알아듣듯 기계도 똑같을 것이다. 이 지점에 도달하려면 극복해야 할 장애물이 있다.

우선 첫째로, 언어 자체에 관한 어려움이 있다. 모든 서로 다른 언어마다 자연 언어 처리와 자연 언어 생성 툴을 개발해야 할까? 또는, 모든 언어에 적용할 수 있는 일반적인 접근법을 만드는 것이 가능할까? 분명히 언어 간에는 유사성이 있다. 그러나 일반적인 모델을 훈련할 충분한 데이터를 수집하는 작업은 (만약 그것이 가능하다 해도) 꽤 큰 일거리다.

또, 많은 양의 말과 글에서 의미를 추출하는 것과 관련한 이슈도 있다. 이렇게 큰 규모로 모델을 학습시키려면 수많은 데이터와 전산 능력이 필요하고, 감독하는 데 오랜 시간이 걸린다. 현재로서는 자연 언어 처리와 자연 언어 생성이 간단한 명령어를 이해한다거나, 뉴스에 쓸 정보를 요약하는 등 작은 업무로 제한되어 있다.

분석 프로세스에도 해결해야 할 과제가 있다. 예를 들어, 문서 데이터가 쉽게 문장 단위로 나뉘지 않는 경우(즉, 문서에 그래프, 표, 기호가 포함되었을 때) 기계가 정보를 처리해 의미를 추출하기 어려울 수 있다. 그러나 분석 과정 중 가장 큰 어려움은 아마도 컴퓨터가 글에서 '문맥'을 유추하도록 훈련하는 일이다. 많은 단어가 한 가지 이상의 의미를 지니고 있다. (예를 들어, '말' '사과' '쓰다' 등.) 서로 다른 뜻은 결국 문맥에 따라 결정된다. 컴퓨터는 서로 다른 의미를 이해하기 위해 여러 방법을 사용하지만, 모든 경우에 통용되는 비법은 없다. 문맥의 문제를 해결할 수 있어야 진정한 자연 언어 이해가 가능할 것이다.

자연 언어 처리라는 기술 트렌드를 준비하는 법

자연 언어 처리와 자연 언어 생성 툴은 모든 산업에 적용될 수 있으며, 고객 서비스, 콘텐츠 생산, 사업 보고와 같은 분야에서 막대한 투자 없이 곧바로 사용할 수 있는 많은 기성 솔루션이 있다. 기술이 발전하고 사용 사례가 확장됨에 따라, 자연 언어 처리와 자연 언어 생성의 영향력은 더 커지리라 기대할 수 있다.

지금 당장 자연 언어 처리와 자연 언어 생성 기술을 도입해야 한다는 뜻은 아니다. 이 책에 소개된 트렌드 대다수와 마찬가지로, 기술을 최대한 활용하기 위해서는 전략적으로 접근해야 한다. 즉, 새로운 기술을 사용하려면 전략적인 이유가 뒷받침되어야만 한다는 뜻이다. 구체적인 비즈니스 목표를 이룬다거나, 어떤 문제를 해결해야 하는 경우가 전략적 이유가 될 수 있다.

어떤 툴이나 앱을 선택하든 간에, 기억해야 할 점은 기술이 빠르게 발전한다는 사실이다. 기술을 채택하고 배우는 준비를 할 필요가 있다. 이것은 AI에 기반한 기술을 다루려면 당연한 절차다. AI의 핵심 특성은 기계가 데이터로부터 배워 시간이 지날수록 점점 나아지는 능력이다.

주

1. Machines Beat Humans on a Reading Test. But Do They Understand? Quanta Magazine: www.quantamagazine.org/machines-beat-humans-on-a-reading-test-but-do-they-understand-20191017/

2. This man quit his job and built a whole company so he could talk to his daughter: www.weforum.org/agenda/2018/01/this-man-made-an-app-so-he-could-give-his-daughter-a-voice/

3. SignAll: www.signall.us/

4. Meet 4 Grammarly Users Who Will Inspire You: www.grammarly.com/blog/meet-inspiring-grammarly-users/

5. Lenddo: https://lenddo.com/

6. Swedish Bank Uses Natural Language Processing for Virtual Customer Assistance: https://emerj.com/ai-case-studies/swedish-bank-uses-natural-language-processing-virtual-customer-assistance/

7. Textio Hire: https://textio.com/products/

8. Emerging federal use cases: www.accenture.com/us-en/insights/us-federal-government/nlp-emerging-uses

9. The Rise of the Robot Reporter, New York Times: www.nytimes.com/2019/02/05/business/media/artificial-intelligence-journalism-robots.html

10. Entering The Next Century With A New Forbes Experience, Forbes: www.forbes.com/sites/forbesproductgroup/2018/07/11/entering-the-next-century-with-a-new-forbes-experience/#6b49d3b3bf4f

11. The Washington Post's robot reporter has published 850 articles in the past year: https://digiday.com/media/washington-posts-robot-reporter-published-500-articles-last-year/

12. Automated identification and predictive tools to help identify high-

risk heart failure patients: pilot evaluation: www.ncbi.nlm.nih.gov/
pubmed/26911827

13. Natural language processing in healthcare: https://www.mckinsey.
     com/industries/healthcare-systems-and-services/our-insights/natural-
     language-processing-in-healthcare

14. Dragon Medical One: www.nuance.com/en-gb/healthcare/physician-
     and-clinical-speech/dragon-medical-one.html

11

음성 인터페이스와
챗봇

VOICE INTERFACES AND
CHATBOTS

TECH TRENDS IN PRACTICE

한 문장 정의 ────────

음성 인터페이스와 챗봇은 인간이 컴퓨터를 상대로 음성 명령 및 글로 소통할 수 있도록 하는 컴퓨터 프로그램이다.

음성 인터페이스와 챗봇이란 무엇인가?

인간의 대화를 모방한 컴퓨터 프로그램이 불과 몇 년 만에 일상 속으로 급속히 파고들었다. 음성 인터페이스와 챗봇은 비슷한 방식으로 동작한다. AI와 딥러닝◉1장, 빅데이터◉4장, 자연 언어 처리 및 자연 언어 생성◉10장을 사용하여 인간의 말을 이해하고 그에 응답한다. 같은 기술로 뒷받침되지만, 음성 인터페이스(시리, 알렉사)와 챗봇은 서로 약간 다른 방식으로 이용자와 소통한다. 음성 인터페이스는 음성 명령에 반응한다. (중국어처럼 입력하기보다 말하기가 더 쉬운 언어에 정말 유용하다. 또 이용자가 키보드로 입력할 수 없는 상황도 마찬가지다.) 반면, 챗봇은 사람들과 글로 교류한다. 페이스북 메신저나 웹에 기반한 애플리케이션 등이 그 예다. 양쪽 모두 컴퓨터는 언어를 이해하기 위해 자연 언어 처리를 이용하고, 최선의 응답을 결정하기 위해 AI와 딥러닝 알고리즘을 사용해 언어를 분석한다.

음성 인터페이스 툴은 특히 스마트 스피커와 관련하여 소비자의 인기를 증명했다. 2018년 미국에서만 스마트 스피커의 사용자 비율이 39.8퍼센트 치솟아 6,640만 명에 이른다. 알렉사가 탑재된 아마존 에코가 시장을 주도한다.[1] 스마트 스피커 덕분에 스마트폰의 음성 어시스턴트 이용도 증가하고 있다.

사실 이 기술은 나온 지 수십 년 되었다. 최초의 '챗봇' 엘리자Eliza는 1994년에 개발되었다.[2] 그러나 최근 5년간 AI와 딥러닝의 눈부신 발전으로, 챗봇이나 음성 어시스턴트의 능력이 향상돼 인간과 더 자연스럽게 대화할 수 있게 되었다. 엘리자와 나눈 초기의 대화는 꽤 기초적이었지만, 오늘날 음성 인터페이스나 챗봇 기술은 매우 인상적이다. 로봇을 상대하는지 아니면 사람과 이야기하는지 구분하기 어려울 정도다. 게다가 기술은 대단한 속도로 더 나아지고 있으며, 기계가 단순히 우리의 말을 이해하는 정도를 넘어선 일을 할 수도 있다. (사실, 말을 이해하는 것만 해도 뛰어나다. 우리가 하는 말이 얼마나 비선형적인지 생각해보라. 중간에 말을 가로막고, 같은 말을 반복하며, 잠시 중단하기도 한다. 비속어나 은어를 쓰기도 하고, 중의적인 의미를 지닌 단어를 사용하기도 한다.) 오늘날의 기술은 매우 진보해 컴퓨터가 상대방의 미묘한 감정 차이를 알아채며, 심지어 거짓말을 탐지하기까지 한다.

예를 들어, 치료사 챗봇 오이봇Woebot은 사람의 기분에 관한 데이터를 해석해, 정신 건강에 관해 이야기한다. 이 아이디어는 사람들이 로봇에 더 마음을 터놓을 것이라는 판단에서 비롯됐다. 로봇은 함부로 재단하지 않기 때문이다.[3] 플로리다주립대학교와 스탠퍼드의 연구자들이 최초로 온라인 거짓말 탐지기를 개발했다. 탐지기를 사용하면 서로 얼굴을 마주하고 앉을 필요 없이 사실과 거짓말을 구분할 수 있는데,[4] 연구자들에 따르면 흥미롭게도 사람들은 로봇을 더 정직하게 대하는 경향이 있었다. 미국의 국립신뢰평가센터National Center for Credibility Assessment가 개발한 적부 심사도 이와 비슷했다. 심사 후보자들은 글로 쓰인 설문 조사보다 화면에 등장한 아바타에 더 솔직히 대답했다. 불법 물질을 사용해 정신 건강 문제를 겪었다거나 범죄를 저지른 사실을 더 많이 고백한 것이다.[5]

아마도 알렉사나 시리, 코타나Cortana(마이크로소프트에서 만든 개인 비서 프로그램—옮긴이)가 가장 널리 알려졌겠지만, 오늘날 똑똑한 봇은 단지 날씨를 말해주거나, 아이들이 좋아하는 노래를 수천 번씩 재생하는 것 이상의 일을 할 수 있다. 사실, 이들은 이미 우리가 살아가는 방식뿐만 아니라 기업이 고객과 소통하는 방식에 영향을 미치고 있다.

음성 인터페이스와 챗봇은 실제로 어떻게 사용되는가?

음성 인터페이스와 특히 챗봇은 고객 서비스 및 마케팅, 판매에서 두드러지게 활용되고 있다. 비즈니스와 산업계에 걸친 예를 살펴보자.

다음은 실생활 사례로서, 음성 인터페이스와 챗봇이 조직에 주는 유익을 보여준다.

- 영국의 소매업체 **막스 & 스펜서**Marks & Spencer는 웹사이트에 가상의 디지털 어시스턴트 기능을 추가해 소비자들이 할인 코드 적용 및 다른 여러 문제를 해결하도록 돕고 있다. 막스 & 스펜서에 따르면, 디지털 어시스턴트가 매출액 200만 파운드(약 30억 원) 가량의 손실을 막았다.[6]

- 미국의 슈퍼마켓 체인 **홀푸드**Whole Foods에는 레시피를 제공하고 요리법을 알려주는 페이스북 메신저 챗봇을 활용해 고객과 브랜드 사이의 관계를 돈독히 하고 있다. 챗봇은 글뿐 아니라 이모티콘도 이해한다.

- 영국의 온라인 패션 및 화장품 소매업체 **아소스**ASOS가 메신저 챗봇을 활용하자 주문량이 3배 폭증하고 이용자가 35퍼센트 늘었다.[7]

- 유럽의 유명 식품 유통업체 **리들**Lidl은 마고Margot라는 이름의 와인 봇을 개발해 고객이 방대한 범위의 와인을 최대한 누릴 수 있도록 하고 있다. 마고는 소비자와 페이스북 메신저로 대화하며,

특정 와인이 어떤 음식과 어울리는지 정보를 주고, 제조 과정에
관해서도 설명한다.

- **유니세프**는 챗봇을 통해 전 세계에서 설문조사를 하고 데이터를
모은다. U-보고서U-Report 플랫폼이 수집한 정보는 유니세프의 정
책 제안에 실제 영향을 미친다. 빠르고 저렴한 챗봇 기술 덕분에
유니세프는 1만 3천 명의 라이베리아 학생들을 상대로 단 24시
간 만에 설문조사를 마칠 수 있었다.[8]

- 여행 업체 힙멍크Hipmunk는 **헬로 힙멍크**Hello Hipmunk라는 이름의
디지털 어시스턴트를 활용해 이용자가 항공편, 호텔, 렌터카를
예약할 수 있도록 지원한다. 고객은 여행사 직원의 도움 없이 완
벽한 여행을 계획할 수 있다.

- 필리핀에 있는 **글로브 텔레콤**Globe Telecom은 페이스북 메신저 챗
봇을 이용해 통화량을 50퍼센트 줄이고, 고객 만족도를 22퍼센
트 높였다. 새로운 시스템을 도입하자 직원들의 생산성은 3.5배
올라갔다.[9]

- 챗봇 **폴리**Polly는 직장 만족도를 높이기 위해 설계됐다. 설문조사
와 피드백을 통해 직원들이 직장에 대해 어떻게 느끼는지 파악할
수 있으며, 사기 저하 문제가 불거지지 않도록 예방한다.

- 음성 인터페이스 **보카**Voca는 기업이 고객 및 잠재 고객에게 대규모로 접촉할 수 있도록 돕는다. 보카가 할 수 있는 일은 다양하다. 그중에는 성가시고 반복적인 전화 통화 업무도 있다. 이는 전화 통화 업무를 싫어하는 직원들에겐 혁신적인 일이다. 컨설팅 기업 맥킨지에 따르면, 영업 사원 업무의 36퍼센트가 봇으로 자동화될 수 있다.[10]

- **로스 인텔리전스**Ross Intelligence는 AI에 기반한 리서치 어시스턴트로서 법률 정보를 조사할 수 있다. 이용자는 조사 시간을 30퍼센트 이상 단축했다.[11]

- **미 육군**은 SGT STAR라는 이름의 챗봇을 사용해 군 복무 신청에 관한 빠른 답변을 주며 미래 장병의 입대를 돕는다.

업무 외에도, 봇은 창의적인 방식으로 우리의 일상을 업그레이드하고 있다.

- **마블**의 챗봇은 팬들에게 스파이더맨과 대화할 기회를 제공한다.

- **헬스탭**HealthTap 챗봇은 의학적 질문에 답변한다. 챗봇이 이용자의 질문에 대답할 수 없으면 의료 종사자가 대신 답한다.

- **인썸노봇 3000**Insomnobot 3000은 세상 모두가 자고 있을 때, 잠들

지 못하는 사람과 함께한다.

- **인듀어런스**Endurance 챗봇은 알츠하이머나 다른 형태의 치매가 의심되는 환자와 친밀하게 대화해 정보를 기억하는 능력을 시험한다. 이를 통해 진단을 돕고, 시간에 따른 기억 회상 정도를 추적한다.

- Vi는 디지털 피트니스 코치이자 개인 트레이너로서, 운동 목적에 맞는 맞춤 운동을 제안한다.

- **구글 듀플렉스**Google Duplex는 내가 가장 좋아하는 디지털 어시스턴트의 한 예다. 구글 듀플렉스는 미용실과 치과, 식당에 전화를 걸어 예약하거나 문의를 한다. 구글 듀플렉스는 무시무시하다. 통화 중인 상대와 진짜 사람처럼 매끄럽게 대화한다. 심지어 말하는 중에 "음" "아하" 같은 표현을 쓰기도 한다.[12]

챗봇과 음성 기술은 현재 매우 발전하여, 전문적인 어시스턴트와 동료 또는 친구 사이의 경계가 흐릿해지고 있다. 예를 들어, 마이크로소프트의 챗봇 샤오이스Xiaoice(샤오빙小冰)는 중국에서 6억 6천만 명의 이용자를 끌어들이며 엄청난 히트를 했다. 사실 샤오이스는 대단히 유명하다. 중국에서 가장 사랑받는 유명 인사 중 한 명으로 꼽히며, 팬레터와 선물도 받는다.[13] 성공의 비밀은 무엇일까? 바로 샤오이스가 인간과 소통하는 법을 점점 더 잘 학습한다는 것이다.

어떤 이용자들은 샤오이스와 몇 시간씩 대화하며 보내기도 한다.

그 밖에 뉴욕에 소재한 스타트업 허깅 페이스Hugging Face는 자사의 소셜 AI가 여러분 자녀의 새로운 절친이 되길 희망한다. 허깅 페이스는 어린 이용자와 잡담을 나누고, 셀카 사진을 교환하며 큰 인기를 얻고 있다. 이 앱은 하루에 100만 개가 넘는 메시지를 받는다.[14]

리플리카Replika는 또 다른 AI 친구의 예로, 식당 예약을 돕지는 않지만 몇 시간 동안 함께 수다를 떨 수는 있다. 리플리카는 딥러닝을 통해 시간이 지날수록 사람처럼 자연스럽게 말하는 법을 배운다.[15]

주요 도전 과제

이 기술은 흥미롭기도 하지만 실제 여러분의 비즈니스에 도입하려면 고민해야 할 윤리적이고, 현실적이며, 기술적인 과제가 있다.

윤리적인 문제부터 알아보자. 구글 듀플렉스의 동영상이나 오디오 클립을 확인해보라. 통화 상대방은 자신이 기계와 대화한다고 생각하지 않는 것 같다. 이는 우리를 윤리적 모순에 빠뜨린다. 인간이 기계를 상대하면서도 마치 사람과 말하는 것처럼 착각하게 해도 괜찮은 것일까? 내 생각에는 그렇지 않다. 이상적으로는 어떤 툴이든 대화 상대방에게 자신이 컴퓨터를 상대하고 있다는 사실을 알려야 한다.

또한, 음성 인터페이스나 챗봇이 적절하지 않은 순간이 있다. 그렇다. 기술은 최근 놀랍도록 발전해서, 믿을 수 없을 정도로 자연스럽게 말하고, 심지어 인간의 감정도 이해한다. 그러나 반드시 인간이 소통해야 하는 순간이 있다. 여러분의 고객이 소외감이 들지 않도록, 어느 업무는 챗봇에 적합하고, 어느 업무는 사람에게 적절한지 잘 판단해야 한다. 예를 들어, 인사과에 "휴가가 며칠 남았어요?"라고 묻는 단순한 질문은 챗봇이 대답해도 되겠지만, 직원이 고충을 털어놓거나 고민에 대한 상담을 원한다면 어떻게 해야 할까? 틀림없이 사람이 응대해야 할 영역이다. 기본적으로 조직은 어느 때에 챗봇이 괜찮고, 어느 때에 사람의 손길이 필요한지 알고 싶어 한다. 또 어떤 이용자들은 간단한 문제에 대해서도 사람과 대화하기를 선호할 수 있다. 이용자에게 챗봇이나 음성 인터페이스를 건너뛸 수 있는 선택권을 주는 편이 낫다.

현실적인 시각에서 많은 기업이 착각하는 한 가지 사항이 있다. 음성 인터페이스와 챗봇을 마치 온라인 FAQ 페이지나, 전화 음성 안내처럼 셀프서비스와 혼동한다는 것이다. 만약 여러분의 고객이 자신의 문제를 해결하도록 돕는 툴이나 정보에 접속했다면, 그리고 그런 툴이나 정보가 제 역할을 했다면 아무런 문제가 없다. 그러나 음성 인터페이스와 챗봇은 단지 고객이 특정 문제를 해결하거나 어떤 업무를 완료하는 것 이상을 제공한다. 즉, 자연스러운 대화로 끌어들이면서 한 동료와 서로 소통한다는 인식을 준다. 이것은 훨씬 의미 있는 일이다.

또 다른 실수는 챗봇이나 음성 인터페이스를 개발할 때 광고 대상을 염두에 두지 않는다는 점이다. 여러분이 내리는 결정의 중심에는 최종 소비자가 있어야만 한다. 소통의 수단(예를 들어, 페이스북 메신저를 이용할 것인지)부터 말의 어조에 이르기까지 말이다.

게다가 이 책의 다른 트렌드와 마찬가지로, 기술 도입은 전략적이어야 한다. 즉, 음성 인터페이스나 챗봇을 사용하는 적절한 이유가 있어야 한다. 매출을 높인다든지, 소비자 경험을 향상한다든지, 문의에 더 신속히 답변한다든지, 아니면 맞춤형 소비자 경험을 제공한다든지와 같은 까닭이 있기 마련이다. 근거 없는 기술 채택은 결코 좋은 아이디어가 아니다.

마지막으로, 기술 자체의 한계가 별 감흥 없는 사용자 경험으로 이어질 수 있다. 예를 들어, 챗봇이 이용자의 말을 잘 알아듣지 못하면, 여러분의 고객은 금세 짜증이 날 수 있다. 또는 챗봇이 완벽히 이해했다 하더라도 대답이 건조하고 로봇 같으면 고객이 흥미를 잃을 수 있다. 아마 찾던 답을 얻었더라도 의미 있는 소통을 했다는 생각은 들지 않을 것이다. 기술이 진화함에 따라 이런 문제는 해결되겠지만, 고객의 피드백에 맞춰 여러분의 음성 인터페이스와 챗봇을 조정하고 개선해야 한다.

음성 인터페이스와 챗봇이라는 기술 트렌드를 준비하는 법

시장에는 음성 인터페이스나 챗봇을 만들 수 있는, 사용자 친화적이고, 이해하기 쉬우며, 가격도 알맞은 툴이 많이 있다. 이런 툴은 고객 서비스, 영업, 마케팅을 자동화하고 향상할 수 있는 강력한 수단을 제공하며, 그로 인해 여러분의 고객은 24시간 내내 (잠재적으로 다양한 언어로) 여러분의 비즈니스에 접속할 수 있다.

따라서 좋은 소식은 바로 여러분이 이 기술을 활용하기 위해 전문가가 될 필요는 없다는 점이다. 많은 툴이 서비스형as-a-service 툴로 이용 가능하기 때문에, 새로운 인프라나 자체 기술에 투자하지 않아도 된다. 그러나 기술은 빠르게 발전하고 있으므로, 여러분은 최신 정보에 밝아야 하고, 여러분이 제공하는 서비스를 수정하고 확장할 수 있도록 늘 대비해야 한다.

여러분의 비즈니스에 음성 인터페이스와 챗봇을 적용하고 싶다면, 다음과 같은 절차와 조언을 따르길 추천한다.

- **목표와 대상을 분명히 하자.** 이 기술을 최대한 활용하려면 무슨 문제를 해결할 것인지, 무엇을 향상할 것인지, 어떤 프로세스를 간소화할 것인지, 누구에게 서비스를 제공할 것인지 확실히 정해야 한다. 비즈니스 내부적 수요와 고객의 필요 양쪽을 생각하자.

- **경쟁자를 살펴보자.** 여러분의 경쟁자가 음성 인터페이스와 챗봇

을 어떻게 사용하는지 지켜보자. 그들을 따라 하기 위해서가 아니라, 여러분이 무엇을 더 잘할 수 있는지 확인하기 위해서다. 여러분이 경쟁자와 얼마나 다른지, 그리고 그런 차이가 여러분의 챗봇 사용에 어떤 영향을 미치는지 고려하자.

- **어떤 개성을 보일지 생각하자.** 결국, 음성 인터페이스와 챗봇을 통한 대화는 여러분의 브랜드 및 소통 방식, 그리고 여러분의 고객이 기대하는 분위기와 일치해야 한다.

- **제공업체와 플랫폼을 선택하자.** 다행스럽게도, 전문가의 도움 없이도 사용할 수 있는 많은 툴이 있다. 예를 들어, 챗퓨얼Chatfuel, 플로우 XOFlow XO, 보카Voca 등이 있다. 많은 업체가 무료 체험을 제공하기 때문에, 실제로 기술이 어떻게 동작하며, 어떤 유익을 얻을 수 있을지 확인할 수 있다.

- **실험을 두려워하지 말자.** 요즘은 변화가 무척이나 빠르다. 만약 여러분이 어떤 시스템을 출시하기 전에 100퍼센트 완벽을 기한다면, 이미 한참 때가 늦은 후에야 공개할 수 있을 것이다. 그러므로 빨리 시작하자. 기억하라. 일단 비즈니스의 한 영역부터 시스템 도입을 작게 시작한 뒤 사용자의 피드백을 모아 더 확장하거나 향상할 수 있다.

- **조정하고 배우자.** AI에 기반한 툴은 시간이 지나며 더 똑똑해진

다. 따라서 여러분의 챗봇도 끊임없이 배우고 더 나아질 거라 기대하자. 다른 말로 하면, 서비스를 출시한 뒤 손 놓고 외면하지 말고, 정기적으로 수정하고 개선하자.

- **성공을 평가하자.** 음성 인터페이스와 챗봇은 분명 여러분의 비즈니스에 가치를 더해줄 것이다. 투자에 대한 회수를 어떻게 측정할지, 여러분이 바라는 결과를 얻고 있다고 어떻게 확인할지 고민하자.

주

1. U.S. Smart Speaker Ownership Rises 40% in 2018 to 66.4 Million and Amazon Echo Maintains Market Share Lead Says New Report From Voicebot: https://voicebot.ai/2019/03/07/u-s-smart-speaker-ownership-rises-40-in-2018-to-66-4-million-and-amazon-echo-maintains-market-share-lead-says-new-report-from-voicebot/

2. A brief history of Chatbots: https://chatbotslife.com/a-brief -history-of-chatbots-d5a8689cf52f?gi=74afa943f773

3. How Chatbots Are Learning Emotions Using Deep Learning, Chatbots Magazine: https://chatbotsmagazine.com/how-chatbots-are-learning-emotions-using-deep-learning-23e1085e4cfe

4. Researchers Built an "Online Lie Detector." Honestly, That Could Be a Problem, Wired: www.wired.com/story/online-lie-detector-test-machine-learning/

5. US government chatbot gets you to tell all, New Scientist: www.newscientist.com/article/dn25951-us-government-chatbot-gets-you-to-tell-all/

6. A year in, Marks & Spencer's virtual assistant has helped drive £2 million in sales: https://digiday.com/marketing/year-marks-spencers-virtual-assistant-helped-drive-2-5m-sales/

7. Fueling growth through mobile: www.facebook.com/business/success/asos

8. Success Story: U-Report Liberia exposes Sex 4 Grades in school: https://ureport.in/story/194/

9. Building customer relationships with Messenger: www.facebook.com/business/success/globe-telecom

10. Chatbot Report 2018, Chatbots Magazine: https://chatbotsmagazine.com/chatbot-report-2018-global-trends-and-analysis-4d8bbe4d924b

11. ROSS AI Plus Wexis Outperforms Either Westlaw or LexisNexis Alone, Study Finds: www.lawsitesblog.com/2017/01/ross-artificial-intelligence-outperforms-westlaw-lexisnexis-study-finds.html

12. Google Duplex rolling out to non-Pixel, iOS devices in the US: https://9to5google.com/2019/04/03/google-duplex/

13. Much more than a chatbot: China's Xiaoice mixes AI with emotions and wins over millions of fans: https://news.microsoft.com/apac/features/much-more-than-a-chatbot-chinas-xiaoice-mixes-ai-with-emotions-and-wins-over-millions-of-fans/

14. Hugging Face's artificial intelligence wants to become your artificial BFF: www.prnewswire.com/news-releases/hugging-face-s-artificial-intelligence-wants-to-become-your-artificial-bff-828267998.html

15. The emotional chatbots are here to probe our feelings, Wired: www.wired.com/story/replika-open-source/

트렌드

12

컴퓨터 비전과
안면 인식

COMPUTER VISION AND
FACIAL RECOGNITION

TECH TRENDS IN PRACTICE

컴퓨터 비전은 머신 비전이라 일컫기도 한다. 머신(컴퓨터, 소프트웨어, 알고리즘)은 주변 세상을 '관찰'하고 해석할 수 있다. 안면 인식은 컴퓨터 비전의 훌륭한 예로서, 컴퓨터 비전을 통해 사람을 식별한다.

컴퓨터 비전과 안면 인식이란 무엇인가?

컴퓨터 비전의 초기 실험은 1950년대에 시작됐으며, 1970년대에는 이미 상업적으로 이용돼 타자로 치거나 손으로 쓴 글을 해석할 수 있었다.[1] 그러니까 이 기술은 신기술이 아닌데, 왜 오늘날 핵심 트렌드로 조명되는 것일까? 이 질문에 답하려면 우선 컴퓨터 비전이 어떻게 동작하는지 알아볼 필요가 있다.

컴퓨터 비전은 AI◐1장의 한 형태로서, 본질적으로 데이터를 처리하고, 분석하며, 이해한다. 다만 분석하는 데이터가 숫자나 문자가 아닌 영상일 뿐이다. 즉, 분석하는 데이터가 대개 사진이나 동영상인데, 때론 열적외선 카메라나 다른 영상 기기의 데이터일 때도 있다.

정확한 영상 데이터 분석은 딥러닝 및 신경망◉1장에 의존한다. 달리 말하자면, 관련 있는 영상의 데이터 세트로 학습한 뒤, 영상 안에 있는 것들을 구분하기 위해 패턴 인식을 사용한다. 예를 들어, 2012년 구글은 유튜브에서 고양이 동영상을 식별하고자 신경망을 이용했다. 고양이를 인식하는 법을 학습하려면 고양이가 포함된 영상, 고양이가 포함되지 않은 영상 등 무수히 많은 자료가 필요했다. 그러나 스스로 학습하는 딥러닝 덕분에 프로그래머는 고양이를 특징짓는 것(예를 들어 수염이나 꼬리)이 무엇인지 시스템에 알려주지 않아도 됐다. 그저 시스템이 수백만 개의 영상을 샅샅이 훑으며 혼자 학습했다.

이는 다른 형태의 AI와 마찬가지로, 컴퓨터 비전이 절대적으로 데이터에 의지한다는 사실을 보여준다. 그리고 이런 이유에서 최근 컴퓨터 비전이 폭발적으로 증가해 일상적인 용도로 무수히 이용되고 있다. 우리는 과거 어느 때보다 더 많은 영상 데이터를 생산◉4장하고 있다. 인스타그램에서만 매일 9,500만 개의 사진과 동영상이 공유된다.[2] 인스타그램에 올리지 않는 자료는 얼마나 많으며, 전 세계에 흩어져 있는 CCTV 영상은 또 얼마나 넘칠까?

우리가 매일 만드는 데이터의 양이 컴퓨터 비전의 성장을 이끈다. 거기에 더해, 전산 능력이 진화하며 다량의 영상 데이터를 저장하고 처리하기가 쉽고 값싸졌다. 이 두 가지 요인이 결합해 컴퓨터 비전은 널리 퍼졌고, 좀 더 접근 가능해졌을뿐더러 정확해졌다.

컴퓨터 비전의 정확도는 10년이 채 안 돼 50퍼센트에서 99퍼센트로 껑충 뛰었다. 결과적으로 컴퓨터가 인간보다 더 정확하게 영상 데이터에 빠르게 반응한다.[3] 기술이 점점 더 싸고 쉬워지면서, 전체 머신 비전 시장은 2019년 99억 달러(약 11조 9천억 원)에서 2024년 140억 달러(약 16조 8천억 원)로 성장할 전망이다.[4]

안면 인식은 컴퓨터 비전의 한 분야다. 지문과 마찬가지로, 얼굴은 여러분 고유의 것이다. 그러나 얼굴은 지문과 달리 여러분이 눈치챌 겨를도 없이 멀리서 스캔될 수 있다. 다음에 나오는 여러 사례에서 보겠지만, 안면 인식 기술은 오늘날 우리의 상상보다 널리 사용되고 있다. 특히 중국에서 그렇다.

컴퓨터 비전과 안면 인식은 실제로 어떻게 사용되고 있는가?
컴퓨터 비전과 안면 인식은 다양한 환경, 즉 제조, 헬스케어, 자율주행차, 안보 및 국방에 쓰이고 있다. 한마디로 이제 일상의 한 부분으로서, 여러분이 알아채기도 전에 자주 경험하는 기술이다.

자, 현실에서 작동하는 컴퓨터 비전과 안면 인식의 예를 살펴보자.

- 주말에 외식을 하러 나와 낯선 외국어 메뉴판을 보며 머리를 긁적이고 있는가? **구글 번역**Google Translate을 사용하라. 여러분이 할 일은 단어에 휴대폰 카메라를 비추는 것뿐이다. 그러면 구글이 그 단어를 여러분이 설정한 언어로 번역해줄 것이다. 모두 컴

퓨터 비전 덕분이다. 이 앱은 단어를 '읽기' 위해 광학 문자 인식 optical character recognition이라는 프로세스를 사용한다. 그 후 증강현실◉8장을 통해 원래 단어 위에 번역문을 덧입힌다.

- **헬스케어** 부문에서는 놀랍게도 모든 의료 데이터의 90퍼센트가 영상에 기반한다.[5] 이는 컴퓨터 비전을 활용할 사례가 많다는 뜻이다. 마이크로소프트의 이너아이InnerEye 소프트웨어가 이런 예 중 하나다. 이 소프트웨어는 엑스레이 영상을 분석해 종양 등을 찾아낼 수 있다. 그 후 영역을 표시해 방사선 전문의가 더 깊이 있는 분석을 하도록 돕는다. 이 소프트웨어는 영국 케임브리지에 있는 애든브룩스 병원에서 사용하고 있으며, 영국 정부는 이를 통해 AI가 어떻게 영국의 국민건강보험을 혁신할 수 있는지 강조하고 있다.[6]

- 안면 인식 기술과 관련해 **중국**은 전 세계의 리더가 되기 위해 질주하고 있다.[7] 베이징 지하철은 표를 대신해 안면 인식 시스템을 사용하려고 계획 중이며, 베이징의 거리에서는 증강현실 안경을 착용한 경찰이 범죄자의 얼굴을 가려낸다. 실제로 중국 경찰은 실종된 4명의 어린이를 찾기 위해 안면 인식 기술을 이용하기도 했다.[8]

자, 이제 비즈니스 세계의 사례를 살펴보자. 컴퓨터 비전은 여러 산업계에서 적절히 활용되고 있다.

- 컴퓨터 비전은 테슬라, BMW, 볼보가 만드는 **자율주행차**를 부분적으로 보조한다. 즉, 도로에서 안전하게 운전하고, 장애물을 피하며, 차선을 바꾸고, 표지판과 신호등을 '보고', 많은 카메라와 센서를 통해 주변 상황을 해석해 반응한다. 특히 수송 및 물류 업계의 기업들이 자율주행차가 가져올 충격에 대비하고 있다. 물론, 인간의 개입이 필요 없는 완전한 자율주행 트럭을 보려면 아직 더 기다려야 한다. 가까운 미래에 트럭의 개발은 '군집 주행 platooning'에 집중하고, 좀 더 복잡한 하역 작업에서만 사람이 개입할 것이다.[9] (군집 주행이란 선두 차량에만 운전자가 탑승한 여러 대의 트럭이 고속도로에서 함께 달리는 것을 말한다.)

- 농업 분야에서, **디어 앤 컴퍼니**의 반자동 콤바인은 AI와 컴퓨터 비전을 사용해 농작물을 심은 밭에서 최적 경로를 찾아내고, 수확하는 곡물의 품질을 분석한다. 디언 앤 컴퍼니는 컴퓨터 비전을 활용해 제초제 사용을 90퍼센트 줄이는 것을 목표로 삼고 있다. 기계가 컴퓨터 비전을 통해 제초제를 뿌릴 필요가 없는 건강한 작물과 건강하지 않은 작물을 구별할 수 있기 때문이다.[10] 그 밖에도 컴퓨터 비전은 파파야가 익은 정도를 탐지하거나[11] 오이를 분류하는 데 사용되고 있다.[12]

- **상하이 공항**은 안면 인식 기술을 적용한 탑승 절차 자동화 시스템을 도입했다. 승객들은 신분증을 스캔한 뒤, 안면 인식 기술이 장착된 보안 검사 장치를 이용한다. 단 12초면 보안 검사가 완료

된다.[13]

- 두 곳의 **메리어트 호텔**은 안면 인식 기술을 활용해 체크인 절차의 속도를 높인다. 중국의 항저우 메리어트 호텔 첸장과 싼야 메리어트 호텔 다둥하이의 투숙객은 안면 인식 기술이 적용된 키오스크로 체크인할 수 있다. 투숙객이 신분증을 스캔하면 키오스크는 사진을 찍고 신분을 확인한 뒤 객실 열쇠를 제공한다. 마찬가지로, **로열 캐리비안 크루즈**Royal Caribbean Cruises는 안면 인식 기술을 통해 탑승 수속을 빠르게 처리한다. 게다가 컴퓨터 비전은 선상에서 승객들이 돌아다니며 발생하는 혼잡도도 탐지한다.[14]

- **디즈니** 역시 안면 인식 기술을 이용해 고객 경험을 끌어올린다. 디즈니 리서치Disney Research는 컴퓨터 비전으로 영화를 보는 관객의 반응을 추적한다. 카메라가 시사회에서 관객을 모니터하고, 이렇게 수정된 관련 데이터는 관객의 감정을 측정하기 위해 분석된다.[15] 미래에 이 기술은 놀이공원 같은 다른 사업 부문에도 채택될 수 있다.

- **월마트**는 1,000여 곳 이상의 지점 계산대에서 컴퓨터 비전을 활용하고 있다. '손실'과 싸우기 위해서다. 어떤 손실일까? 바로 절도 및 스캔 오류로 인한 손실이다. 스캔 오류 탐지Missed Scan Detection라 이름 붙여진 이 계획은 카메라가 셀프 계산대와 계산원이 있는 계산대 양쪽을 모니터한다. 그리고 (우연이든 의도적이든)

상품이 적절히 스캔되지 않은 경우를 자동으로 찾아내 담당 직원에게 알림을 보냄으로써 중간에 개입할 수 있도록 한다. 이런 손실은 연간 40억 달러(약 4조 8천억 원) 이상에 이르므로, 이 기술은 최종 결산 결과에 잠재적으로 막대한 영향을 끼칠 수 있다.[16] 이제까지 스캔 오류 탐지 계획을 실행한 지점은 손실률이 하락했다.

- 아마존은 자사가 운영하는 식료품점인 **아마존 고**Amazon Go에서 계산 절차를 없애고 있다.[17] 소비자는 회전문을 통과할 때 단순히 자신을 스캔(스마트폰의 아마존 앱을 사용한다)한 뒤, 원하는 물건을 선반에서 집고 그대로 나가면 된다. 계산대 앞에 줄을 서거나, 현금을 건넬 필요가 없다. "계산대에서 다른 물건이 섞일 염려"도 없다. 카메라가 여러분을 추적하여 무엇을 고르는지 모니터해 여러분의 아마존 계정으로 대금을 자동 청구한다.

- 컴퓨터 비전은 또한 영상 속의 얼굴이 조작되거나 포토샵 처리된 부분을 잡아낸다. **어도비**와 **UC 버클리**의 연구자들은 서로 협력하여 딥페이크를 방지하고자 한다. 연구에 따르면, 이들이 개발한 툴은 변형된 영상을 찾는 데 99퍼센트의 정확도를 보였으며, 심지어 뒤바뀌지 않은 원래의 영상으로 되돌릴 수도 있었다.[18] 이런 툴은 언론 매체에 대단히 유용할 수 있다.

- **제조 환경**에서 머신 비전은 예측 정비에 이용될 수 있으며, 건강과 안전, 품질 관리 등에도 유용하다. (기본적으로 문제가 발생하

기 전에 예측하여 수리한다.) 화낙FANUC의 제로 다운 타임Zero Down Time 솔루션은 제조 장비에서 영상을 수집·분석해 부품의 오작동 징후를 포착하며, 고장이 일어나기 전에 부품을 교체하거나 수리함으로써 결과적으로 값비싼 작동 중지 시간을 줄인다. 이 솔루션은 18개월의 테스트 과정 동안 38곳의 자동차 공장에서 시험됐으며, 72건의 고장을 탐지하여 예방할 수 있었다.[19]

- 식품 생산 분야에서는, **도미노피자**가 2,000여 곳이 넘는 매장에서 피자의 품질을 보장하기 위해 컴퓨터 비전을 사용하고 있다.[20] '피자 체커Pizza Checker'라는 카메라 시스템은 서로 다른 피자의 종류를 구분할 수 있으며, 피자가 적정 온도인지까지 확인한다. 이 결과는 매장 책임자에게 전달되며, 고객에게 사진을 보낼 수도 있다. 피자가 품질 관리 검사를 통과하지 못하면 이 사실이 고객에게 알려질 수 있다.

- 중국 항저우에 있는 **KFC**의 한 지점은 지급방식을 시험하고 있다. 이곳에서는 여러분의 미소를 분석해 신분을 확인하고 (알리페이Alipay 앱으로) 결제를 받는다. 현금이나 카드는 필요 없다. 미래에 카드 도용을 획기적으로 줄일 수 있는 흥미로운 방식이다.[21]

- 중국의 안면 인식 기술 기업 **메그비**Megvii는 자사의 Face++ 기술로 유명하다. 이 기술은 중국의 경찰을 지원하며, 앞서 말한 KFC의 '스마일 결제'도 뒷받침한다. 메그비에서는 직원들이 보통의

보안 출입증이나 배지를 사용해 회사에 출입하지 않는다. 미소를 촬영해 회사의 직원 데이터베이스와 비교하는 과정을 거친다.[22] 이런 기술은 보안이 중요한 건물에서 사용할 수 있다.

- **이볼브 테크놀로지**Evolv Technology는 안면 인식 기술을 적용해 시간당 900명의 신원을 조사할 수 있는 보안 시스템을 제공한다. 따라서 큰 규모의 행사에서 병목 현상과 대기 행렬을 없앨 수 있다.[23] 이볼브 테크놀로지에 따르면, 이 시스템에는 VIP나 시즌권 소지자, 우선순위 고객, 그리고 입장을 허용하지 않는 고객을 입력할 수 있다. (만약 '관심 인물'이 포착되면 시스템이 입장을 차단하거나 보안 관계자에게 알림을 줄 수 있다.) 이 시스템은 이동이 가능해서 필요한 곳이라면 어느 곳에나 설치할 수 있다.

주요 도전 과제

가장 큰 과제 중 하나는 특히 안면 인식과 관련한 사생활 문제다. 서구권에서는 공공장소에서의 안면 인식 기술 사용에 대해 반대 목소리가 높다. 한 예로 영국의 사무직 근로자인 에드 브리지스Ed Bridges는 사우스 웨일스 경찰이 안면 인식 기술을 사용해 자신의 사생활과 데이터 보호권을 침해했다며 소송을 걸었다. (브리지스에 따르면, 그는 2017년 쇼핑 중에 얼굴이 스캔됐고, 2018년 평화적인 시위 때도 마찬가지였다.)[24] 글을 쓰는 현재, 이 사건은 여전히 심리 중이며, 재판 결과는 영국의 안면 인식 소프트웨어 사용에 지대한 영향을 끼칠 수 있다. 많은 사람의 주장에 따르면 해당 기술은 규제를 받지 않고 있지만 경찰은 데이터 보호법을 준수하고 있다고 답변했다.

이와 같은 예를 보면, 사람들이 일상생활 중에 '감시'를 당하는 데 대해 일반적으로 불편을 느낀다는 사실을 알 수 있다. 게다가 기술이 너무 빠르게 발전해 입법과 실무 지침이 따라가지 못한다는 인식도 일반적이다. 잉글랜드와 웨일스의 감시 위원인 토니 포터Tony Porter는 감시 카메라 사용에 관한 지침을 강화할 필요가 있다고 공개적으로 밝혔다.[25] 그리고 정부 고문단인 생체인식 및 과학수사 윤리 그룹Biometrics and Forensics Ethics Group은 안면 인식 기술이 다음과 같은 상황에서만 이용되어야 한다고 주장했다. 즉, 사람을 효과적으로 식별할 수 있는 능력이 입증되고, 공평하게 사용될 수 있으며, 적용 가능한 다른 방법이 없는 경우에 한해서다.[26]

이 모든 것을 고려할 때, 우리는 일부 국가나 지역에서 안면 인식 소프트웨어 사용을 제한하거나 감독하는 법의 도입을 보게 될 수 있다. 샌프란시스코가 이를 선도하고 있으며, 이미 경찰이나 다른 기관의 안면 인식 기술 이용을 금지했다.[27] 또한 미국 아마존의 주주들은 아마존이 경찰에 안면 인식 소프트웨어를 파는 행위를 막으려 하고 있다. 비록 연차 주주총회에서 표결에 패했지만 말이다.[28] 분명한 점은, 안면 인식 기술 사용을 계획하는 어느 기업이든 이런 논의 전개를 주시해야 한다는 사실이다.

216

컴퓨터 비전과 안면 인식이라는 기술 트렌드를 준비하는 법

이번 장에서 여러분에게 남기고 싶은 메시지가 하나 있다. AI는 패턴 인식에 매우 뛰어나다. 또한, 이 때문에 많은 비즈니스 프로세스를 컴퓨터 비전으로 자동화하고 향상할 수 있다. 여러분의 비즈니스 중 어느 부분이 영상 데이터를 생성하거나 생성할 잠재력이 있다면, 패턴 인식에 관한 AI 인재 채용은 큰 이익을 가져다줄 수 있다. 그러므로 어느 기업이든 컴퓨터 비전이 자사 고유의 과제와 병목 현상을 부드럽게 해결해 향상할 수 있는지 지켜보아야 한다.

주

1.   Computer Vision: What it is and why it matters: www.sas.com/en_us/
     insights/analytics/computer-vision.html

2.   33 Mind-Boggling Instagram Stats & Facts for 2018: www.wordstream.
     com/blog/ws/2017/04/20/instagram-statistics

3.   Computer Vision: What it is and why it matters: www.sas.com/en_us/
     insights/analytics/computer-vision.html

4. $14 Bn Machine Vision Market: www.businesswire.com/news/
     home/20190528005387/en/14-Bn-Machine-Vision-Market—Global

5.   IBM Watson Health, Merge launch new personalized imaging tools at
     RSNA: www.healthcareitnews.com/news/ibm-watson-health-merge-
     launch-new-personalized-imaging-tools-rsna

6.   Project InnerEye – Medical Imaging AI to Empower Clinicians: www.
     microsoft.com/en-us/research/project/medical-image-analysis/

7.   The Fascinating Ways Facial Recognition AIs Are Used in China,
     Bernard Marr: www.forbes.com/sites/bernardmarr/2018/12/17/the-
     amazing-ways-facial-recognition-ais-are-used-in-china/#3700d91f5fa5

8.   Chinese police track four missing children using AI, People's Daily
     Online: http://en.people.cn/n3/2019/0619/c90000-9589632.html

9.   Distraction or disruption? Autonomous trucks gain ground in US
     logistics: https://www.mckinsey.com/industries/travel-logistics-
     and-transport-infrastructure/our-insights/distraction-or-disruption-
     autonomous-trucks-gain-ground-in-us-logistics

10. Blue River See & Spray Tech Reduces Herbicide Use By 90%, AG Web:
     https://www.agprofessional.com/article/blue-river-see-spray-tech-
     reduces-herbicide-use-90

11. AI Detects Papaya Ripeness: https://spectrum.ieee.org/tech-talk/
     robotics/artificial-intelligence/ai-detects-papaya-ripeness

12. How a Japanese cucumber farmer is using deep learning and TensorFlow: https://cloud.google.com/blog/products/gcp/how-a-japanese-cucumber-farmer-is-using-deep-learning-and-tensorflow

13. Shanghai airport first to launch automated clearance system using facial recognition technology, South China Morning Post: www.scmp.com/tech/enterprises/article/2168681/shanghai-airport-first-launch-automated-clearance-system-using

14. AI on Cruise Ships: www.bernardmarr.com/default.asp?contentID=1876

15. Disney Uses Big Data, IoT And Machine Learning To Boost Customer Experience, Forbes: www.forbes.com/sites/bernardmarr/2017/08/24/disney-uses-big-data-iot-and-machine-learning-to-boost-customer-experience/#123a1b233876

16. Walmart reveals it's tracking checkout theft with AI-powered cameras in 1,000 stores: www.businessinsider.com/walmart-tracks-theft-with-computer-vision-1000-stores-2019-6?r=US&IR=T

17. Computer Vision Case Study: Amazon Go. Medium: https://medium.com/arren-alexander/computer-vision-case-study-amazon-go-db2c9450ad18

18. Adobe trained AI to detect facial manipulation in Photoshop: www.engadget.com/2019/06/14/adobe-ai-manipulated-images-faces-photoshop/

19. 10 Examples of Using Machine Vision in Manufacturing: www.devteam.space/blog/10-examples-of-using-machine-vision-in-manufacturing/

20. Domino's Will Use AI to Make Sure Every Pizza They Serve is Perfect: https://interestingengineering.com/dominos-will-use-ai-to-make-sure-every-pizza-they-serve-is-perfect

21. The Fascinating Ways Facial Recognition AIs Are Used in China, Forbes: www.forbes.com/sites/bernardmarr/2018/12/17/the-amazing-ways-facial-recognition-ais-are-used-in-china/#3700d91f5fa5

22. The Amazing Ways Chinese Face Recognition Company Megvii (Face++) Uses AI and Machine Learning, Forbes: www.forbes.com/sites/bernardmarr/2019/05/24/the-amazing-ways-chinese-face-recognition-company-megvii-face-uses-ai-and-machine-vision/#5291b5e312c3

23. AI for Physical Security: 4 Current Applications: https://emerj.com/ai-sector-overviews/ai-for-physical-security/

24. Facial recognition tech prevents crime, police tell UK privacy case, The Guardian: www.theguardian.com/technology/2019/may/22/facial-recognition-prevents-crime-police-tell-uk-privacy-case

25. Surveillance camera czar calls for stronger UK code of practice, Computer Weekly: www.computerweekly.com/news/252465491/Surveillance-camera-czar-calls-for-stronger-UK-code-of-practice

26. Cops told live facial recog needs oversight, rigorous trial design, total protection against bias, The Register:www.theregister.co.uk/2019/02/27/biometrics_forensics_ethics_facial_recognition/

27. San Francisco Bans Facial Recognition Technology, New York Times: www.nytimes.com/2019/05/14/us/facial-recognition-ban-san-francisco.html

28. Amazon heads off facial recognition rebellion: www.bbc.com/news/technology-48339142

13

트렌드 **13**

로봇과 코봇

ROBOTS AND COBOTS

TECH TRENDS IN PRACTICE

한 문장 정의 ───────

오늘날 로봇은 주변 환경을 이해하고 반응하며 반복 작업 및 복잡한 업무를 자동으로 수행할 수 있는 지능적인 기계를 말한다.

로봇과 코봇이란 무엇인가?

데이터의 시대에 로봇을 정의하고, 로봇을 다른 기계와 구분 짓는 특징은 바로 자동으로 행동할 수 있는 지능과 능력이다.

우리에게는 이미 지난 수백 년간 업무를 자동화할 수 있는 기계가 있었다. 그러나 놀랍게도 '로봇'이라는 단어는 1920년이 되어서야 만들어졌다. SF소설로 유명한 체코의 작가 카렐 차페크Karel Capek 가 그의 작품 『로섬의 만능 로봇Rossum's Universal Robots』에서 인조인간을 묘사하기 위해 로봇이라는 단어를 처음 사용했다. (작품에서 로봇은 결국 살인을 저지른다. 이는 로봇에 대한 불신의 기원을 설명해준다.)

유니메이트Unimate라는 이름의 최초의 산업용 로봇은 1950년에 개발되었다. 초기의 산업용 로봇은 제조 환경에서 특정 기능을 수행할 수 있도록 프로그램되었으며, 단순 반복적인 작업을 대신했다. 이후 지난 몇십 년에 걸쳐 로봇은 더욱더 지능적으로 발전했다. AI[1장], 센서와 사물인터넷[2장], 그리고 빅데이터[4장] 덕분이다. 이런 분야의 진보가 없었다면, 이번 장에서 선보일 많은 사례가 불가능했을 것이다. 오늘날의 로봇은 초기의 산업용 로봇보다 단지 물리적으로 더 단단하고 유연하기만 한 것이 아니다. 더 똑똑하기까지 하다. 우리에게는 배달 로봇, 수술용 로봇, 우주 탐사용 로봇, 철거용 로봇, 수중 로봇, 수색구조 로봇 등이 있다. 요즘의 로봇은 걸을 수 있고, 뛸 수 있으며, 구르고, 점프하고, 심지어 뒤로 공중제비를 넘기도 한다.[1]

로봇은 이제 자동차 제조 같은 부문에서는 흔하다. (국제로봇협회 International Federation of Robotics에 따르면, 2020년까지 170만 대의 새 로봇이 전 세계의 공장에 설치된다.)[2] 그러나 로봇은 그 밖의 다른 부문에도 침투하기 시작했다. 한 예측에 따르면 건강, 공공사업, 물류 분야의 조직 가운데 35퍼센트가 자동화된 로봇 사용을 검토하고 있다.

로봇은 가정에도 파고들고 있다. 하키 퍽처럼 생긴 로봇 진공청소기가 아마 가장 잘 알려진 예일 것이다. 그러나 미래에는 어쩌면 노인의 곁을 지키는 로봇이나, 주인이 직장에 갔을 때 반려동물을 돌보는 로봇을 볼 수 있을지 모른다. 물론, 이런 가정용 로봇이 얼마나 인기를 끌지는 두고 볼 일이다. 그러나 기술 기업 엔비디아 Nvidia는 가정용 로봇의 상업적 성공을 점치고 있다. 엔비디아는 이케아와 협력해 주방 보조 로봇을 개발하고 있다.[3]

자, 이제 우리는 협력적인collaborative 로봇, 즉 '코봇'의 부상을 맞이하고 있다. 이런 최신 로봇은 인간과 협력하도록 설계되었고, 인간의 업무를 돕거나, 인간 근로자와 안전하고 쉽게 교류한다.

코봇을 업무 현장의 조력자라고 생각하자. 머신 비전●12장과 같은 AI 기술 덕분에, 코봇은 인간을 감지하고 그에 따라 반응할 수 있다. 예를 들어, 속도를 조절하거나 반대 방향으로 움직여 인간이나 다른 장애물과 충돌하지 않을 수 있다. 즉, 인간과 로봇의 협업을 최대한 활용할 수 있는 작업 흐름을 설계할 수 있다는 뜻이다. 아마존 고객 주문처리 센터가 훌륭한 예다. 이곳에서 로봇은 인간 근로자에게 포장할 물품을 가져다준다. 평균적으로 1대당 2만 4,000달러(약 3천만 원) 정도면 코봇을 구입할 수 있다.[4] 작은 규모의 기업이 좀 더 큰 기업과 경쟁할 수 있도록 돕는, 실행 가능한 옵션이다.

코봇은 자동화에 친밀한 면을 더한다. 로봇과 AI의 발전 때문에 많은 사람이 기계에 직업을 뺏길 거라고 걱정한다. 확실히 어느 정도는 자동화가 모든 세대의 근로자에게 피할 수 없는 근심거리였다. 하지만 코봇이 보여주는 미래에서는 (적어도 중·단기적으로는)

인간 근로자가 로봇에 대체되는 게 아니라 로봇과 함께 일한다.

궁극적으로 나는 로봇이 인간을 4D 업종, 즉 따분하고dull, 더럽고dirty, 위험하고dangerous, 비싼dear 일에서 자유롭게 하리라 믿는다.

- 따분한 일은 반복적이고 지루하며, 인간은 좀 더 창조적이고 보람 있는 업무를 맡는다.

- 더러운 일은 우리 사회가 잘 기능하도록 돕지만, 우리 중 대부분은 하수관 정찰과 같은 일을 할지 말지 고민하지 않는다.

- 위험한 일에는 폭발물 탐지 및 폭파가 있다.

- 비싼 일이란, 로봇을 사용하면 비용이나 지연을 줄일 수도 있는 일이다.

또한, 인간과 비슷한 로봇인 휴머노이드 로봇의 발전에 흥미로운 점도 있다. (불쾌한 골짜기Uncanny Valley 효과는 인간과 비슷한 로봇을 보면 생기는 불안감과 혐오감을 말한다.) 로봇 업계에서도 로봇이 반드시 인간을 닮아야 하는지에 관해 의견이 갈리는 것 같다. 어떤 사람들은 로봇이 인간과 닮아서 더 소통하기 쉽다고 생각한다. 반면 다른 사람들은 그런 생각이 참으로 기괴하다고 느낀다.

로봇의 미래가 어떨지 누가 알겠는가? 그러나 한 가지 사실은 분명하다. 로봇은 늘 우리 곁에 있을 것이다.

로봇과 코봇은 실제로 어떻게 사용되는가?

다양한 환경에서 사용되는, 흥미진진하면서도 다소 기이한 로봇의 사례를 살펴보자.

배달 로봇

이제는 로봇이 집 앞으로 택배를 가져올지 모른다. 배달 업무의 '마지막 마일last mile' 문제가 해결될 것으로 예상되기 때문이다. 마지막 마일이란 최종 절차로서, 배달 업무 가운데 가장 비싼 단계를 뜻한다.

- 스타십 테크놀로지Starship Technology의 자동 배달 로봇은 이미 내 고향 밀턴 케인스에서 거리를 돌아다니고 있다. 나는 현지 조합에서 로봇에게 식품을 배달시킬 뿐이지만, 배달 로봇은 이미 런던의 저스트잇 테이크어웨이Just Eat takeaway(온라인 음식 주문 및 택배 전문 회사—옮긴이)나, 독일 함부르크의 도미노피자, 그리고 미국 전역의 대학교에서 학생들에게 음식을 배달한다. 바퀴가 달린 작은 냉장고 같은 스타십 로봇은 최고 시속 약 16킬로미터로 달릴 수 있고, 총 56만 킬로미터를 이동할 수 있다. 도시에서 특히 효율적이다.[5]

- 구글의 엔지니어 팀이 설계한 **뉴로**Nuro는 스타십 로봇보다 약간 더 크다. 소형차의 절반 정도 크기인 이 로봇은 애리조나와 텍사스에서 식품을 배달하고 있다. 2019년 구글은 뉴로가 피자 배달업에 진출한다고 발표했다.[6]

안전 및 보안 로봇

로봇은 우리를 안전하게 보호하기도 하며, 인간이 해오던 위험한 업무를 대신하기도 한다.

- **코발트 로보틱스**Cobalt Robotics는 로봇 보안 플랫폼을 제공한다. 코발트 로보틱스에 따르면, 인간 보안 요원보다 65퍼센트 값싸다.[7]

- **두바이**는 도시 쇼핑몰 및 관광 명소를 순찰하는 로봇 경찰을 공개했다. 목표는 2030년까지 두바이 경찰의 25퍼센트를 로봇으로 대체하는 것이다.[8]

- **고비트윈**GoBetween 로봇은 차량 검문을 안전하게 하도록 설계됐다. 경찰차 앞에서 미끄러져 나와 경찰 대신 검문할 운전자와 접촉한다. 로봇에는 카메라, 스피커, 마이크가 달려 있고 가슴에서 교통 위반 딱지를 출력할 수 있다.[9]

- **콜로서스**Colossus는 로봇 소방관으로, 2019년 파리 노트르담 화재 사고에서 화마에 맞서 싸웠다.[10] 픽사의 로봇 애니메이션 주인

공 월-E를 닮았고 물대포를 장착했다.

19장에서는 군사용 드론 사용 사례를 확인할 수 있다.

헬스케어 로봇
로봇은 의료계를 서서히 바꾸고 있으며, 전문 의료진의 업무를 돕고 있다.

- **마코**Mako 로봇 시스템은 2006년 이후로 3만 건 이상의 무릎 및 고관절 대체 수술에 사용됐다.[11] CT 스캔 데이터와 환자 모델을 기반으로, 팔에 달린 카메라를 사용해 진행 절차를 화면으로 그려 보여주고 주입물을 정밀히 조정한다.

- **목시**Moxi라는 이름의 로봇은 간호사를 돕기 위해 설계됐다. 환자와 직접 접촉이 필요하지 않은 업무 가운데 약 30퍼센트를 수행할 수 있다. (예를 들어, 연구실에 분석용 샘플을 가져다 놓는 일 등.) 덕분에 간호사는 자질구레한 심부름을 줄이고 환자 간호에 집중할 수 있다. 그러나 재밌게도 간호사보다 목시가 환자들에게 인기가 많은 것으로 밝혀졌다. 환자들은 목시에게 셀카를 찍어달라고 요청하거나, 심지어 팬레터를 보내기도 했다. 결국 개발팀은 로봇이 추가적인 활동을 할 수 있도록 프로그래밍했다. 이제 목시는 병원을 더 자주 돌아다니며, 환자에게 하트 모양의 눈을 반짝거리기도 한다.[12]

가정용 로봇

앞서 언급한 로봇 진공청소기 룸바Roomba 이외에 가정에서도 로봇의 추가적인 쓰임새가 속속 발견되고 있다.

- LG의 **롤링봇**Rolling Bot은 여러분의 집 안을 돌아다니며 사진을 찍고 동영상을 촬영한다. 외출 중에도 롤링봇을 통해 반려동물을 지켜보거나, 보안 카메라로 활용할 수 있다.

- 다재다능한 **젠보**Zenbo는 친구나 아이 봐주는 로봇이 되어주고, 때로 리모컨 역할을 할 수도 있다. 이 로봇은 가정 기기를 제어하고, 감정을 공유하며, 아이에게 책을 읽어줄 수 있다.

- 수영장 관리 로봇 **돌핀**Dolphin은 여러분의 수영장을 진공청소기로 청소하고 문질러 씻는다. 돌핀은 청소 중에 무슨 기능이 필요한지 지능적으로 선택한다.

업무 현장의 코봇

많은 기업이 코봇을 통해 업무 효율을 높이고 제조 비용을 낮출 수 있다.

- 독일의 쾰른Cologne에 있는 **포드** 피에스타 공장에는 근로자와 코봇이 조립 라인에서 함께 근무한다.[13]

- 이번 장에서 내가 **아마존** 고객 주문처리 센터의 코봇이 인간 근로자에게 물품을 가져다준다고 말한 것을 기억하는가? 이 방식은 주문처리 시간을 1시간에서 15분으로 줄였다.[14]

- 온라인 슈퍼마켓 **오카도**Ocado에도 유사한 시스템이 있다. 인간 근로자가 한곳에서 기다리는 동안, 코봇은 주변을 돌아다니며 식품을 담는다.[15]

휴머노이드 로봇

과거에는 두 발 달린 로봇이 다른 로봇 디자인만큼 안정적이지 않았다. 그러나 상황이 바뀌고 있다.

- 보스턴 다이내믹스Boston Dynamics는 민첩한 로봇 개발의 선두에 서 있다. 보스턴 다이내믹스의 **아틀라스**Atlas는 두 발로 걷는 인상적인 로봇으로, 상자 위로 점프하거나 달릴 수 있으며, 뒤로 공중제비를 넘고, 심지어 파쿠르(안전장치 없이 주위 지형이나 건물, 사물을 이용해 한 지점에서 다른 지점으로 이동하는 곡예 활동—옮긴이)를 하기도 한다.[16]

- 유비테크UBTECH의 **링스**Lynx는 아마존 알렉사에 생명을 불어넣었다. 링스는 여러분의 알렉사와 동기화되어 개인별 맞춤 인사를 하고, 좋아하는 노래를 틀어주며, 날씨 예보를 전달한다.[17]

- 로봇 **소피아**Sophia는 몹시도 인간 같아서 사우디아라비아 정부에서 시민권을 받기도 했다.[18] 오드리 헵번을 닮았고(그러나 머리카락은 없다), 유머 감각이 있으며, 감정을 표현할 수 있고, 유창하고 똑똑하게 대화할 수 있다.

로봇을 만드는 로봇

이제 우리에게는 다른 로봇을 만들 수 있고, 스스로 수리도 하는 로봇이 있다.

- 스위스의 로봇 회사 **ABB**는 1억 5천만 달러(약 1,800억 원)를 투자해 중국에 최신 로봇 공장을 세우고, 그 공장에서 로봇으로 로봇을 만든다.[19]

- 3D 프린팅◐24장 덕분에 한 노르웨이의 로봇은 **스스로 진화하는 법과 스스로 3D 프린트하는 법**을 익힌다.[20]

기괴한 것과 놀라운 것

자, 다소 기괴하고 놀라운 예들을 살펴보자. 이것들도 빼놓을 수 없다.

- **로보비**RoboBee X-Wing은 작은 로봇으로, 미래에 식물의 수분 활동을 돕는 로봇 벌이다. 태양열로 움직인다.[21]

- 400년 된 일본의 사원에는 **로봇 승려**가 있다.[22]

- 프랑스의 나이트클럽은 **로봇 폴 댄서**를 공개했다. 머리에 CCTV
  가 달려 있는데[23] 마치 다른 로봇에게 윙크를 날리는 설치 미술
  처럼 보인다.

- 심지어 밟아 죽일 수 없는 **로보-바퀴벌레**robo-cockroaches도 있다.
  캘리포니아대학교 버클리캠퍼스 연구팀이 개발한 이 로봇은 매
  우 강하고 작아서, 재난 구조에 활용되기를 바라고 있다.[24]

주요 도전 과제

인류는 로봇을 창조했으나 아직 로봇에 대한 본질적인 두려움을
갖고 있다. 우리는 대개 로봇이 우리 대신 더러운 바닥을 청소하면
좋아한다. 그러나 인간을 쏙 닮은 로봇과 함께 일하거나 공존하는
것은 사람들을 잠시 고민에 빠지게 한다. 간단히 말하자면, 어떤
업무가 자동화되는 것은 좋지만 우리는 아직 로봇을 그만큼 믿지
는 못한다.

그러므로 기업은 인간과 로봇 사이에 신뢰가 쌓이도록 로봇이 열
심히 일하기를 바란다. 그러려면 어느 프로세스가 자동화될지, 그
로 인해 관련 직원의 일자리가 어떻게 될지를 투명하게 밝혀야 한
다. 이는 로봇의 장점을 설득시키는 일이기도 하다. 즉, 로봇은 지
루하고 반복적인 일을 맡고, 인간은 더 나은 기술이 필요한 업무에

집중하는 것이다. 여느 신기술과 마찬가지로, 사람들이 어떻게 자신의 직장 생활이 더 쉽고, 더 안전하며, 더 나아지는지 이해할 수 있다면, 그만큼 기술을 수용하기가 수월해진다.

또한 극복해야 할 규제도 있다. 규제 기관은 특히 데이터를 수집하고 사용하는 자동화 기계에 더 엄격한 잣대를 댄다. 그러므로 새로운 규제 체계가 효력을 발생해 로봇 사용을 통제하리라 예상할 수 있다.

로봇을 직장에 들이기 전에 극복해야 할 실질적인 문제도 있다. 예를 들어, 인간은 아무 어려움 없이 울퉁불퉁한 땅을 이동할 수 있다. 사람은 환경에 적응하는 데 유연하고 능숙하다. 그러나 로봇 대부분은 고르지 못한 땅에서는 움직임이 제한된다. 그러므로 로봇이 특정 기업의 요구나 환경에 적응할 수 있도록 주문 제작될 필요도 있다.

그런데 그러면 비용이 문제가 된다. 하지만 고맙게도 로봇 가격은 내려가고 있고, 계속해서 진입 장벽을 낮추고 있다. 서비스형 로봇 RaaS, robot-as-a-service의 급속한 성장은 더 많은 기업이 로봇을 갖출 수 있도록 한다. 서비스형 로봇은 서비스형 AI◉1장나 서비스형 소프트웨어와 비슷하다. 즉, 기업이 로봇을 완전히 구입해 어떻게 유지·보수할지 고민하는 게 아니라, 구독 서비스를 통해 로봇 자동화 서비스를 임대할 수 있다. 중소기업에 매우 적합한 방식이다.

이는 또한 기업이 자동화의 규모를 늘릴지 줄일지 쉽게 결정할 기회를 제공한다. 따라서 로봇 도입을 실험하며 서비스형 로봇으로부터 유익을 얻는 곳이 창고업, 헬스케어, 보안업체처럼 다양한 업계인 것도 놀랄 일이 아니다. 서비스형 로봇을 제공하거나 개발하는 회사 중에는 아마존AWS RoboMaker, 구글Google Cloud Robotics Platform, 그리고 혼다Honda RaaS가 있다. 한 연구에 따르면, 2026년까지 서비스형 로봇 설치가 130만 건에 이를 것으로 예측된다.[25]

로봇과 코봇이라는 기술 트렌드를 준비하는 법

로봇은 비용을 절감하고, 역량과 효율을 높이며, 오류를 줄일 기회를 제공한다. 미래에는 인간 대신 로봇이 더 안전하고, 더 빠르며, 더 정확하고, 더 값싸게 일할 수 있기 때문에, 로봇이 할 수 있는 일에 더는 인간이 고용되지 않을 것이다.

이런 사실이 여러분의 비즈니스에 미칠 영향은 여러분의 업종과 비즈니스 프로세스에 달려 있다. 그런데 어떻게 하면 인간의 고유 능력과 로봇의 효율을 결합해 최선의 결과를 얻을 수 있을까? 이것이 바로 내가 모든 비즈니스 리더에게 조언하는 핵심이다.

예를 들어, 인간은 로봇보다 여전히 손재주가 더 좋으며, 문제를 해결할 때 창의적인 방법을 제시하는 데 더 뛰어나다. 또한 공감 능력과 정서 지능emotional intelligence(자신과 타인의 감정과 정서를 점검하고 그것의 차이를 식별하며, 생각하고 행동하는 데 정서 정보를 이용할 줄 아는 능력—옮긴이)이 있다. 작업 현장에 더 많은 로봇이 도입되면, 인간은 자신이 더 잘할 수 있는 업무를 맡으면 그만이다. 하지만 여기에는 신중한 변화 관리와 훈련, 새로운 기술 습득이 요구된다.

이 책에 나오는 다른 모든 기술과 마찬가지로, 기술은 앞으로만 움직인다. 여러분이 로봇을 바라보는 시각은 어떠한가. 엄청난 기회라고 생각하는가, 아니면 인류 종말의 시작이라며 두려워하는가. 답은 모르지만 어쨌든 한 가지는 확실하다. 여러분의 직장에 변화가 닥치고 있다. 로봇 트렌드로부터 최대의 유익을 얻는 기업들은 인간과 로봇이 함께 일해 비즈니스를 향상할 수 있는 기회를 찾아낸 곳들이다.

주

1. The future of robotics: 10 predictions for 2017 and beyond: www.zdnet.com/article/the-future-of-robotics/

2. IFR forecast: 1.7 million new robots to transform the world's factories by 2020: https://ifr.org/news/ifr-forecast-1.7-million-new-robots-to-transform-the-worlds-factories-by-20/

3. 2019: The year Nvidia gets serious about robots: https://thenextweb.com/artificial-intelligence/2019/01/14/2019-the-year-nvidia-gets-serious-about-robots/

4. Meet the cobots: humans and robots together on the factory floor, Financial Times: www.ft.com/content/6d5d609e-02e2-11e6-af1d-c47326021344

5. Starship Technologies raises $40 million for autonomous delivery robots: https://venturebeat.com/2019/08/20/starship-technologies-raises-40-million-for-autonomous-delivery-robots/

6. Nuro's Pizza Robot Will Bring You a Domino's Pie, Wired: www.wired.com/story/nuro-dominos-pizza-delivery-self-driving-robot-houston/

7. The rise of robots-as-a-service: https://venturebeat.com/2019/06/30/the-rise-of-robots-as-a-service/

8. Robot police officer goes on duty in Dubai: www.bbc.co.uk/news/technology-40026940

9. A robot cop that executes traffic stops. But will cops test it?: www.zdnet.com/article/a-robot-cop-that-executes-traffic-stops-but-will-cops-test-it/

10. Meet the Robot Firefighter That Battled the Notre Dame Blaze, Popular Mechanics: www.popularmechanics.com/technology/robots/a27183452/robot-firefighter-notre-dame-colossus/

11. Early Focus on Surgical Robotics Gives Stryker a Leg Up, Forbes: www.forbes.com/sites/jonmarkman/2019/08/30/early-focus-on-surgical-robotics-gives-stryker-a-leg-up/#1c542f822948

12. A hospital introduced a robot to help nurses. They didn't expect it to be so popular, Fast Company: www.fastcompany.com/90372204/ahospital-introduced-a-robot-to-help-nurses-they-didnt-expect-it-to-be-so-popular

13. Ford tests collaborative robots in German Ford Fiesta plant: www.zdnet.com/article/ford-tests-collaborative-robots-in-german-ford-fiesta-plant/

14. Meet your new cobot: Is a machine coming for your job, The Guardian: www.theguardian.com/money/2017/nov/25/cobot-machine-coming-job-robots-amazon-ocado

15. Experimenting with robots for grocery picking and packing: www.ocadotechnology.com/blog/2019/1/14/experimenting-with-robots-for-grocery-picking-and-packing

16. Atlas: www.bostondynamics.com/atlas

17. Lynx robot with Amazon Alexa: www.youtube.com/watch?v=ocvWUbbx3GU

18. Saudi Arabia grants citizenship to a robot for the first time ever, Independent: www.independent.co.uk/life-style/gadgets-and-tech/news/saudi-arabia-robot-sophia-citizenship-android-riyadh-citizen-passport-future-a8021601.html

19. Robots will build robots in $150 million Chinese factory:www.engadget.com/2018/10/27/abb-robotics-factory-china/

20. Norwegian robot learns to self-evolve and 3D print itself in the lab, Fanatical Futurist: www.fanaticalfuturist.com/2017/01/norwegian-robot-learns-to-self-evolve-and-3d-print-itself -in-the-lab/

21. What Could Possibly Be Cooler Than RoboBee? RoboBee X-Wing, Wired: www.wired.com/story/robobee-x-wing/

22. This temple in Japan has a robotic priest: www.youtube.com/watch?v=4lTUDv4TX70

23. French Nightclub to Debut Robot Pole Dancers: https://interestingengineering.com/french-night-club-to-debut-robot-pole-dancers

24. Has science gone too far? This invincible robo-cockroach is impossible to squish: www.digitaltrends.com/cool-tech/cockroach-robot-withstand-massive-weight/

25. Manufacturing: How Robotics as a Service extends to whole factories: https://internetofbusiness.com/how-robotics-as-a-service-is-extending-to-whole-factories-analysis/

TECH TRENDS IN PRACTICE

한 문장 정의 ─────

자율주행차(승용차, 트럭, 선박, 그 밖의 운송 수단을 포함)는 주변 상황을 감지하고, 인간의 개입 없이 작동할 수 있다.

자율주행차란 무엇인가?

이 기술이 어떻게 작동하는지 설명하기 위해, 주로 자율주행 승용차에 집중하겠다. 그러나 이번 장을 보면 알 수 있듯이 모든 종류의 운송 수단이 점점 자동화되고 있다.

모든 주요 자동차 제조업체가 이런저런 종류의 자율주행 기술에 막대한 투자를 하고 있다. 물론 SF영화에서 보던 자동차와는 여전히 멀리 떨어져 있지만, 우리는 점점 그 꿈에 다가서고 있다. (영화에서 인간은 단지 뒷좌석에 앉아 쉬고 있다.)

그런데 '자율주행'이란 무슨 의미일까?

차량의 자율성은 다음과 같은 단계로 구분된다.[1]

- 1단계: 기본 운전 지원. 핸들을 조종하거나, 브레이크/액셀러레이터를 밟을 수 있다. 즉, 차선 중앙을 유지하거나, 적응식 정속 주행 adaptive cruise control(주행속도와 차간거리를 자동으로 제어하는 것—옮긴이)을 할 수 있다. 기본적으로 한 번에 한 프로세스만 자동화된다.

- 2단계: 자율주행이라기보다는 여전히 운전 지원의 단계다. 핸들 조종과 브레이크/액셀러레이터 감속/가속이 동시에 이루어질 수 있다. 자동주차도 2단계에 포함된다.

- 3단계: 이제 자동차는 제한된 조건에서 자율적으로 움직인다. 교통 체증 지원 기능traffic jam chauffeur이 3단계의 좋은 예다. 이 단계에서 자동차는 스스로 운전할 수 있지만, 시스템 요청 시 사람이 운전대를 잡을 준비를 하고 있어야 한다.

- 4단계: 이 단계에서 자동차는 사람의 운전을 요구하지 않는다. 페달이나 운전대가 장착되지 않을 수도 있다. 그러나 4단계의 자율주행차는 여전히 특정 조건에서만 운행한다. 예를 들어, 무인 택시는 제한된 지역에서만 다닐 수 있다.

- 5단계: 이 단계는 4단계와 같은 정도의 자율성을 제공한다. 즉, 사람이 운전할 필요가 없다. 그러나 5단계의 차이점은 자율주행

차가 '어느 장소' '어느 조건'에서든 운행할 수 있다는 점이다.

이 글을 쓰는 현재, 우리는 4단계나 5단계의 자율주행차를 이용할 수 없다. 차량 대부분은 2단계의 자율성까지만 제공한다. 심지어 고도로 자동화된 테슬라의 자동차도 2단계로 여겨진다. (테슬라는 이 분야에서 가장 진보한 제조업체 중 한 곳이다). 그러나 진정한 자율주행차를 개발하려는 경쟁은 계속되고 있다. 예를 들어, 볼보는 2021년까지 4단계 자율주행차 출시를 목표로 삼고 있다.[2]

자, 그렇다면 자율주행차는 어떻게 작동할까? 자동차가 주변 상황을 이해하고, 그에 따른 반응을 선택하기 위해서는 많은 고급 기술이 필요하다. 이는 대개 센서●2장와 컴퓨터 비전●12장 덕택이지만, AI●1장와 빅데이터●4장 역시 핵심적인 역할을 한다. 센서와 관련해 레이다는 사물을 탐지하는 데 사용된다. 크기와 속도를 고려하는 것은 물론이다. 라이다는 주변 환경을 그려내는 데 이용될 수 있다. (라이다는 레이다와 비슷하지만, 전파 대신 레이저 펄스를 쓴다.) 그러나 레이다와 라이다는 한계가 있다. 즉, 둘은 실제로 주변 상황을 '보는' 것이 아니다. 여기에 카메라가 끼어들 틈이 있다. 자율주행차에 장착된 카메라는 표지판을 읽을 수 있고, 도로 표시를 인식하며, 주변 환경의 정확한 풍경을 받아들인다. 이런 기술과 더불어 다른 기술, 즉 GPS 등은 차량이 주변을 스캔하고 측량하며, 길을 찾고, 조종하고, 장애물을 피하도록 돕는다.

자율주행차의 이점은 여러 가지인데, 그중에서 주된 유익은 교통 안전이다. 연구자들에 따르면, 교통사고의 가장 큰 원인은 운전자의 실수다.[3] 즉, 판단 착오, 속도위반, 음주 운전, 휴대전화 사용 등이 문제다. 자율주행 기술이 대중교통에 적용되면, 당국은 이를 좀 더 효율적으로 운영할 수 있다. 또한 혼잡한 도시의 주차 문제에도 도움이 될 것으로 보인다. 자율주행차가 승객을 내려놓고 또 어딘 가로 계속 이동할 수 있기 때문이다.

모든 사항을 고려했을 때, 자율주행차는 도시의 모습을 바꿀 수 있다. 공해와 혼잡은 줄어들 것이다. (미래에는, 자율주행차의 대다수가 전기차이거나 하이브리드 차량일 것이다.) 또 현재 주차장으로 사용되는 공간은 주택이나 공공장소가 될 수 있다. 사실 애리조나주에 있는 도시 챈들러는 자율주행차 이용을 촉진하기 위해 이미 토지사용제한법을 수정했다. 적절한 차량 탑승 공간을 제공한다면 개발업자들이 건물을 지을 때 주차 공간을 줄일 수 있다.[4]

게다가 미래의 자율주행차는 우리의 출·퇴근 모습을 완전히 뒤바꿀 수 있다. 특히, 인간의 개입이 전혀 필요 없어지는 지점에서 그렇다. 운전대를 잡는 대신에 뒷좌석에서 몸을 뻗고 눕거나, 어떤 일을 처리하거나, 단순히 쉴 수 있다. 미국에서 평균 출·퇴근 시간은 1년으로 치면 19일에 해당한다. 이 사실을 고려할 때, 직장인들이 되돌려 받을 수 있는 시간은 제법 많다.[5]

그러므로 거의 모든 자동차 제조업체가 (게다가 다른 헤비급 기술 업체가) 자율주행차라는 꿈을 뒤쫓는 것도 놀랄 일이 아니다. BMW 부터 구글의 모기업 알파벳까지 40곳이 넘는 기업이 활발히 투자하며 자율주행차를 개발하고 있다.[6]

자율주행차는 실제로 어떻게 사용되는가?

자, 단지 승용차만이 아닌 서로 다른 운송 수단이 어떻게 자동화되고 있으며, 우리가 어떤 자율주행차를 기대할 수 있는지 살펴보자.

자율주행 승용차

당장 자율주행 승용차를 구매할 수는 없지만, 확실히 이 기술은 빠르게 발전하고 있다.

- 2018년 **볼보**가 공개한 콘셉트 카는 부분적으로는 자동차이고, 부분적으로는 호텔 객실이며, 부분적으로는 사무실이고, 부분적으로는 비행기 객실이다. 볼보 360c가 보여주는 볼보의 비전은 호화롭다. 무인으로 운행되며, 여러분을 태우고 원하는 곳 어디로든 갈 수 있다. 흥미롭게도 볼보는 360c의 경쟁 상대로 단거리 비행기를 꼽았다.[7] 승객은 자동차 좌석(볼보 식으로 표현하면 '도로 비행기road plane'의 좌석)을 예약할 수 있고, 음식과 마실 것을 주문할 수 있으며, 비스듬히 기대거나 쉬면서 영화를 보며, 스트레스나 탈진, 탄소 발자국(온실 효과를 유발하는 이산화탄소의 배출량—옮긴이) 없이 목적지에 도달할 수 있다. 하룻밤이 걸릴 수 있는 이

여행은 여행 업계에 심각한 영향을 끼칠지 모른다.

- 자율주행차에서 일을 하거나 낮잠을 잔다는 생각은 잊어라. BMW는 분명히 다른 아이디어를 가지고 있다. 2019년 BMW가 묘사한 미래에서는 사람들이 자율주행차에서 섹스를 할 수 있다. 이 광고는 즉각 삭제되었다.[8]

- 중국의 거대 기술 기업 **바이두**百度는 자율자동차의 하드웨어와 소프트웨어를 개발하며, 비전에 기반한 자율주행 솔루션인 자사의 아폴로 라이트Apollo Lite가 4단계 자율성으로 운행한다고 주장한다.[9] (아폴로 라이트는 10대의 카메라를 사용해 주변 상황을 인지한다.) 현재 바이두와 협업하는 기업은 포드, 볼보 그리고 현대다.

- **테슬라**의 CEO 일론 머스크는 일찍이 유명한 약속을 했다. 2017년 말까지 테슬라의 자율주행차가 인간의 개입 없이 미국을 동서로 가로질러 운전할 수 있다는 내용이었다. 아직 현실화되지 못했지만, 테슬라는 가까운 시일 안에 가능할 거라고 기대한다.[10] 나는 이 계획이 야심 차다고 생각하지만 테슬라가 성공할지는 두고 볼 일이다.

자율주행 택시와 대중교통

미래에는 사람들이 거의 자동차를 소유하지 않고, 자율주행 택시를 부르거나 자율주행 대중교통을 이용할 것이다.

- 알파벳의 자율주행차 기업인 **웨이모**Waymo는 자사의 차량 호출 서비스ride-hailing(전화나 스마트폰 앱 등을 통해 택시를 직접 불러서 이용할 수 있는 서비스로, 예를 들어 우버나 리프트가 있다―옮긴이) 웨이모 원Waymo One을 통해 애리조나 피닉스에서 자율주행차를 시험하고 있다. 이 글을 쓰는 현재, 웨이모의 모든 자율주행차량에는 만일을 대비해 인간 운전자가 동승하고 있다. 그러나 2019년 10월, 웨이모는 자사의 앱 이용자에게 "완전한 무인 자동차가 운행 중이다"라는 말이 담긴 이메일을 보냈다.[11] 웨이모는 또한 캘리포니아에서 자율주행 택시를 시험 중이며, 첫 달에 6천 명 이상의 승객을 운송했다.[12]

- 2019년 중국의 차량 호출 서비스 기업인 **디디추싱**은 상하이에서 자율주행 서비스를 출시하고 있으며, 2021년까지 중국을 넘어 사업을 확장할 것이라고 밝혔다. 자율주행차에는 인간 운전자가 동승한다.

- **올리 2.0**Olli 2.0은 3D 프린팅◉24장된 자율주행 왕복 차량으로서, 로컬 모터스Local Motors가 만들었다. 최고 속도는 시속 40킬로미터이며, 대학교, 군기지, 병원 등 저속 환경에 적합하도록 설계됐다. 올리 2.0은 4단계의 자율성을 달성했다.[13]

- **도요타**의 e-팔레트e-Pallette 자율주행 버스는 2020년 도쿄 올림픽에서 선수들을 실어 나를 예정이었다.[14] 이 차량의 길이는 5미

터이며, 한 번에 20명의 승객을 태울 수 있고, 활동 범위는 160 킬로미터 이내다. 도요타는 우버, 아마존, 피자헛과 협력해 사람 뿐 아니라 물품을 배달할 수 있는 차량을 연구하고 있다.

- 타사에 뒤처지지 않으려는 **볼보**는 93명의 승객을 태울 수 있는 12미터 길이의 자율주행 버스를 공개했다. 볼보에 따르면, 이 버스는 세계 최초의 무인 전기 버스다.[15] 현재 버스 2대가 싱가포르에서 시험 운행 중이다. 1대는 대학교 캠퍼스에 있으며, 또 다른 1대는 버스 터미널에 있다.

자율주행 트럭 및 승합차

자율주행 트럭과 승합차가 버스 등 운송 업계를 앞지를 전망이다.

- 자율주행차 스타트업 **개틱**Gatik의 자율주행 승합차는 온라인으로 주문한 월마트의 식료품을 아칸소 현지 상점으로 배달하는 데 사용되고 있다.[16] 그러나 아직은 인간 운전자가 동승한다.

- 화물 운송 기업 **UPS**는 애리조나의 피닉스와 투손 사이에 화물을 수송하기 위해 자율주행 트럭 스타트업 투심플TuSimple과 협력했다.[17] 트럭에는 운전자와 엔지니어가 동승한다.

- 현재로서 자율주행 트럭에 관한 관심은 '군집 주행'에 집중되어 있다. 군집 주행 시 차량들은 서로 가까이 붙어 무리를 이루며, 선

두 차량에만 인간 운전자가 탑승한다. 예를 들어, **필로튼 테크놀로지**Peloton Technology는 '자동 추종automated following' 시스템을 개발했는데, 2대의 트럭에 단지 1명의 운전자만 있으면 된다.[18] 선두차량의 운전자는 제어 및 운전을 하고, 이를 뒤따르는 트럭은 약 15미터 뒤에서 무인으로 운행된다.

- **다임러 트럭**Daimler Trucks은 기술 회사 토크 로보틱스Torc Robotics와 협력해 버지니아의 공도에서 자율주행 트럭을 시험한다. 물론, 인간 운전자와 엔지니어가 동승한다.[19]

자율주행 자전거 및 오토바이
바퀴가 두세 개면 충분한데, 왜 그 이상을 원할까?

- REV-1 자율주행 로봇은 자동차라기보다는 자전거에 가깝게 동작한다. 이 자율주행 배달 자전거는 바퀴가 3개이고, 최고 속도는 시속 24킬로미터이며, 자전거 전용 도로 및 차선에서 운행하도록 설계됐다. 미시간주 앤아버에 있는 레스토랑 두 곳에서 이미 음식을 배달하고 있다.[20] (13장에서 배달 로봇에 관해 좀 더 알아볼 수 있다.)

- **세그웨이-나인봇**Segway-Ninebot은 자율주행 전기 오토바이를 공개했다. 이 오토바이는 스스로 충전소에 갈 수 있으며, 조만간 실제 도로 위를 달릴 수 있을 것으로 기대되고 있다.[21]

- 현재 우리에게는 스스로 운전할 수 있는 자전거가 있다. 중국 **칭화대학교** 연구팀이 개발한 특별한 AI칩 덕분이다.[22]

자율주행 선박

육지의 도로에서처럼, 해상 사고의 대부분은 인간의 잘못으로 발생한다. 알리안츠에 따르면 그 비율이 75~96퍼센트에 이른다고 한다.[23] 따라서 자율주행 선박이 많아지는 것도 수긍이 간다.

- 세계 최초의 완전 자율주행 카페리(여객과 자동차를 싣고 운항하는 배—옮긴이)가 2018년 공개됐다. 이는 **롤스로이스**와 핀란드의 연락선 회사 **핀페리**Finferries가 서로 협력한 결과다. 카페리는 AI 덕분에 인간의 개입 없이 작동하고 운항할 수 있지만, 육지에 있는 선장이 항해를 모니터하며, 필요한 경우 원격 조종할 수 있다.[24]

- 세계 최초의 자율주행 무배출 시스템zero emission(산업 활동 시 폐기물이 나오지 않도록 하는 새로운 순환형 산업 시스템—옮긴이) 컨테이너선인 **야라 버클랜드**Yara Birkeland는 2022년까지 스스로 항해할 예정이다.[25]

- 일부 기업이 새로운 자율주행 선박을 만드느라 바쁜 와중에, 어떤 기업들은 기존의 배를 좀 더 자율적으로 만드는 기술을 개발하고 있다. 한 예로 샌프란시스코에 소재한 스타트업 **숀**Shone은 바다에서 다른 배의 움직임을 탐지하고 예측할 수 있는 기술을

제공한다.

만약 육지나 바다에 있는 자율주행 자동차와 자율주행 선박에 만족하지 못한다면, 19장에 나오는 자율주행 드론과 무인항공기를 참고하라.

주요 도전 과제

완전 자율주행차가 도로를 달리기 위해서는 해결해야 할 문제가 많다. 첫째로, 법적인 어려움이 있다. 이 글을 쓰는 현재, 자율주행차를 감독할 법체계가 준비되어 있지 않다. 즉, 많은 중요한 내용에 대해 엇갈린 해석이 나올 수 있다. 예를 들어, 무인 자동차가 사고에 연루되면 누구에게 책임이 있는가? 이를 판단하기 위해서 자율주행차 내에서 무엇이 합리적인 의사 결정인지 판단할 수 있는 규정이 필요하다. 만약 자율주행차가 사고가 나면, 조사관은 사고 차량이 합리적인 의사 결정 내에서 움직였는지, 아니면 시스템에 장애가 있었는지 가늠해야 한다. 또한, 자율주행차의 보험에 관해서도 대답하기 어려운 문제가 많다.

둘째로, 5단계 자율성에 도달하기 위한 기술적인 문제가 있다. 오늘날 시중에서 볼 수 있는 가장 발전한 운전 보조 시스템도 때때로 주변을 잘못 해석할 때가 있다. 도로 위의 상황을 인간보다 더 안전하고 정확하게 해석하는 시스템을 개발하는 것은 매우 중요한 과제다. 셋째로, 보안에 관한 우려가 있다. 특히 차량이 해킹되면 어찌하겠는가? 이런 기술적 난제들을 해결하고도 소비자를 위해 합리적인 가격을 유지한다? 이것은 자동차 제조업체에 더 풀기 어려운 숙제다! 규모의 경제와 비용을 생각하자. 차량 호출 서비스 업체, 수송 업체, 대중교통 업체가 먼저 자율주행차 기술을 받아들일 가능성이 높다. 그 후에 (가격이 알맞다면) 개인들이 이 기술을 포용할 것이다.

셋째, 이 책에 나오는 많은 기술과 마찬가지로, 자동화는 실직으로 이어진다. 화물차 운전기사, 택시 기사, 대중교통 운전사, 그리고 배달원들은 직업을 잃을 위협에 처해 있다. 이들을 재교육하고 재배치하는 일이 필수적이다.

자율주행차라는 기술 트렌드를 준비하는 법
여러분의 조직이 이 기술에 얼마만큼 충격을 받을지는 여러분이 운영하는 비즈니스의 종류가 무엇인지에 달려 있다. 수송, 물류, 보험 업종은 다른 부문보다 더 큰 영향을 받을 수 있다.

일반적으로, 일반 소비자보다 기업이 자율주행차를 더 빨리 접하리라 예상되므로, 어떻게 여러분의 조직이 (그리고 여러분의 경쟁사가) 자율주행차를 비즈니스 프로세스에 도입할지 고민하기 시작할 시점이다. 여러분은 어느 업종에 속하는가? 다음을 살펴보자.

- 물류 기업은 무인 트럭을 사용한다.

- 소비자에게 물품을 배달하기 위해 자율주행차나 배달 로봇○13장을 이용한다.

- 창고나 주문처리 센터에서 자율주행차를 활용한다.

- 소비자의 자율주행차와 교류하는 경우가 있다. 예를 들어, 소비자가 식료품점에 물건을 실으러 자율주행차를 보낼 수 있다.

여러분의 회사가 실제로 사용하는 공간의 규모를 생각해야 할 수도 있다. 만약 여러분의 직원과 고객이 무인 택시나 차량 호출 서비스로 이동하는 경우, 주차장 공간이 예전만큼 필요할까? 주차 공간보다는 승객을 태우고 내리는 구역이 더 중요해질 수 있다.

그러나 현실적으로 자율주행차로의 변화는 순차적일 것이다. 몇 년씩 기다리다가 차량 전체를 자율주행차로 한꺼번에 교체하기보다는, 차츰차츰 업그레이드하는 편이 나을지 모른다. 다른 말로 하면, 현재 이용 가능한 기술로 어떻게 안전을 향상할지, 어떻게 고객에게 더 좋은 서비스를 전달할지, 어떻게 지금 바로 비용을 줄일 수 있을지 고민해야 한다.

주

1. SAE Levels of Driving Automation: www.sae.org/news/2019/01/sae-updates-j3016-automated-driving-graphic

2. By 2021, you could be sleeping behind the wheel of an autonomous Volvo XC90: www.digitaltrends.com/cars/volvo-xc-90-level-4-autonomy/

3. Traffic Safety Facts: https://crashstats.nhtsa.dot.gov/Api/Public/ViewPublication/812115

4. City planners eye self-driving vehicles to correct mistakes of the 20th-century auto, The Washington Post: www.washingtonpost.com/transportation/2019/07/20/city-planners-eye-self-driving-vehicles-correct-mistakes-th-century-auto/

5. Americans spend 19 full work days a year stuck in traffic on their commute, New York Post: https://nypost.com/2019/04/19/americans-spend-19-full-work-days-a-year-stuck-in-traffic-on-their-commute/

6. 40+ Corporations Working On Autonomous Vehicles: www.cbinsights.com/research/autonomous-driverless-vehicles-corporations-list/

7. Volvo's futuristic 360c concept is at once a hot-desk, hotel room and flight cabin: www.wallpaper.com/lifestyle/volvo-360c-autonomous-concept-car-review

8. BMW posts, deletes ad about sex inside self-driving cars: https://futurism.com/the-byte/bmw-ad-sex-self-driving-cars

9. Baidu claims its Apollo Lite vision-based vehicle framework achieves level 4 autonomy: https://venturebeat.com/2019/06/19/baidu-claims-its-apollo-lite-vision-based-vehicle-framework-achieves-level-4-autonomy/

10. Tesla's Musk Is Over-Promising Again on Self-Driving Cars, Forbes: www.forbes.com/sites/chuckjones/2019/10/22/teslas-musk-is-

overpromising-again-on-self-driving-cars/#7bf081965e98

11. Waymo to customers: "Completely driverless Waymo cars are on the way": https://techcrunch.com/2019/10/09/waymo-to-customers-completely-driverless-waymo-cars-are-on-the-way/

12. Waymo's robotaxi pilot surpassed 6,200 riders in its first month in California: https://techcrunch.com/2019/09/16/waymos-robotaxi-pilot-surpassed-6200-riders-in-its-first-month-in-california/

13. Meet Olli 2.0, a 3D-printed autonomous shuttle: https://techcrunch.com/2019/08/31/come-along-take-a-ride/

14. This autonomous Toyota bus will carry athletes during the 2020 Tokyo Olympics: www.pocket-lint.com/cars/news/toyota/149705-thisautonomous-toyota-minibus-is-going-to-be-used-during-the-2020-tokyo-olympics

15. Volvo unveils "world's first" autonomous electric bus in Singapore: www.dezeen.com/2019/03/06/volvo-autonomous-electric-bus-design-singapore/

16. Gatik's self-driving vans have started shuttling groceries for Walmart: https://techobserver.net/2019/07/gatik-self-driving-vans-shuttling-groceries-walmart/

17. UPS has been quietly delivering cargo using self-driving cars: www.theverge.com/2019/8/15/20805994/ups-self –driving-trucks-autonomous-delivery-tusimple

18. This company created "automated following" so two trucks only need one driver: https://mashable.com/article/automated-following-peloton-autonomous-vehicles-trucking/?europe=true

19. Self-driving trucks are being tested on public roads in Virginia: www.cnbc.com/2019/09/10/self-driving-trucks-are-being-tested-on-public-roads-in-virginia.html

20. A new autonomous delivery vehicle is designed to operate like a bicycle, The Washington Post: www.washingtonpost.com/technology/2019/07/25/new-autonomous-delivery-vehicle-is-designed-operate-like-bicycle/?

21. Segway-Ninebot introduces an e-scooter that can drive itself to a charging station: www.theverge.com/platform/amp/2019/8/16/20809002/segway-ninebot-electric-scooter-self-driving-uber-lyft-charging-station

22. This autonomous bicycle shows China's rising expertise in AI chips, Technology Review: www.technologyreview.com/f/614042/this-autonomous-bicycle-shows-chinas-rising-ai-chip-expertise/

23. Shipping safety – human error comes in many forms: www.agcs.allianz.com/news-and-insights/expert-risk-articles/human-error-shipping-safety.html

24. Rolls-Royce and Finferries demonstrate world's first fully autonomous ferry: www.rolls-royce.com/media/press-releases/2018/03-12-2018-rr-and-finferries-demonstrate-worlds-first-fully-autonomous-ferry.aspx

25. Yara Birkeland Press Kit: www.yara.com/news-and-media/press-kits/yara-birkeland-press-kit/

트렌드 15

5G 및 더 빠르고 더 스마트한 네트워크

5G AND FASTER,
SMARTER NETWORKS

TECH TRENDS IN PRACTICE

5G 및 더 빠르고 더 스마트한 네트워크란 무엇인가?

네트워크 기술은 AI나 로봇, 자율주행차만큼 섹시해 보이지는 않지만, 온라인 세상과 더 스마트한 사회의 근간이다. 대역폭이 커지고 서비스 범위가 넓어지면서, 이메일이나 웹 검색부터 위치 기반 서비스 및 동영상이나 게임 스트리밍까지 더 다양한 일이 가능해졌다. 요즘은 앱과 우리가 사용하는 기기, 또 클라우드 서비스 사이에 실시간 데이터 스트림(컴퓨터 시스템에 데이터가 계속 입력되는 상황이 마치 하나의 물줄기가 흐르는 것과 같다고 하여 생긴 말—옮긴이)의 전달이 끊이지 않는다.

더 빠른 데이터는 단지 더 많은 데이터의 전송이 아니라, 흥미진진한 혁신을 일으킬 여러 종류의 데이터 전송을 의미한다. 그러나 사물인터넷 기기◉2장에서 데이터를 수집하는 카메라, 스캐너, 센서의 수가 증가하면서 네트워크는 새로운 패러다임을 구축하기 위해 더 빠를 뿐만 아니라 더 스마트해져야 한다.

최근 이슈는 5G 네트워크의 상용화다. 5G 네트워크 프로토콜은 한 지역 내에서 훨씬 많은 기기를 연결할 수 있게 한다. 4G 네트워크에서 제곱킬로미터당 10만 대가 접속할 수 있었다면, 5G에서는 100만 대가 접속할 수 있다.[1]

발전된 서비스

4G와 광섬유 브로드밴드 시대에 넷플릭스 및 HD 영상이 가능했던 것처럼, 5G는 '클라우드 게이밍cloud gaming'이 현실화되며 함께 등장한다. 구글의 스테이디어Stadia 같은 서비스는 게임 플레이어의 게임기에서 입력 신호를 읽어 클라우드 서버에 전달하고, 그 결과를 플레이어의 화면에 띄운다. 마치 네트워크에 연결하지 않은 채 게임을 할 때처럼 끊김이 없다.

5G의 속도는 심지어 클라우드 VR◉8장도 실현할 것이다. 비록 최근 가상현실 헤드셋은 덩치가 작아지고 다루기 쉬워졌지만, 여전히 컴퓨터에 연결하거나 그래픽을 생성할 기타 부품이 딸려 있는 등 불편함이 있다.

클라우드 VR은 이동 통신망에 연결되어 이제 헤드셋은 단지 화면으로만 기능하게 된다. (즉, 훨씬 가벼워지고 휴대하기 간편해진다.) 반면 플레이어의 움직임을 해석할 모든 프로세싱은 원격으로 이루어진다.

이는 엔터테인먼트 업계를 넘어선 혁신을 불러일으킨다. 가상현실과 증강현실이 산업 및 교육, 헬스케어 업계에 더욱 폭넓게 활용된다. 네트워크의 능력 덕분에 혁신적인 기술을 더 널리 사용하고, 그에 더 접근하기 쉬워지는 것이 5G의 핵심이라 할 수 있다.

선을 자르다

5G는 현재 소비자와 기업이 사용하는 유선 통신망보다 더 빠른 속도를 제공하는 최초의 이동 통신망 기술이 될 예정이다. 이는 큰 변화를 의미한다. 인프라 설계자는 복잡한 케이블과 융통성 없는 네트워크 접속 중계점으로 인한 고민을 덜게 됐다. 그러나 이동 통신망으로의 변경이 모든 상황에서 이상적이지는 않을 수 있다. 가장 빠른 일반 전화선의 속도는 어느 시점에 이를 때까지 여전히 5G보다 훨씬 고속일 것이다. 즉, 이동 통신망은 속도와 유연성을 모두 원하는 조직이 선택할 가능성이 크다.

5G 네트워크의 또 다른 유용한 특징은 '쪼갤sliced' 수 있다는 점이다. 5G 서비스 제공업체는 자사의 서비스를 여러 가상의 네트워크로 나눌 수 있다. 즉, 각각의 네트워크는 사양과 기능이 다르다. 다양한 시스템, 즉 산업 장비를 작동시키고, 가정에 동영상을 스

트리밍하며, 무인 자동차를 운행하는 각각의 시스템이 저마다 요구 사항이 다름에도 불구하고 같은 5G 네트워크에서 작동할 수 있다.[2]

5G 네트워크는 또한 이전보다 더 정교한 '빔포밍beamforming'을 할 수 있다. 빔포밍이란 네트워크 송신기와 수신기가 서로 통신할 기기에 신호를 겨냥하는 프로세스다.[3] 5G 네트워크가 대중교통을 이용하는 승객이나 빠르게 움직이는 차량과 통신할 때 대단히 신뢰할 수 있는 수준으로 작동한다는 뜻이다.

더 스마트한 네트워크

속도가 더 빨라진 만큼, 네트워크는 더 스마트해졌다. '메시 네트워크mesh network' 같은 새로운 패러다임 덕분이다. 메시 네트워크란 각각의 노드node(그래프는 점과 선으로 구성되는데, 이 점을 노드 또는 절점이라 한다. 정보 통신 분야에서는 네트워크에 접속할 수 있는 장치를 의미한다—옮긴이)가 다른 모든 노드와 연결되어 서로 직접 통신할 수 있는 것을 말한다. 기존의 네트워크는 다수의 장치가 단 하나의 라우터나 네트워크 어댑터에 연결되었다. 이로 인해 처리 속도에 병목 현상이 일어나거나 단일 장애 지점single point of failure(한 곳만 고장나면 전체 시스템이 동작하지 않는 부분—옮긴이)이 나타났다.

위성 기술도 혁신을 맞이하고 있다. 상대적으로 저렴한 저궤도 위성 기술이 등장했기 때문이다. 즉, 더 빠르고 신뢰할 수 있도록 지구의 가장 외진 곳까지 전파될 수 있다. 사실 한 분석가가 내게 말한 바에 따르면, 위성을 발사하는 평균 비용이 스마트폰 앱을 출시하는 평균 비용과 점점 비슷해지고 있다. 이제는 약 10만 달러(약 1억 2천만 원) 정도에 불과하다.

그리고 5G는 이야기의 끝이 아니다. 5G를 능가할 6G가 등장할 것이다. 미국 대통령 도널드 트럼프는 이렇게 트윗했다. "나는 가능한 한 이른 시일 내에, 미국의 5G와 6G 기술을 원합니다."

비록 트럼프 대통령이 6G가 어떤 모습일지 아무도 모른다는 사실로 인해 조롱을 받긴 했지만, 그의 바람은 실현될 가능성은 크다. 5G 표준을 정의한 연구자들이 6G를 준비하기 위해 핀란드에 모였다.[4] 그러나 6G가 현실화되려면 앞으로 10년은 더 넘게 걸릴 수 있다.

5G 및 더 빠르고 더 스마트한 네트워크는 실제로 어떻게 사용되는가?

2018년 말, 일부 서비스 제공업체가 처음으로 소비자 5G 이동 통신망 서비스를 시작했다. 물론 서비스 범위가 몇몇 주요 도시로 제한되기는 했다.[5] 그러나 더 값싼 5G용 휴대폰이 출시되고 더 많은 사람이 5G에 가입하면 상황은 뒤바뀔 것이다. 전망에 따르면 2020년 말까지 전 세계 국가 대부분은 5G 서비스에 접속할 수 있을 예정이다.[6] 속도는 초당 1기가비트에 이를 것으로 예상된다. 풀

HD 영화도 금방 다운로드받을 수 있는 속도다.

엔터테인먼트 스트리밍

구글, 마이크로소프트, 소니, 그리고 **엔비디아**는 엔터테인먼트 스트리밍, 즉 게임 스트리밍을 위한 다음 단계에 착수했거나 착수할 예정이다. 이런 서비스는 네트워크 속도가 빠를수록 실현될 가능성이 높다. 동영상 스트리밍이 단순히 선형적인 데이터 전송을 의미한다면, 게임은 플레이어의 입력에 반응해 영상을 만들고 전송하며, 잠재적으로 다른 온라인 플레이어 수백 명의 행동을 염두에 두어야 한다. 네트워크 속도가 빨라짐에 따라 사용자 경험은 더욱 정교해지고 더 잘 몰입할 수 있게 될 것이다.[7]

사용자 경험을 향상하는 것은 단지 속도만이 아니다. 더 많은 동시 접속을 처리할 수 있는 능력은 도심이나 대형 마트, 또는 기차역과 같이 사람이 붐비는 장소에서 네트워크에 접속하기 어려운 불편을 없앨 수 있다.

자율주행 세상을 실현한다

고속 무선 데이터망은 자율주행차와 로봇을 움직이게 한다. **도요타**는 최초의 5G 기반 휴머노이드 로봇인 T-HR3를 선보였다. 5G를 사용할 수 있기 전에는 유선 데이터 연결이 필요했다. 무선 데이터망의 속도가 로봇을 원격 조종할 수 있을 만큼 빠르지 않았기 때문이다.[8]

오늘날 5G는 자율주행차의 출시와 관련해 핵심 역할을 맡는다. 길가의 센서뿐만 아니라 차량 자체가 고속 무선 데이터망으로 서로 통신할 수 있다. 차량과 클라우드 사이뿐만 아니라 차량과 차량 사이에 안전 운행을 위한 소통도 가능하다. 보고된 바에 따르면, 4G 대신 5G를 사용하면 네트워크 지연 시간이 20밀리초에서 1밀리초로 줄어든다. 충돌을 피할 수 있는, 삶과 죽음이 뒤바뀌는 시간 차이다.[9]

한편, 독일에서는 **탈레스**Thales와 **보다폰**Vodafone이 5G로 연결된 무인 열차를 처음으로 시험하고 있다. 네트워크를 '쪼갤' 수 있는 능력을 활용하는 기술인데, 만약 4G를 사용했다면 열차에 대한 통제를 계속 유지할 수 있다고 완벽하게 자신하기 어렵다. 한 영역 내에서 연결될 수 있는 기기 수의 제한 때문이다.[10]

더 나은 헬스케어를 제공한다

대단히 많은 인구가 다소 고립된 지역에 떨어져 생활하는 중국에서, 5G는 그동안 온라인 혁명에 소외됐던 사람들을 연결하는 데 사용되고 있다.

중국이 해결해야 할 문제 중 하나는 외딴 지역에 의사와 전문 의료인이 부족하다는 점이다. 5G 네트워크는 원격 의료에서 역할을 맡아, 의사가 수백 킬로미터 떨어진 곳에서 환자를 진찰하거나 수술할 수 있다.

청두 제3인민병원의 부원장 저우양Zhou Yang 박사는 이렇게 말했다. "의사들 사이의 논의에서는 지체 시간이 전혀 없습니다. 우리는 원래부터 계속 그렇게 하기를 원했지만 5G 덕분에 이제야 가능해졌습니다."[11]

더 스마트한 네트워크

중국의 농부들은 또 다른 핵심 이동 통신망 기술인 **협대역 사물인터넷**NB-IoT, Narrowband Internet of Things을 사용해 야크의 건강과 위치를 모니터하고 추적한다. 협대역 사물인터넷은 매우 외진 곳에서도 기기가 유지·보수 절차 없이 장시간 동작할 수 있도록 설계됐다. 떠도는 야크 무리에 대한 정보는 질병이나 부상에 관한 진단을 가능케 하고, 한 장소에 지나치게 밀집하지 않도록 효과적으로 관리하는 데 도움이 된다.[12]

또 한국에서는 **동계올림픽** 기간 중 멧돼지의 출몰을 막기 위해 호랑이 울음소리를 재생하는 장치를 네트워크로 연결했다.[13]

아마존은 메시 네트워크에 상당한 힘을 쏟았다. 아마존이 준비 중인 소비자 사물인터넷 시스템인 **사이드워크**Sidewalk에 메시 네트워크를 접목한 것이다. 사이드워크는 저대역폭 통신을 사용해 한 지역 내에 서로 연결된 기기들 사이에서 네트워크를 형성하며, 더 많은 기기가 연결될수록 더 단단해진다. 사이드워크는 와이파이나 블루투스 같은 저전력 네트워크와 이동 통신망 같은 고

전력 네트워크의 중간격인 통신망을 제공한다. 그 첫 번째 응용 사례로 반려동물의 위치를 추적할 수 있는 스마트 목걸이를 출시한다.[14]

또한 2020년까지 200대의 미니 인공위성이 발사될 예정이다. 인공위성 각각의 무게는 10킬로그램에 불과하다. 영국의 통신 회사 **스카이 앤 스페이스 글로벌**Sky and Space Global은 이를 통해 30억의 인구가 있는 아프리카와 남아메리카의 많은 지역에 음성 및 문자 데이터 전송 서비스를 제공한다.[15]

한편, 일론 머스크의 **스페이스X**SpaceX는 4천 대가 넘는 인공위성으로 **스타링크**StarLink라는 네트워크를 구축하고 있다. 전 세계가 서비스 대상에 포함된다.[16]

주요 도전 과제

5G 네트워크의 도입에 관한 주요 과제는 뭔가를 새로 시작할 때 일어나기 마련인 문제들이다. 5G는 대단히 새로운 기술로서, 다국적 통신 회사들이 경쟁사를 따라잡거나 따돌리기 위해 앞다퉈 시장에 출시하고 있다.

5G는 현재 몇몇 주요 도시에서만 사용할 수 있다. 또한, 여전히 해결해야 할 근본적인 문제도 있다. 지금의 5G 네트워크는 4G 네트워크의 데이터 전송으로 전환되는 경우가 있는데, 인증과 같은 기

능을 수행할 때 그렇다.[17]

즉, 네트워크 속도가 병목 현상 때문에 느려질 수 있다. 그러나 이 문제는 더 많은 네트워크가 완전한 5G로 업그레이드되면서 사라질 것이다.

여러 기관이 가까운 미래에 결정해야 할 사안이 있다면, 빠른 속도의 로컬 네트워크를 위해 기존 와이파이를 사용하느냐, 아니면 5G로 교체하느냐의 문제다. 당장의 5G는 높은 건물에 막혀 전파가 차단된다거나, 실내에서 잘 터지지 않는다고 한다. 그러므로 현재로서는 5G의 속도라는 장점과 이런 단점을 잘 저울질해야 한다. 새로운 시스템이 구체적으로 어떤 필요가 있는지 신중히 판단해야 한다.

오픈로밍OpenRoaming[18] 같은 아이디어는 앞선 결정에 들일 수고를 덜어줄 수 있다. 오픈로밍은 최적의 연결 상태를 유지하기 위해 서로 다른 네트워크를 끊김 없이 전환한다.

5G 네트워크 접속 비용은 현재로선 꽤 비쌀 수 있다. 통신 회사가 고액의 요금을 부과할 수 있고, 5G에 호환되는 기기가 가장 최근에 출시된 고급 휴대폰이기 때문이다. 그러나 이용자 수가 늘어나면 상황은 확실히 바뀔 것이다.

기업으로서는 더 빨라진 속도뿐 아니라 네트워크 쪼개기 같은 더 수준 높은 기술로부터 어떻게 이익을 얻을지 고민해야 한다. 다른 모든 신기술과 마찬가지로, 여러분의 전략이 단지 기존에 하던 일을 그대로 처리하기 위해 5G를 남들보다 더 빨리 도입하는 것이라면 승산이 없다. 그러다가는 5G로 완전히 새로운 프로세스나 비즈니스 모델을 만든 혁신적인 경쟁사에 완전히 뒤처질 수 있다.

물론, 보안 위협도 무시해서는 안 된다. 5G 네트워크의 힘과 속도는 암호화, 익명화, 가상현실화 같은 보안 조치가 데이터 스트림에 쉽게 표준으로 통합될 수 있음을 의미한다. 그러나 어떤 네트워크의 보안은 그 네트워크의 가장 취약한 부분만큼만 강하다. 그리고 연결되는 기기가 늘어날수록 해커가 접속 지점을 찾을 수 있는 선택의 폭은 그만큼 넓어진다.

5G 네트워크라는 기술 트렌드를 준비하는 법

5G 및 기타 네트워크 기술이 속도를 향상한다고만 생각해선 안 된다. 그 외에 새로운 가능성을 불러올 수 있다.

늘 그렇듯이, 5G 및 기타 네트워크 기술이 할 수 있는 일을 단편적으로 이해한 뒤, 무리하게 도입하려 하지 말고, 전체적인 전략의 관점에서 고민하는 것이 중요하다. 여러분의 현재 목표를 이루기 위해 5G로 무엇을 하기를 원하는가?

최근 액센츄어의 조사에 따르면, 비즈니스 리더의 절반 이상이 5G로 어떤 새로운 일을 할 수 있을 것이라 기대하지 않으며, 새로운 서비스를 제공하기 위해 5G를 어떻게 사용해야 할지 이해하지도 못한다고 답했다.[19] 그러나 이런 태도는 실수로 이어질 수 있다. 우리는 기존의 신기술 네트워크, 즉 3G와 와이파이가 어떤 변화를 일으켰는지 이미 보았다.

영화와 음악 스트리밍에서 비디오 게임 스트리밍으로 뒤바뀌는 것이 좋은 예다. 더 빠른 네트워크는 여러분이 고객과 소통하는 채널의 불편을 줄인다. 상상해보라. 챗봇이 즉각 라이브 동영상 스트리밍을 개시해 제품이나 서비스 문제의 해결책을 시연해 보인다면 어떨까.

5G로 이익을 얻으려는 모든 조직은 자신의 IT 시스템을 점검해보아야 한다. 조직 내 인프라가 무선 기기 및 원격 장치와 통신할 수 있어야 하며, 보안 문제에 가능한 한 빠르게 대처해야 한다.

신기술이 불러올 새로운 가능성을 모든 조직 구성원에게 이해시키는 것도 중요하다. 직원들의 협업·소통 능력이 향상되면 그만큼의 유익을 얻을 수 있으며, 임원 수준의 승인이 있어야 큰 프로젝트에 박차를 가할 수 있다.

새로운 네트워크 기술은 전 세계의 더 넓은 지역을 연결할 것이다.

즉 우리는 이제 새로운 재능뿐 아니라 새로운 시장에 접근할 수 있게 됐다. 이를 활용할 방법을 찾는 것이 다가오는 시대의 핵심 과제다.

주

1. 1 Million IoT Devices Per Square Km – Are We Ready for the 5G Transformation?: https://medium.com/clx-forum/1-million-iot-devices-per-square-km-are-we-ready-for-the-5g-transformation-5d2ba416a984

2. What is Network Slicing?: https://5g.co.uk/guides/what-is-network-slicing/

3. What is 5G beamforming, beam steering and beam switching with massive MIMO: www.metaswitch.com/knowledge-center/reference/what-is-beamforming-beam-steering-and-beam-switching-with-massive-mimo

4. Why 6G research is starting before we have 5G: https://venturebeat.com/2019/03/21/6g-research-starting-before-5g/

5. 5G Has Arrived in the UK And It's Fast: www.theverge.com/2019/5/30/18645665/5g-ee-uk-london-hands-on-test-impressions-speed

6. 5G Availability Around the World: www.lifewire.com/5g-availability-world-4156244

7. Cloud Gaming: Google Stadia and Microsoft xCloud Explained: www.theverge.com/2019/6/19/18683382/what-is-cloud-gaming-google-stadia-microsoft-xcloud-faq-explainer

8. DOCOMO and Toyota Conduct Successful Remote Control of T-HR3 Humanoid Robot Using 5G: www.nttdocomo.co.jp/english/info/media_center/pr/2018/1129 01.html

9. Why 5G Is The Key to Self-Driving Cars: www.carmagazine.co.uk/car-news/tech/5g/

10. Thales and Vodafone conduct driverless trial using 5G: www.railjournal.com/signalling/thales-and-vodafone-conduct-driverless-

trial-using-5g/

11. How China is Using 5G to Close the Digital Divide: https://govinsider.
asia/connected-gov/how-china-is-using-5g-to-close-the-digital-divide/

12. Mobile IoT Connects China to the Future: www.gsma.com/iot/news/
mobile-iot-connects-china-to-the-future/

13. Who's winning the global race to offer superfast 5G?: www.bbc.co.uk/
news/business-44968514

14. Amazon Sidewalk is a new long-range wireless network for your stuff:
https://techcrunch.com/2019/09/25/amazon-sidewalk-is-a-new-long-
range-wireless-network-for-your-stuff/

15. The Low Cost Mini Satellites Bringing Mobile to the World: www.bbc.
co.uk/news/business-43090226

16. SpaceX is in communication with all but three of 60 Starlink satellites
one month after launch: www.theverge.com/2019/6/28/19154142/
spacex-starlink-60-satellites-communication-internet-constellation

17. T-Mobile relies on LTE for 5G launch: www.lightreading.com/
mobile/5g/t-mobile-relies-on-lte-for-5g-launch/a/d-id/754355

18. OpenRoaming explained: https://newsroom.cisco.com/feature-content
?type=webcontent&articleId=1982135

19. Business and Technology Executives Underestimate the Disruptive
Prospects of 5G Technology, Accenture Study Finds: https://
newsroom.accenture.com/news/business-and-technology-executives-
underestimate-the-disruptive-prospects-of-5g-technology-accenture-
study-finds.htm

16

유전체학 및
유전자 편집

GENOMICS AND
GENE EDITING

TECH TRENDS IN PRACTICE

유전체학은 여러 학문이 관련된 생물학의 한 분야로서, 생물의 DNA 및 유전체genome를 이해하고 조작한다. 유전자 편집은 생물의 DNA나 유전자 구조를 바꾸기 위해 유전 공학을 가능케 하는 기술의 모음이다.

유전체학 및 유전자 편집이란 무엇인가?

인간 유전체에 관한 이해는 2003년 인간게놈프로젝트가 완료된 이후 꾸준히 늘어왔다. 이는 강력한 컴퓨터와 정교한 소프트웨어 덕분이다.

생물학 빠르게 훑어보기

모든 살아 있는 세포는 형질을 결정하는 DNA를 갖고 있다. DNA는 '암호code'라고 볼 수 있는데, 이는 살아 있는 세포가 분열할 때 생기는 새로운 단백질 생성을 통제한다. 세포 분열 과정 중에 DNA 염기 서열이 어떻게 전달되는지 더 잘 이해할 수 있다면, 부상, 알레르기, 음식 과민증, 유전병 등에 대처하는 생물의 능력에 DNA 염기 서열이 미치는 영향을 더 잘 알 수 있다. 이런 분야를 연구하는 학문을 유전체학이라 한다.

DNA 조작

생명공학은 한 걸음 더 나아가 세포 내에 암호화된 DNA를 변경할 수 있는 정도까지 진보했다. 이는 후손이 물려받을 형질(표현형)에 영향을 미친다. 예를 들어, DNA 사슬에서 일부를 물리적으로 잘라냄으로써 DNA를 변형할 수 있다. 그러면 DNA 사슬은 자연적으로 치유되며, 분열할 때 '변형된' 버전의 DNA를 전달한다. 즉, 새로운 세포가 변형된 형질을 갖게 되는 것이다.

식물의 경우 이런 변형을 가하면 잎의 수나 색깔이 달라질 수 있다. 한편 인간의 경우에는 키나 눈의 색깔, 또는 당뇨병에 걸릴 확률을 바꿀 수 있다. 식물 또는 동물 개체나 후손의 건강을 위협하는 '나쁜' 유전자를 미리 탐지해낼 수 있다면, 유전자 편집은 특히 유용할 것이다.

이는 무제한의 가능성을 연다. 이론적으로는 한 생물이 물려받는 모든 형질을 수정할 수 있다는 사실을 의미하기 때문이다. 자녀가 유전성 질병에 면역될 수 있으며, 작물은 특정 전염병에 저항력을 가질 수 있다. 또한, 환자 개인의 유전자 구성에 따라 약물을 맞춤형으로 조제할 수 있다.

크리스퍼CRISPR 유전자 조작

유전자 가위CRISPR-Cas9[1]로 알려진 유전자 편집 기술은 2012년 캘리포니아대학교 버클리캠퍼스에서 처음 개발됐으며, 지금까지 무궁무진한 잠재력을 보여줬다. 이 방식은 실질적으로 유전자 편집을 위한 '기성품' 솔루션으로 묘사되며[2] 유전자 편집 같은 고도의 생명 과학을 가능하게 한다.

인간의 몸이 37조 개의 세포로 구성됐다는 사실을 고려하면 유전자 편집이 이뤄지는 미시적인 규모는 매우 놀랍다. DNA 대부분이 거주하는 핵은 세포 무게의 약 10퍼센트를 차지한다. 이토록 작은 무언가를 자르기 위해 필요한 정확도의 수준은 보통 사람의 상상을 뛰어넘지만, CRISPR-Cas9의 경우 '가이드guide' RNA가 구체적인 장소와 짝을 맞추도록 프로그래밍함으로써 이런 작업을 해낼 수 있다. 구체적인 장소란 DNA 사슬이 잘리는 곳이며, 가이드 RNA를 이용하여 사슬이 분리되는 부분에 효소Cas9를 전달한다.

인간의 경우, 유전자 편집은 대개 안전을 이유로 몸 밖에서 한다. DNA를 자르기 전에 세포를 추출하고, 그 후 다시 삽입한다.

이런 기술 개발이 의미하는 바는 무엇일까? 현재 학계와 기업 사이에는 굉장한 경쟁이 벌어지고 있다. 학계와 기업은 각자 세계가 당면한 문제에 대해 유전자에 기반한 해결책을 내놓으려 노력 중이다. 즉, 우리의 건강을 향상하는 과제부터 기아에 맞설 새로운 농작물이나 가축을 만들 해법을 찾는 것이다. 유전체학의 세계 시장 규모는 2017년에서 2025년 사이에 140억 달러(약 16조 8천억 원)에서 320억 달러(약 38조 4천억 원)로 성장할 것으로 예측된다.[3]

유전체학 및 유전자 편집은 실제로 어떻게 사용되는가?

유전자 편집을 주로 활용하는 곳은 헬스케어 분야다. 잠재적인 응용 사례는 무한하지만 그중 가장 흥미로운 프로젝트는 DNA 돌연변이의 '정정correction'이다. DNA 돌연변이는 암이나 심장병 같은 심각한 질환으로 이어질 수 있다.

- 즉, 높은 확률로 이런 질환을 겪을 수 있는 아기가 돌연변이로 인한 악영향을 이겨내고, 유전적인 병에 저항할 능력을 갖출 수 있다. 한 예로, MYBPC3라 알려진 돌연변이를 제거하는 작업이 있는데, 이 돌연변이는 비대심근병hypertrophic cardiomyopathy이라는 심장병을 일으킬 수 있다. 성인 500명 중 1명꼴로 발생하고, 돌연사의 주된 원인이다.[4]

- 질병을 예방하거나 건강을 향상하는 유전자 치료는 두 가지로 구분된다. 첫 번째는 생식 세포 치료germline therapy다. 이는 생식 세포(정자 및 난자)에 변형을 일으켜 출산 시 이를 물려받도록 한다. 이와 달리 체세포 치료somatic therapy는 비생식 세포를 겨냥해 질병을 치료하거나 질병이 퍼지는 속도를 늦춘다.[5]

- 듀켄 근이영양증Duchenne muscular dystrophy에도 진전이 있다. 이는 어린아이 3,500명 중 1명꼴로 발병하며, 대개 조기 사망으로 이어진다. 이와 관련해 강아지 비글에 일어난 돌연변이를 수정하는 유전자 편집이 이뤄졌다.[6] 이제 인간을 치료하는 날도 멀지 않았다.

- 이외에도 동물을 중심으로 한 연구가 반려동물의 건강 증진을 목표로 삼고 있다. 예를 들어, 강아지의 특정 품종 중 눈이 멀거나, 방광 결석에 걸리거나, 심장에 결함이 있는 경향과 관련 있는 유전적 형질을 제거한다.

- 또한 유전자 편집은 '**슈퍼 말**super horses' 개발로 이어졌다. 원래보다 더 빨리 달리고, 더 높이 점프할 수 있도록 수정된 것이다. 아르헨티나의 기업 **카이런 바이오테크**Kheiron Biotech가 개발한 이 작업은 전통적으로 경주마를 사육하기 위해 행했던 대단히 값비싼 육종 계획을 대체할 것으로 평가받는다.

- 만약 유전자 편집이 없다 하더라도, 유전체 데이터는 **공중 보건**에 유익할 수 있으며, 특히 **정밀 의료**precision medicine 발달 측면에서 더욱 그러하다. 정밀 의료의 치료는 개인의 유전자 구성에 기반한다. 아일랜드에서는 뇌전증을 앓는 환자의 유전자 정보가 전자 건강 기록에 포함된다. 이는 뇌전증의 유전적 원인에 대하여 더 깊이 이해할 수 있게 한다.[7]

- 식물의 건강 역시 유전자 편집으로 향상할 수 있다. 밀, 콩, 그리고 쌀은 모두 전염병에 걸리기 쉬우며, 종종 화학 비료와 살충제 사용이 필요하다. 이런 방식은 환경에 도미노 효과를 일으킨다. 그러나 유전자를 편집하면 작물의 저항성이 커져 수확이 늘고 살충제 등의 사용은 줄일 수 있다. 늘어나는 인구와 기후변화로 전 세계적 식량 위기가 커지는 이때,[8] 이런 기술은 미래 세대의 먹거리에 필수적일 수 있다.

- 초콜릿 중독자가 들으면 흥분할 만한 소식이 있다. 유전자 편집의 한 사례로, 전 세계적으로 일어날 수 있는 초콜릿 생산량 감소 위기를 해결하려는 노력이 있다. 펜실베이니아 주립대학교 연구진은 **유전적으로 강화된 카카오나무**를 만들기 위해 애쓰고 있다. 이 나무는 전 세계 카카오나무의 30퍼센트를 파괴하는 균과 질병에 강하다.[9] 식물에는 본래 전염병과 싸워 물리치는 능력이 있는데, 이런 능력을 감소시키는 유전자가 있다. 이 작업은 그런 유전자의 활동을 억누르는 것이다. 그럼으로써 전 세계 생산량이 늘어나고, 또 카카오 농부들의 생계와 생활 조건이 향상될 수 있다. 이들은 가장 궁핍한 농부에 속한다.

- 작물 수확량이 늘어나는 것 외에, 더 맛있어지거나 더 매력적으로 보이도록 바꿀 수 있다. 이를 통해 인간의 건강에 도미노 효과가 일어날 수 있다. 즉 사람들이 건강하지 않은 패스트푸드보다 과일이나 채소를 더 많이 선택할 수 있는 것이다. 냉해에 더 잘

대처하거나, 유통기한을 늘리거나, 부패에 의한 손실을 줄일 수
도 있다.

- 영국의 스타트업 **트로픽 바이오사이언스**Tropic Biosciences는 자연
  적으로 카페인이 없는 커피콩을 만드는 유전자 편집 방법을 선보
  였다. 이는 디카페인 커피의 가격을 급격히 떨어뜨릴 수 있을 뿐
  만 아니라, 영양상의 유익을 늘린다. 또한, 질병에 강한 바나나도
  개발하고 있다. 현재 바나나 재배자들은 생산 비용의 4분의 1을
  살충제나 살진균제 구입에 쓰고 있다.[10] 바나나 및 커피콩은 세계
  에서 가장 널리 소비되는 식품이다. 트로픽 바이오사이언스의 연
  구 결과는 지대한 영향을 미칠 수 있다.

- 알레르기 유발 항원에 의한 피해를 줄일 수 있는 가능성이 있다.
  시리얼, 유제품, 그리고 견과류 같은 식품 안에 있는 알레르기 유
  발 물질이 유전자 편집을 통해 제거될 수 있다. 네덜란드 **바헤닝
  언대학교** 연구진은 밀의 글루텐에서 항원을 없애고 있다. 글루텐
  불내증이 있는 사람이 먹어도 부작용이 없도록 만드는 것이다.[11]
  글루텐 불내증이 있는 사람들은 더 비싸고 영양가도 떨어지는 글
  루텐 프리 제품을 먹어야 한다.

  ### 주요 도전 과제
  이 책에서 소개한 다른 기술 트렌드와는 달리, 유전자 조작과 편집
  에 관해서는 무수한 윤리적, 법적 우려가 있다.

유전자 편집이 불러일으키는 가능성 있는 문제는 무엇일까? 인간에 의한 유전자 변화가 후대에도 전달되며, 이는 인간을 포함한 많은 종의 진화에 영향을 미칠 수 있다는 것이다. 그러므로 유전자 편집은 고도의 법적 규제를 받는다.

(세대를 이어 후대에 계속 영향이 전해질 수 있는) 생식 세포 편집은 유럽의 여러 나라를 비롯한 다수의 나라에서 현재 금지되고 있다. 장기적 결과를 아직 모르기 때문이다. 그러나 이런 상황은 다가오는 미래에 바뀔 수도 있다. 유전자 편집에 관한 윤리 및 그 영향에 관한 공공 토론에 진전이 있다면 그렇다. 또는 질병을 박멸하고자 하는 긴급한 필요 때문일 수도 있다.

2018년 말, 중국 남부과학기술대학교의 한 과학자가 논쟁을 일으켰다. 그는 쌍둥이 딸에게 에이즈 바이러스에 면역을 갖도록 유전자 편집을 했다고 주장했다. 이 작업은 합법적으로 이루어졌다. 생식 세포 편집은 중국에서 (공교롭게도 미국에서도) 금지되지 않는다. 그러나 국제 과학계는 이 사건에 빠르게 반응했다. 현재의 편집 절차는 완전히 안전하다고 판단할 수 없으며, 따라서 예측하지 못한 결과가 나올 수 있다는 것이다. 또 다른 주장은 유전자 편집이 전혀 유익이 없다는 것이다. 그 이유로 에이즈를 막기 위한 '안전하고 효과적인' 다른 방법이 있다는 사실을 들었다.[12]

유전자 조작 식품에 관해서도 고도의 우려가 있다. 영국과 러시아를 포함한 유럽연합의 다수 국가는[13] 유전자 조작 작물의 경작을 금지한다. 비록 동물 사료용 유전자 조작 식품 수입은 허용하고 있지만 말이다. 중국, 일본, 캐나다를 비롯한 다른 나라는 유전자 조작 식품의 경작을 허가한다. 단, 엄격한 규제가 적용된다.

유전자 조작 식품 경작이 허용되는 또 다른 국가는 미국, 브라질, 호주, 인도, 그리고 스페인이다.

그런데 중요한 차이점이 하나 있다. 미국에서는 CRISPR-Cas9 같은 유전자 편집을 통해 만들어진 작물은 유전자 변형 생물GMO로 여겨지지 않는다. 서로 다른 생물의 유전자를 섞어 만든 게 아니기 때문이다. 이론적으로 자연 선택과 같은 자연의 진화 과정에서 변화는 얼마든지 발생할 수 있지만 유럽의 규제 기관은 이에 동의하지 않았다. 유전자 편집 작물은 2018년 법원 결정에 의해 유전자 변형 생물로 분류되었다.

또 하나 알아야 할 사실이 있다. 헬스케어의 다른 기술도 마찬가지지만, 유전자 편집이 미치는 영향의 상당 부분이 선진국에 제한된다는 점이다. 유전자 편집이 개발도상국과 선진국 사이의 헬스케어 수준 격차를 넓혀서는 안 된다. 가능한 한 많은 사람이 유익을 얻는 것이 핵심 과제다.

덧붙여, 유전체학에 관한 지식이 쌓일수록 개인정보가 잘못 다뤄질 수 있다. 개인의 유전자 구성은 그 무엇보다 사적인 데이터다. 예를 들어, 유전학적으로 리스크가 있다고 판단되는 사람들은 보험 가입이 거절될 수 있다. 한편, 만약 질병에 강하고 오래 살 수 있도록 프로그램된 '맞춤 아기designer babies'가 가능해진다면(부자는 이용할 수 있고, 가난한 사람은 이용할 수 없다면) 우리 사회는 유전자에 따라 다시 구분되고 불평등은 더욱더 심화할 것이다.

이는 비용의 문제를 생각하게 한다. 유전자 편집은 전통적으로 비쌌다. 그러나 CRISPR-Cas9의 도입은 많은 조직이 지불할 수 있을 만한 수준으로 가격을 떨어뜨리고 있다.

유전체학 및 유전자 편집이라는 기술 트렌드를 준비하는 법

개인적인 차원에서는 유전체학 지식의 증가와 새로운 유전자 기술로부터 유익을 얻는 것이 이미 가능하다. 우리의 유전자 구성과 우리 몸을 더 잘 이해함으로써 이익을 얻는 것인데, 23앤미23andMe와 같은 다수의 기업이 유전자 검사를 제공하고 있다. 이를 통해 여러분의 혈통 및 기질, 또는 당뇨병, 알츠하이머병, 파킨슨병 등과 관련된 건강 상태를 알 수 있다. 또한, 여러분이 후손에게 낭포성 섬유증cystic fibrosis이나 겸상적혈구빈혈sickle cell anemia 같은 유전병에 걸릴 유전자를 전달할 가능성이 있는지 검사받을 수 있다.

유전체학과 유전자 편집을 통해 새로운 비즈니스 모델과 프로세스를 준비하거나, 또는 단순히 경쟁력을 강화하려는 기업으로서는 규제 환경을 이해하는 것이 필수적이다. 그뿐 아니라, 문화와 지역별로 다양한 공공의 태도를 알아야 유전체학과 유전자 편집이 더 널리 퍼졌을 때 여러분의 기업이 어떤 영향을 받을지 더 잘 이해할 수 있다.

유전체학처럼 사회에 잠재적으로 혁신을 일으킬 수 있는 기술을 대할 때는 흥분하기 쉽다. 암을 제거한다든가, 심지어 생명을 무제한 연장한다든가 하는 미래를 생각해보라. 그러나 현실적으로 그런 대단한 진보는 만약 그것이 가능한 일이라 해도 아직 갈 길이 멀다. 더 즉각적이고 단순한 문제 해결에 집중하는 쪽이 단기적으로는 더 유익할 수 있다. 큰 비용이 드는 유전자 기술 솔루션에 의존하지 않고도 에이즈에 면역이 되도록 하는 경우처럼 달성 가능한 목표들이 있다. 이런 방안을 우선적으로 찾아야 한다.

주

1.   What is CRISPR-Cas9?: www.yourgenome.org/facts/what-is-crispr-cas9

2.   Gene Editing, an Ethical Review: http://nuffieldbioethics.org/wp-content/uploads/Genome-editing-an-ethical-review.pdf

3.   Genomics Market Growing Rapidly With Latest Trends & Technological Advancement by 2027: https://marketmirror24.com/2019/07/genomics-market-growing-rapidly-with-latest-trends-technological-advancement-by-2027/

4.   Correction of a pathogenic gene mutation in human embryos: www.nature.com/articles/nature23305

5.   How is Genome Editing Used?: www.genome.gov/about-genomics/policy-issues/Genome-Editing/How-genome-editing-is-used

6.   Gene editing restores dystrophin expression in a canine model of Duchenne muscular dystrophy: https://science.sciencemag.org/content/362/6410/86

7.   Integrating Genomics Data Into Electronic Patient Records: www.technologynetworks.com/genomics/news/integrating-genomics-data-in-to-electronic-patient-records-322634

8.   Climate Change and Land: www.ipcc.ch/report/srccl/

9.   Cocoa CRISPR: Gene editing shows promise for improving the "chocolate tree": https://news.psu.edu/story/521154/2018/05/09/research/cocoa-crispr-gene-editing-shows-promise-improving-chocolate-tree

10.   This startup wants to save the banana by editing its genes: www.fastcompany.com/40584260/this-startup-wants-to-save-the-banana-by-editing-its-genes

11.   CRISPR Gene Editing Could Make Gluten Safe for Celiacs: www.

labiotech.eu/food/crispr-wageningen-gluten-celiac/

12. Genome-edited baby claim provokes international outcry: https:// www.nature.com/articles/d41586-018-07545-0

13. Several European countries move to rule out GMOs: https://ec.europa. eu/environment/europeangreencapital/countriesruleoutgmos/

17

기계 공동 창의성 및
증강 디자인

MACHINE CO-CREATIVITY AND
AUGMENTED DESIGN

TECH TRENDS IN PRACTICE

기계 공동 창의성 및 증강 디자인이란 무엇인가?

이미 이 책에서 보았듯, AI[1장]는 기계가 인간의 기능을 모방하도록 하는 것이다. 다음을 살펴보자.

- 읽기와 쓰기(자연 언어 처리와 자연 언어 생성)[10장]

- 말의 이해와 대화(음성 인터페이스와 챗봇)[11장]

- 관찰(머신 비전과 안면 인식)[12장]

기계가 놀라울 정도로 지능적이고 생산적이라는 사실은 의심의 여지가 없다. 그러나 여전히 인간 고유의 것으로 여겨지는 특성이 있다. 바로 예술 분야의 창작과 어떤 창의적인 시도들이다. 기존에 없었던 것을 상상하고 만들어내는 능력은 기계가 흉내 낼 수 없을 것 같다. 그렇지 않은가?

사실 기계는 우리가 몇 년 전만 해도 불가능하리라 여겼던 여러 창의적인 일을 이미 맡고 있다. 인간이 할 수 있는 일과 기계가 할 수 있는 일 사이의 경계가 점점 흐릿해지고 있다. 예를 들어, 기계는 글을 점점 더 잘 이해하고 있다. 그러므로 논리적으로 생각할 수 있는 다음 단계는 기계가 새로운 글을 '창작'하는 것이다. AI 덕택에, 기계는 뉴스 기사나 기업 보고서부터 온전한 책 한 권까지 모든 종류의 글을 써낼 수 있다. 영상도 마찬가지다. 2012년 구글은 AI가 유튜브 동영상 속에서 고양이를 인식하도록 훈련했다. 그때 이후로 기계가 영상을 해석하는 능력은 급속도로 발전했다. 지금은 기계가 영상을 이해하는 수준을 넘어 이전에는 없었던 새로운 영상을 만들 수도 있다. (이번 장 후반부 예시를 참고하자.)

기계의 창의성에 관한 가장 인상적인 첫 번째 예는 2016년 구글의 알파고가 바둑 세계 챔피언 이세돌을 이긴 사건이다. 이것은 별로 인상적이지 않을 수도 있는데, 1996년에 이미 컴퓨터가 체스에서 인간에게 승리했기 때문이다. 그러나 체스를 두던 컴퓨터는 엄격히 말해 지능적이거나 창의적이지 않았다. 그 컴퓨터는 단순히 체스의 모든 수를 기계적으로 계산했을 뿐이다. 그러나 알파고는 뭔가 다른 것을 해냈다. 알파고는 이전에 볼 수 없었던 새로운 수를 제시했다.[1] 바둑이 창의성과 직관에 의존하는 게임으로 유명한 사실을 고려할 때, 알파고의 솜씨는 제법 인상적이었다.

마커스 드 사토이Marcus du Sautoy는 그의 책 『창의성 코드: AI 시대의 예술과 혁신The Creativity Code: Art and Innovation in the Age of AI』에서 예술은 놀랍게도 수학적이며, 여러 패턴과 구조로 이루어져 있다고 주장했다.[2] 그러나 많은 경우 이런 패턴은 감춰져 있다. AI는 감춰진 패턴을 찾아내고, 그로부터 학습하고, 새로운 방식으로 적용하는 데 뛰어나다. 그러므로 기계도 '창의적'일 수 있는 것이다. 그러나 사토이가 인정하듯, 창의적으로 힘든 일은 시스템을 프로그래밍하는 인간이 맡는 경향이 있다. 시스템 자체가 직접 하지는 않는다.

이는 우리를 기계 창의성의 난제로 이끈다. 기계는 여전히 인간의 창의성을 모방하려고 분투하지만, 우리는 아직 인간 두뇌의 창의적 사고 프로세스를 다 이해하지 못했다. 번뜩이는 아이디어는 어디서 비롯하는가? "아하!" 순간은 어디서 생기는가? 우리는 아직 마법과 같은 프로세스가 어떻게 작동하는지 모른다. 그러므로 기계는 결과를 생산하기 전에 인간에게 무엇을 만들어야 할지 묻는다. 다른 말로 하면, 적어도 현재로서는 기계 창의성이 주로 인간의 창조적인 프로세스를 증강하고 개선하는 데 사용될 뿐이다. 그러므로 우리는 '공동 창의성' 또는 '증강 디자인'이라는 표현을 사용한다. AI가 인간의 창의성을 대체하는 게 아니라 함께 작업하는 것이다. AI를 인간에 보탬이 되는 추가적인 '여력'으로 생각하자. 그럴 수 있다면 말이다.

이런 창의적 여력은 인간에게 유용하다. 기계 창의성처럼 인간의 창의성도 한계가 있기 때문이다. 미국의 화학자 라이너스 폴링Linus Pauling은 다음과 같이 말했다. (폴링은 공동 수상하지 않은 노벨상을 두 번 받은 유일한 사람이다.) "만약 많은 아이디어를 가지고 있지 않다면, 좋은 아이디어를 낼 수 없습니다." 인간은 정교한 판단을 내리며, 뜬금없는 아이디어를 떠올리는 데 뛰어난 반면, 다양하고 풍부한 선택 사항을 만드는 데는 그렇지 못하다. 사실 우리는 더 많은 선택권을 마주하면 오히려 더 결정을 못 내리는 경향이 있다. 여기에 공동 창의성이 개입할 수 있다. 기계는 무한한 수의 해법을 제시하는 데 문제가 없으며, 점점 범위를 좁혀 최선의 답안, 즉 인간의 '시각'에 가장 적합한 것으로 향할 수 있다. 이런 방식으로 기계 창의성과 인간 창의성을 합치면 인간이나 기계 혼자서는 불가능했던 완전히 새로운 것들을 창조해낼 수 있다.

생성적 디자인Generative design이 바로 인간과 기계의 창의성을 결합한 예다. 이 최첨단 분야에서는 인간 디자이너와 엔지니어가 똑똑한 소프트웨어를 사용함으로써 업무를 향상한다. 아주 간단히 말해, 인간 디자이너가 디자인 목표, 세부 사양, 그리고 다른 요구 조건을 입력하면, 소프트웨어가 이를 넘겨받아 요건을 충족하는 모든 디자인을 탐색한다. 생성적 디자인은 건축, 건설, 엔지니어링,

제조, 소비자 제품 디자인 등 여러 분야에 혁신을 일으킬 수 있다.
(이 장 후반부에 생성적 디자인의 구체적 예시가 나온다.)

기계 공동 창의성 및 증강 디자인은
실제로 어떻게 사용되는가?

기계가 창의적인 프로세스를 어떻게 향상할 수 있는지 몇 가지 방
식을 살펴보자.

시각 예술

- 2016년 **IBM**의 **왓슨** AI 플랫폼은 최초로 AI를 이용하여 영화 예
  고편을 만드는 데 사용됐다. 공포 영화 〈모건Morgan〉의 예고편이
  었기 때문에, 먼저 수백 편의 공포 영화 예고편을 분석해 시각 자
  료, 사운드, 구성 등을 살폈다. 왓슨은 학습한 내용을 기초로 〈모
  건〉에서 적절한 장면을 선택해 편집자가 예고편으로 편집할 수
  있도록 했고, 결국 몇 주가 걸릴 프로세스를 단 하루로 단축할 수
  있었다.[3]

- 2018년 **크리스티**Christie's가 경매 회사 중 최초로 AI 알고리즘이
  그린 작품을 판매한 사건이 대서특필됐다. 〈에드몽 드 벨라미의
  초상화Portrait of Edmond de Belamy〉라는 이 그림은 놀랍게도 43만
  2,500달러(약 5억 2천만 원)에 팔렸다. 예상가의 약 45배였다.[4]

- 오래된 그림에 '생명'을 불어넣는 AI 기술이 개발됐다. 〈**모나리**

자〉 같은 유명 작품을 동영상 버전으로 만드는 것이다. 해당 영상에서는 모나리자의 얼굴을 여러 각도에서 볼 수 있다. 심지어 입술이 움직이기도 한다.[5]

- 스타일건StyleGAN이라는 AI는 실제로 존재하지 않는 사람의 얼굴을 만들어낸다. 실로 감쪽같은데, 완전히 가짜다. **thisperson doesnotexist.com**에서 확인해보라. AI가 생성한 가장 현실적인 얼굴로 평가된다.

- AI와 협업해 예술 작품을 만들고 싶다면 **딥 드림 제너레이터**Deep Dream Generator 툴을 살펴보자.[6] 이 툴은 업로드한 이미지를 바꿔, 특정 스타일을 따르는 새로운 작품으로 만들어낸다. 작업이 끝나면 협업한 작품을 출력할 수 있다. 좀 더 기괴한 것을 찾는다면 **드림스코프**Dreamscope 앱도 있다. 이 앱은 정상적인 이미지를 마구 비틀어 비현실적인 새로운 이미지로 재탄생시킨다.[7]

- 어떤 AI는 단지 레시피에 따라 음식의 이미지를 만들 수 있다. **텔아비브대학교**의 컴퓨터 과학자들이 개발한 이 시스템은 5만 2,000개의 레시피와 음식의 실제 이미지를 학습한 뒤, 새로운 레시피로부터 새 음식 이미지를 합성하는 법을 훈련했다.[8] 결과적으로 음식이 꽤 뒤섞인 듯하지만(어떤 것은 별로 먹고 싶지 않게 생겼다), 기술적인 측면에서는 제법 훌륭하다.

음악

- 미국 작곡가 데이비드 코프David Cope는 EMIExperiments in Musical Intelligence라는 시스템을 개발했다. 이 시스템은 작곡을 돕고, 아이디어 빈곤을 극복하게끔 한다. 기존의 곡을 업로드하면 패턴을 분석한 뒤 다양한 요소를 새 패턴 속에 결합한다. 물론 다른 기존 패턴을 복제하지는 않는다. 데이비드 코프는 EMI 덕분에 그동안 미처 몰랐던 자신의 패턴을 알게 되어, 이참에 스타일을 바꿀 용기를 얻었다.[9]

- AIVA는 감성적인 사운드트랙을 작곡할 수 있는 AI로서, 창작자가 게임 등을 비롯한 자신의 프로젝트에 음악을 더 쉽고 빠르게 삽입할 수 있도록 돕는다. 미리 정해진 스타일이나 창작자의 개성이 담긴 스타일로 작곡할 수 있다.[10]

- 기술 기업들은 아티스트가 AI로 음악을 작곡할 수 있게 하는 툴을 개발 중이다. 예를 들어, **구글**의 **마젠타**Magenta 프로젝트는 AI가 작곡하고 연주한 노래를 제작했다.[11]

- 그래미상 후보에 오른 프로듀서 **알렉스 다 키드**Alex da Kid는 IBM의 왓슨 AI 플랫폼을 사용해 신곡을 작곡했다. 그는 왓슨으로 지난 5년간 나온 히트곡의 구성을 분석하고, 신문 기사나 영화 각본, 소셜 미디어 논평 등을 참고했다. 시기에 따른 '정서 차이'를 이해하고 신곡의 '테마'를 정하기 위해서였다. 결국 다 키드는 왓

슨 AI 플랫폼으로 테마에 맞는 음악적 요소를 만들었다.[12]

- 심지어 가상의 스타 **요나**Yona가 존재한다. AI로 목소리와 사운드가 만들어졌으며, 소셜 미디어 활동을 하기도 한다. 요나의 가사, 멜로디, 목소리, 코드의 상당 부분은 컴퓨터가 만들었다. 물론 인간 프로듀서가 마지막에 노래를 믹싱하고 프로듀싱하긴 했다.[13]

춤

- 안무가 **웨인 맥그레거**Wayne McGregor는 새로운 춤을 선보이기 위해 AI를 이용했다. 이는 구글 예술 문화 연구소Arts & Culture Lab와 협업한 프로젝트로, AI가 인간 안무가에게 안무가의 습관과 패턴을 알려주며, 안무가의 특정 스타일에 맞는 새로운 동작을 다양하게 제시한다. AI 알고리즘은 맥그레거의 경력 25년 치에 해당하는 수천 시간의 동영상으로 학습했으며, 이 데이터를 통해 맥그레거 스타일의 동작 진행을 40만 개나 선보였다.[14] 맥그레거에 따르면 이 툴은 "상상치 못했던 모든 새로운 가능성을 알려주는 것"이었다.

생성적 디자인

AI가 만드는 음악, 춤, 미술은 눈이 번쩍 뜨일 만한 예시들이지만, 일반적인 비즈니스 리더에게는 쓰임새가 많지 않다. 그러나 생성적 디자인은 제품이나 장비, 기계, 건물을 설계하고 만드는 어떤 기업에든 혁신적인 변화를 일으킬 수 있다. 나는 이 장의 앞부분에서 생성적 디자인 혹은 증강 디자인이 어떻게 다양한 디자인을 제시하며, 인간 디자이너의 업무를 향상할 수 있는지 보여줬다. 생성적 디자인의 장점은 소프트웨어가 무엇은 작동하고 무엇은 작동하지 않는지 알고 있다는 점이다. 그럼으로써 기업에 훨씬 다양한 디자인 선택권을 주며, 결과적으로 만족스럽지 못한 프로토타입을 만드는 데 소요되는 시간과 비용을 아껴준다.

다음과 같은 예를 살펴보자.

- 소프트웨어 기업 오토데스크Autodesk와 유명 디자이너 **필립 스탁**Philippe Starck은 생성적 디자인을 통해 새로운 의자를 만들었다. 스탁과 그의 팀은 의자의 비전을 정하고 AI 시스템에 다음과 같은 질문을 입력했다. "재료는 가능한 한 적게 사용하면서, 몸을 편히 쉬게 하는 법을 알겠어?" 소프트웨어는 이 질문으로부터 선택할 수 있는 다양한 디자인을 생성했다. 최종 디자인의 이름은 'A.I.'이며, 2019년 밀라노 디자인 위크Milan Design Week에 소개됐다.[15]

- **나사**는 생성적 디자인을 사용해 거미를 닮은 행성 간 착륙선의 콘셉트를 구상했다.[16] 기존의 나사 착륙선보다 더 가볍고 더 얇은 새 디자인은 목성의 위성 유로파 등을 탐사할 때 사용될 수 있다.

- **제너럴 모터스**General Motors는 안전벨트 브래킷을 재설계하기 위해 생성적 디자인 소프트웨어를 이용했다. 기존의 성가신 8개 부

품 디자인을, 40퍼센트 더 가볍고 20퍼센트 더 튼튼한 단일 부품 디자인으로 대체했다.[17]

- **에어버스**Airbus는 생성적 디자인을 적용해 객실 칸막이의 디자인을 수천 개 만들어냈다. 최종 선택한 디자인은 기존보다 절반만큼 가벼웠으므로, 연료 비용을 수백만 달러 아낄 수 있었다.[18]

글

AI가 어떻게 글을 쓰는지에 관한 여러 사례가 있다. 물론, 10장으로 돌아가면 자연 언어 생성의 더 많은 사례를 살펴볼 수 있다.

- 『컴퓨터가 소설을 쓰는 날The Day a Computer Writes a Novel』은 AI를 이용해 작성됐다. 이 소설은 일본의 문학상 1차 심사를 통과했다.[19] **하코다테공립대학교** 연구팀은 AI가 소설을 직접 '쓰기' 전에 몇몇 조건과 단어, 문장을 미리 설정했다.

- 출판사 **코건 페이지**Kogan Page는 AI의 도움을 받은 책을 출간했다. 『AI가 알려주는 비즈니스 전략: 인공지능이 변화시키는 경영의 미래Superhuman Innovation』로, 인간 작가와 AI가 함께 쓴 최초의 책이다.[20]

주요 도전 과제

현재로서는 인간의 창의성을 모방하는 것이 주요 과제다. 인간의 창의적인 사고 절차가 어떻게 진행되는지 완전히 이해하기 전까지는 AI가 진정한 창의성에 도달하기 어렵다. 그러나 이번 장의 예시에서 보았듯, AI는 이미 창작을 위한 훌륭한 지원 도구다.

기계 공동 창의성과 관련한 가장 큰 과제는 인간과 기계 사이의 균형을 찾는 일이다. 또, 어떻게 하면 양쪽의 능력을 최대한 활용할 수 있는가 하는 점이다. 인간이 능숙한 분야는 창조적인 비전을 세우는 것, 소비자와 가까워지는 것, 그리고 어떤 디자인이 소비자의 반응을 가장 잘 끌어낼 수 있을지 결정을 내리는 것이다. AI는 다양한 선택을 제시함으로써 이런 절차를 도울 수 있다. 이미 정해진 스타일과 매개변수 내에서, 더 빠르고, 더 쉽고, 더 효과적인 방안을 내놓을 수 있다. 흥미롭게도 이런 협업은 우리가 완전히 새로운 방향으로 나아갈 수 있도록 돕는다.

AI를 통해 창의적인 업무를 향상시키려는 조직은 어쩔 수 없이 노동자들의 회의와 불신을 극복해야 한다. 또, 의뢰인과 최종 소비자도 못 미더워할 수 있다. 이를 극복하기 위해서는 공동 창의성의 유익에 관해 소통해야 한다. 이런 과정을 거치면 여러분의 팀원들도 AI 옹호자가 될 수 있다.

기계 공동 창의성 및 증강 디자인이라는
기술 트렌드를 준비하는 법

현재 이 기술 트렌드의 비즈니스 적용 사례는 제한적이다. 그러나 설계를 담당하는 비즈니스에는 AI가 큰 힘이 될 수 있다.

만약 여러분이 기계 공동 창의성 및 증강 디자인에 더 관심이 있다면, 『창의성 코드: AI 시대의 예술과 혁신』을 읽어보기를 권한다. AI 창의성에 관해 깊이 탐구하고 있는 책이다.

AI의 잠재적 적용 사례를 고민하고 있다면 기억해야 할 점이 있다. AI는 인간의 창의성을 보완할 뿐이지 대체하지 않는다는 점이다. 즉, 인간과 기계가 함께 협업할 수 있는 방법을 찾아야 한다.

주

1. How AI is radically changing our definition of human creativity, Wired: www.wired.co.uk/article/artificial-intelligence-creativity?utm_medium=applenews&utm_source=applenews

2. *The Creativity Code: Art and Innovation in the Age of AI* by Marcus du Sautoy, 2019, Harvard University Press

3. IBM Research Takes Watson to Hollywood with the First "Cognitive Movie Trailer": www.ibm.com/blogs/think/2016/08/cognitive-movie-trailer/

4. Is artificial intelligence set to become art's next medium?: www.christies.com/features/A-collaboration-between-two-artists-one-human-one-a-machine-9332-1.aspx

5. "Mona Lisa" Comes to Life in Computer-Generated "Living Portrait". Smithsonian: www.smithsonianmag.com/smart-news/mona-lisa-comes-life-computer-generated-living-portrait-180972296/

6. Deep Dream Generator: https://deepdreamgenerator.com/

7. Create your own DeepDream nightmares in seconds, Wired:www.wired.co.uk/article/google-deepdream-dreamscope

8. AI created images of food just by reading the recipes, New Scientist: www.newscientist.com/article/2190259-ai-created-images-of-food-just-by-reading-the-recipes/

9. EMI: When AIs Become Creative And Compose Music: https://bernardmarr.com/default.asp?contentID=1833

10. AIVA: www.aiva.ai/

11. Google Magenta: https://magenta.tensorflow.org/

12. Grammy-Nominee Alex Da Kid Creates Hit Record Using Machine Learning, Forbes: www.forbes.com/sites/bernardmarr/2017/01/30/

---

grammy-nominee-alex-da-kid-creates-hit-record-using-machine-learning/#4e0010062cf9

13. Speaking to Yona, the AI singer-songwriter making haunting love songs: www.dazeddigital.com/music/article/40412/1/yona-artificial-intelligence-singer-ash-koosha-interview

14. Could Google Be The World's Next Great Choreographer?, Dance Magazine: www.dancemagazine.com/is-google-the-worlds-next-great-choreographer-2625652667.html

15. From Analog Ideas to Digital Dreams, Philippe Starck Designs the Future With AI: www.autodesk.com/redshift/philippe-starck-designs/

16. AI software helped NASA dream up this spider-like interplanetary lander: www.theverge.com/2018/11/13/18091448/nasa-ai-autodesk-jpl-lander-europa-enceladus-artificial-intelligence-generative-design

17. Think Generative Design is Overhyped? These Examples Could Change Your Mind: www.autodesk.com/redshift/generative-design-examples/

18. Think Generative Design is Overhyped? These Examples Could Change Your Mind: www.autodesk.com/redshift/generative-design-examples/

19. A Japanese A.I. program just wrote a short novel, and it almost won a literary prize: www.digitaltrends.com/cool-tech/japanese-ai-writes-novel-passes-first-round-nationanl-literary-prize/

20. Kogan Page publishes book about AI, written with the help of AI: www.koganpage.com/page/kogan-page-publishes-book-about-ai-written-with-the-help-of-ai

18

디지털 플랫폼

DIGITAL PLATFORMS

TECH TRENDS IN PRACTICE

디지털 플랫폼은 사람들 사이의 연결과 교환을 쉽게 하는 네트워크 또는 메커니즘으로서, 이런 교환은 소통, 정보 공유, 제품 판매, 서비스 제공을 포함한다.

디지털 플랫폼이란 무엇인가?

페이스북, 우버, 아마존 그리고 에어비앤비는 디지털 플랫폼 비즈니스의 잘 알려진 예다. 이들의 공통점은 무엇인가? 사람들 사이의 교류를 돕는다는 것이다. 사용자는 플랫폼을 통해 상품이나 서비스를 팔고, 프로젝트를 협업하며, 조언하고, 정보를 공유하고, 우정을 키운다.

플랫폼 비즈니스가 생긴 지 수년이 되었다. 생각해보면, 쇼핑센터는 옷이나 신발 등을 만들어 파는 사람과 소비자를 이어주는 플랫폼이다. 마찬가지로 신문은 광고주와 독자를 연결하는 플랫폼이다. 플랫폼은 새롭지 않다. 오늘날 가장 강력한 플랫폼 비즈니스의 새로운 점은 현실 세계가 아닌 온라인상에서 서로를 연결하며, 데

트렌드 18 디지털 플랫폼

311

이터에 의해 이런 일이 가능하다는 점이다. 여러 기술 트렌드, 즉 모바일 기기 및 AI◉1장, 빅데이터◉4장, 클라우드 컴퓨팅◉7장, 그리고 자동화◉13장가 하나로 합쳐져 완벽한 폭풍을 만들었고, 이 폭풍은 대단히 성공적인 디지털 플랫폼 비즈니스라는 파도를 일으켰다. 이런 플랫폼은 우리가 사는 방식과 일하는 법에 큰 변화를 주었으며, 긱 이코노미gig economy(일자리에 계약직이나 프리랜서 등을 주로 채용하는 현상—옮긴이)와 공유 경제를 불러왔다.

사용자는 디지털 플랫폼을 통해 관심을 끄는 사람들과 제품, 서비스에 언제든지 간편하게 연결될 수 있다. 연결이 매우 쉽게 이뤄지기 때문에 플랫폼은 사용자의 기호와 습관에 관한 상당한 양의 데이터를 얻는다. 그리고 이 데이터 덕분에 플랫폼 비즈니스는 서비스를 개선하고, 사용자가 더 많은 것을 얻으러 다시 찾아오게끔 할 수 있다.

디지털 플랫폼은 전통적인 비즈니스 모델을 완전히 뒤집었다. 전통적인 비즈니스가 물리적 자산과 원자재에 가치를 두었다면, 디지털 플랫폼의 가치는 자체적인 소유가 아니라 외부 생태계를 얼마나 잘 활용하느냐에 달려 있다. 예를 들어, 글로벌 기업인 메리어트와 에어비앤비를 비교해보자. 메리어트의 비즈니스 모델은 주로 자산에 기반하며, 필요한 호텔을 구입하거나 건설하고, 많은 직원과 함께 운영한다. 그러나 에어비앤비는 군중이라는 무한한 힘에 다가가 여행객과 호텔을 서로 연결한다. 에어비앤비는 단 하나의 호텔을 짓거나 운영하지도 않으면서 글로벌 생태계를 활용한다.

에어비앤비는 플랫폼 자체가 비즈니스다. 비즈니스의 성공은 호텔이 얼마나 멋진지, 호텔 서비스가 얼마나 매끄러운지에 달려 있지 않다. 그보다는 플랫폼 사용자에게 얼마나 가치를 더하는가에 달려 있다. 에어비앤비는 플랫폼 사용자의 돈을 절약하고, 거대 호텔 체인이나 여행사 같은 진입 장벽을 없애며, 자기 집의 빈방으로 돈을 벌려는 사람들에게 수단을 제공한다. 이것이 플랫폼 비즈니스 대부분이 보여주는 실제 모습이다. 이들은 실제 상품이나 서비스를 거의 제공하지 않는다. 그 대신에 대중의 조력자처럼 행동하며, 공급자와 사용자 사이에 쉽고 안전한 교류가 가능케 한다.

우버나 에어비앤비 같은 기업을 통해 알 수 있듯, 사용자에게 더 가치가 있을수록 그 플랫폼은 더 크게 성공한다. 사실 전 세계에서 가장 가치 있는 기업 10곳 중의 7곳이 플랫폼 비즈니스다. 추산하기로는 2025년까지 글로벌 경제 활동의 30퍼센트 이상이 디지털 플랫폼을 통해 이뤄질 것이다.[1] 우리는 모든 산업계를 거쳐 힘의 이동을 보게 될 것이다. 즉, 제품과 서비스를 만들어 이를 시장에 내다 파는 기업에서, 플랫폼을 통해 산업 생태계와 커뮤니티를 활용하는 기업 쪽으로 무게추가 기울 수 있다.

디지털 플랫폼은 실제로 어떻게 사용되는가?

이미 디지털 플랫폼의 몇몇 예시를 살펴봤지만, 현실 세계의 플랫폼으로 더 깊이 파고들어 보자.

인스타그램과 **트위터** 같은 소셜 미디어 네트워크는 디지털 플랫폼 비즈니스의 중심에 있다. **구글**은 또 다른 예다. 결국 구글은 물건을 검색하는 사람과 팔 물건이 있는 광고주를 연결한다. **아마존**이나 **이베이** 같은 온라인 소매 플랫폼 역시 소비자와 소비자가 원하는 상품을 연결한다. 그 밖에 예약 플랫폼, 즉 **부킹닷컴**Booking. com, **스카이스캐너**Skyscanner, **익스피디아**도 마찬가지다. 또한, 긱이코노미나 공유 경제 플랫폼도 있다. **우버, 에어비앤비, 업워크**Upwork가 그 예다.

만약 플랫폼 비즈니스가 순전히 실리콘 밸리의 발명품처럼 들린다면, 다시 생각해보기 바란다. 많은 플랫폼이 미국 밖, 특히 중국에서 비롯됐다. 예를 들어보자.

- 알리바바 그룹은 세계에서 가장 큰 전자 상거래 웹사이트인 **타오바오**淘宝 플랫폼을 통해 중국의 전자 상거래 시장을 지배하고 있다. 이 글을 쓰는 현재, 세계에서 9번째로 방문자 수가 많은 사이트다.[2]

- **디디추싱**은 중국의 대표적인 차량 공유 앱(부분적으로는 2016년

우버 차이나의 인수 덕택이다)[3]이며, 심지어 자전거 공유 산업으로 향하고 있다.[4]

- 디디추싱은 한동안 경쟁에 휘말릴 전망이다. 중국의 온라인 음식 배달 업체 **메이퇀디엔핑**美团点评은 2018년 자체적인 차량 공유 서비스를 시작했다.[5]

이제까지 내가 선보인 예시들은 기술 기업과 혁신적인 스타트업이었다. 이들은 시작부터 플랫폼 모델을 구축한 기업들이다. 그러나 기존 기업들도 플랫폼 비즈니스 모델을 활용하기 시작했다. 일반적으로 고유 플랫폼을 만들거나 이미 존재하는 플랫폼 제공업체와 제휴하는 식이다.

전통적인 기업들이 디지털 플랫폼 비즈니스 모델을 구축하는 방식을 살펴보자.

- 우버와 디디추싱 같은 비즈니스의 성공 이후, '서비스형 운송 transportation as a service'이 자동차 제조업체에 큰 기회가 된다는 사실이 분명해졌다. 따라서 **폭스바겐**은 이런 움직임을 활용할 방법을 모색하고 있다.[6] **닛산**은 전기차를 중심으로 한 차량 공유 서비스를 준비하려 디디추싱과 협의 중이다.[7] 2016년 **도요타**는 자동차 대여 앱 겟어라운드Getaround에 투자했고, 겟어라운드의 기술을 자사 차량에 접목하기 시작했다. 겟어라운드 이용자는 열쇠

없이 차 문을 열 수 있다.[8]

- 의료 장비 제조업체 필립스는 플랫폼 모델을 채택하는 자산 기반 비즈니스의 또 다른 예다. 이 기업은 **필립스 헬스스위트**Philips HealthSuite 디지털 플랫폼을 개시했다. 개인 맞춤 헬스케어가 가능한 툴 모음이다.[9]

- 철도 운송 회사 지멘스 모빌리티Siemens Mobility는 **이지 스페어 마켓플레이스**Easy Spares Marketplace를 만들었다. 제조업체, 중개인, 소비자를 한데 모은 플랫폼이며, 이용자는 필요한 모든 예비 부품을 한곳에서 주문할 수 있다.[10]

- GE는 고객사가 산업 장비 데이터를 수집하고 분석하는 것을 돕도록 설계된 **프레딕스 플랫폼**Predix Platform을 만들었다.[11]

- 디어 앤 컴퍼니는 **마이존디어**MyJohnDeere 플랫폼을 개발했다. 이 플랫폼은 농부가 자신의 농업용 장비를 더 잘 관리할 수 있도록 돕는다.[12]

주요 도전 과제

성공적인 플랫폼을 만드는 일은 쉽지 않다. 많은 시도가 이내 실패한다. 실패한 플랫폼을 조사한 연구자들은 플랫폼의 평균 수명이 5년 이하라는 사실을 발견했다.[13] 연구자들은 252개의 플랫폼을 살펴봤고, 그중 209개가 성공하지 못한 4가지 이유를 밝혔다.

- **현실과 맞지 않는 가격 정책.** 플랫폼은 종종 적절한 가격 정책으로, 사람들이 그 플랫폼을 사용하도록 유도해야 한다. (예를 들어, 제품의 가격을 낮춘다든가 수수료를 최소화할 수 있다.) 아마존이 어떻게 공격적인 할인 정책으로 빠르게 지금의 위치에 올랐는지 생각해보라. 그렇다면 가격 정책을 어떻게, 얼마나 할 것인가? 선택을 잘못 내리면 여러분의 플랫폼은 오래도록 생존할 수 없다.

- **플랫폼 이용자의 신뢰를 쌓는 데 실패.** 고객 평가 방식, 안전한 결제 시스템, 관리 정책을 통한 신뢰 쌓기는 플랫폼 성공에 필수적이다. 플랫폼을 신뢰하지 않는 이용자는 다른 곳으로 떠나고 만다.

- **경쟁 무시.** 여러분이 시장에 제일 먼저 진입했기 때문이라든지, 시장 선도 업체가 되기 위해 다른 플랫폼을 인수했다든지 등의 이유만으로 1위 자리를 계속 유지할 수는 없다. 많은 플랫폼이(또한 많은 비즈니스가) 자신의 위치에 안주하다 실패한다. 연구자들은 마이크로소프트의 익스플로러를 예로 든다. 한때 브라우저 시장의 95퍼센트를 장악했으나, 이후 파이어폭스 및 크롬에 많은 점유율을 빼앗겼다.

- **너무 늦은 시장 진입.** 훌륭한 플랫폼도 시장에 너무 늦게 진입했다면 발 디딜 곳을 찾기 어렵다. 물론 시장에 일찍 진입하는 것도

나름의 어려움이 있지만, 늦으면 더 어렵다.

이런 4가지 이유에 덧붙여 또 다른 문제가 있다. 바로 플랫폼 모델을 위협할 수 있는 블록체인 기술◦6장의 부상이다. 우버를 예로 들어보자. 우버는 어쩌면 차량 공유 업체로서의 현재 위치에 자신할지 모른다. 그러나 만약 사람들이 중개 플랫폼 없이 곧바로 운전자들과 연결된다면 어떻게 하겠는가? 다가오는 미래에 블록체인이 이런 일을 가능케 할 수 있다.

우버와 같은 플랫폼은 애그리게이터 또는 중앙화된 만남의 장소로서, 공급자와 소비자를 연결한다. 물론 여러분은 탑승을 예약하고 나서 운전자가 2분 안에 여러분 앞에 도착하는 모습을 보며, 이 서비스가 탈중앙화되었다고 느낄 수 있다. 그러나 우버는 모든 수단을 통제한다. 즉, 소프트웨어, 서버, 결제 시스템, 운전 조건, 서비스 계약서를 포함해 거래 발생까지 모든 것을 관리한다. 다시 말해, 여러분은 우버로 차량을 호출하고 우버에 돈을 지급한다. 그러면 우버는 운전자에게 자신의 몫을 제외한 나머지를 지불한다. 중간에 우버가 없다면, 여러분은 운전자와 직접적으로 쉽게 연결할 방법이 없다.

블록체인은 이런 상황을 바꿀 잠재력이 있다. 6장으로 돌아가 이 기술이 어떻게 작동하는지 살펴보면, 여러분은 블록체인이 대단히 안전하고 탈중앙화된 시스템이란 사실을 알게 될 것이다. 상황을 통제하는 중앙화된 시스템이 없고, 자기 몫을 떼어내지도 않는다. 차량이 필요한 사람들은 운전자와 안전하고 신뢰할 수 있는 P2P 시스템으로 직접 거래할 수 있다.

블록체인이 현실화되는 데 회의적인가? 아케이드 시티Arcade City라는 차량 공유 앱이 이미 이용 가능하다. 이 앱은 우버에 실망한 한 운전자가 블록체인에 기반하여 만들었다. 이 앱이 처음 등장했을 때, 30개 도시의 운전자 3천 명이 한꺼번에 몰려와 등록했고, 결국 운전자 모집을 잠시 중단해야 했다.[14] 결국 블록체인이 우버 같은 플랫폼 비즈니스를 파괴하는 것도 시간문제다.

디지털 플랫폼이라는 기술 트렌드를 준비하는 법

이번 장에서 예시로 든 것처럼, 플랫폼은 단지 기술 기업뿐만 아니라 모든 부문의 비즈니스에 성장할 기회를 제공한다. 내가 모든 기업이 플랫폼 전략을 가질 수 있고, 또 가져야 한다고 믿는 이유가 이것이다. 민첩한 스타트업부터 전통적인 비즈니스 모델의 대기업까지 모두 마찬가지다.

그러나 플랫폼은 비즈니스 모델과 전략에 근본적인 변화를 불러올 수 있으므로, 우리는 진화가 하룻밤 만에 간단히 일어난다고 말할 수 없다. 그보다는 어떻게 플랫폼 모델을 최대한 활용할 수 있을지 신중히 판단해야 한다.

다음과 같은 질문을 던져보기를 권한다.

어디에 가치가 있는가?

가치를 확보하는 것은 성공적인 플랫폼을 구축하는 데 필수적이다. 그러므로 스스로 이렇게 묻는 것이 좋은 출발점이 된다. 여러분의 기업은 플랫폼을 통해 어떻게 가치를 생산하거나 더할 것인가? 또는 어떻게 가치의 교환을 지원할 것인가? 다른 말로 하면, 여러분의 플랫폼 사용자는 플랫폼으로부터 (또는 플랫폼의 다른 사용자와 연결됨으로써) 어떻게 유익을 얻을 수 있는가?

기존 비즈니스 모델을 반드시 버려야 하는 것이 아니다. 오히려 플랫폼에 기반한 추가적인 수입원을 만들 기회가 있을 것이다. 예를 들어, 여러분이 농업용 장비를 만든다면 플랫폼으로 예비 부품을 팔거나 정비 및 수선을 쉽게 받을 수 있는 네트워크를 제공할 수 있다. 즉, 여러분의 고객을 다른 서비스 제공업자와 서로 연결할 수 있다.

플랫폼 기술과 지식을 가지고 있는가?

솔직하게 말하자. 많은 전통적인 기업에는 플랫폼 비즈니스 모델을 채택할 수 있는 기술이나 문화가 없다. 여러분은 바깥세상에 있는 기술 스타트업을 주시할 필요가 있다. 그들과 합작 투자해 필요한 기술을 얻어야 한다.

사람들을 어떻게 플랫폼으로 끌어들일 것인가?

사람이 없으면 플랫폼은 실패한다. 만약 차량 호출을 대기하는 운전자가 사라진다면 우버가 얼마나 서비스를 지속할 수 있을 것 같은가? 페이스북 역시 콘텐츠를 만들고 게시하는 사용자 커뮤니티에 의존한다. 에어비앤비는 임대할 수 있는 집과 빈방을 가진 사람들을 끌어들인다. 사람은 플랫폼 성공에 필수적이다. 그러므로 플랫폼에 어떻게 초기 이용자를 불러들일지 이해할 필요가 있다. 이는 무료 서비스나 낮은 가격, 수수료 할인, 혹은 독자적인 무언가를 제공함으로써 가능할 수 있다.

여러분의 플랫폼은 어떻게 이용자 사이의
교류를 장려하거나 지원할 것인가?

플랫폼이란 결국 커뮤니티나 생태계를 활용하는 것이라 할 수 있다. 궁극적으로 플랫폼은 커뮤니티의 핵심이 되어야 한다. 다시 말해 소비자나 이용자가 정보, 제품, 서비스를 제공하는 사람들과 연결되는 장소여야 한다. 즉, 플랫폼은 사용자 사이의 교류를 장려하거나 용이하게 만들 필요가 있다. 그러기 위해서 무엇이 가능하고 무엇이 불가능한지 분명히 제시하는 관리 정책이 있어야 한다.

여러분의 플랫폼은 어떻게 미래 기술을 접목할 것인가?

앞서 봤듯이, 블록체인 기술은 우버와 같은 1세대 플랫폼 비즈니스의 근간을 뒤흔들 수 있다. 이런 사실은 지금 플랫폼에 뛰어드는 기업에 도약할 기회를 제공하여, 다음 세대의 플랫폼, 즉 블록체인과 같은 기술 시장에서 리더가 될 수 있게 한다. 그러므로 어떻게 여러분의 플랫폼이 신기술을 극복하거나 접목할 수 있을지 생각해보자. 예를 들어, 블록체인을 사용하면 더 새롭고 탈중앙화된 방식으로 사업을 할 수 있을까?

마지막으로 플랫폼과 관련해 한 가지 더 조언하자면, 이미 있는 것을 모방하지 말자는 것이다. 사실 많은 기업이 '각 분야의 우버'로 자리매김하여 성공했다. 그러나 내 생각으로는 여러분의 고유한 가치를 제안할 수 있는 플랫폼 전략을 갖추는 것이 중요하다. 표현을 바꾸면 이렇다. 여러분이 가장 잘할 수 있는 일은 무엇인가? 플랫폼 모델을 통해 어떻게 성공할 것인가?

주

1. The Platform Economy, The Innovator: https://innovator.news/the-platform-economy-3c09439b56

2. The top 500 sites on the web: www.alexa.com/topsites

3. Confirmed: Didi buys Uber China in a bid for profit, will keep Uber brand: https://techcrunch.com/2016/08/01/didi-chuxing-confirms-it-is-buying-ubers-business-in-china/

4. Didi Chuxing declares war on China's bike-sharing startups: https://techcrunch.com/2018/01/09/didi-declares-war-on-chinas-bike-sharing-startups/

5. China ride-hailing war seen erupting again with new challenger to Didi, South China Morning Post: www.scmp.com/tech/start-ups/article/2135282/chinas-meituan-takes-didi-ride-hailing-expansion-set-trigger-new

6. #2 Platform Business Model – Mobility As A Service: https://platformbusinessmodel.com/2-platform-business-news-mobility-service/

7. Didi Chuxing Proposes Joint Venture With Nissan & Dongfeng, Seeks Capital Injection From SoftBank: https://cleantechnica.com/2019/07/02/didi-chuxing-proposes-joint-venture-with-nissan-dongfeng-seeks-capital-injection-from-softbank/

8. Toyota partners with Getaround on car-sharing: https://techcrunch.com/2016/10/31/toyota-partners-with-getaround-on-car-sharing/

9. Philips HealthSuite digital platform: www.usa.philips.com/healthcare/innovation/about-health-suite

10. Easy Spares Marketplace: https://easysparesmarketplace.siemens.com/

11. GE Predix Platform: www.ge.com/digital/iiot-platform

12. MyJohnDeere: https://myjohndeere.deere.com/mjd/
     my/login?TARGET=https:%2F%2Fmyjohndeere.deere.
     com%2Fmjd%2Fmyauth%2Fdashboard

13. A Study of More Than 250 Platforms Reveals Why Most Fail, Harvard
     Business Review: https://hbr.org/2019/05/a-study-of-more-than-
     250-platforms-reveals-why-most-fail?utm_medium=email&utm_
     source=newsletter_weekly&utm_campaign=insider_not_
     activesubs&referral=03551

14. Arcade City Is a Blockchain-Based Ride-Sharing Uber Killer: www.
     inverse.com/article/13500-arcade-city-is-a-blockchain-based-ride-
     sharing-uber-killer

트렌드 **19**

드론과 무인항공기

DRONES AND
UNMANNED AERIAL VEHICLES

TECH TRENDS IN PRACTICE

드론과 무인항공기란 무엇인가?

2013년 아마존의 CEO 제프 베조스Jeff Bezos가 드론이 5년 안에 물건을 배달하리라고 예측한 말이 대서특필됐다. 당시에는 많은 사람이 그 말을 비웃었다. 아마존은 이후 완고한 규제에 직면했다. 이것은 제프 베조스의 예측이 제때에 실현되지 못할 것이라는 의미였다. 그러나 택배가 하늘을 날아 고객의 집 앞에 도착한다는 비전은 오늘날 믿을 수 없을 만큼 우리 일상과 가까워졌다.

드론은 여러 가지 형태를 띤다. 열정적인 애호가가 날리는 작고 저렴한 드론도 있고, 핵심적인 임무를 맡는 수백만 달러짜리 군사용 드론도 있다. 드론 기술은 계속 진화하고 있으며, 자율주행 드론은 AI●1장에 기반한다. 이번 장에서 보겠지만, 고급 군사용 드론은 스스로 행동하도록 개발되고 있고, 인간의 개입 없이 자신의 임무를 완수한다.

이번 장 후반부에서 드론 사용의 구체적인 예시를 보겠지만, 미리 말하자면 드론은 군사작전이나 취미 활동뿐만 아니라 다양한 사례에서 이용되고 있다. 우선 첫째로 지도 제작이나, 항공 탐사, 수색 구조에 활용된다.

드론은 GPS센서◑2장나 자이로스코프, 가속도계, 적외선 카메라, 1인칭 시점 카메라, 레이저 등이 장착돼 있다. 많은 소형 드론은 기술적으로 '쿼드콥터quadcopters'에 해당한다. 즉, 회전 날개가 4개 달려 있어, 수직으로 이·착륙하거나 제자리에 머물 수 있다. 비행기보다는 헬리콥터에 가까운 형태다. 반면 대형 군사용 드론은 작은 비행기를 닮았다. 즉, 고정된 날개가 있어 이륙하거나 착륙하려면 활주로가 필요하다.

드론에는 기본적으로 '귀소 본능' 기능이 있다. 만약 무선 조종 범위를 넘어가거나 배터리가 거의 다 떨어지면 자동으로 제자리에 돌아온다. 최신 드론은 비행 중에 장애물을 탐지하여 회피하는 시스템도 갖추고 있다. 또, 점점 많은 드론에 '비행 금지' 기능이 장착되고 있다. 즉, 접근 제한 지역으로는 날아가지 않는다. 이 기능은 2018년 12월에 있었던 사건과 같은 일이 되풀이되지 않도록 예방한다. 당시 런던의 개트윅 공항에서 다수의 드론이 목격

돼 30시간 이상 활주로가 폐쇄됐고, 14만 명에 달하는 승객의 여행이 지장을 받았다. 이번 장 후반부에서 드론과 관련한 과제를 더 살펴볼 수 있다. 지금은 구체적인 사용 사례에 집중해보자.

드론과 무인항공기는 실제로 어떻게 사용되는가?

드론은 잠재적으로 매우 많은 곳에 사용될 수 있다. 내 생각에는 드론 기술이 물품 배송 방식은 물론, 궁극적으로는 사람이 이동하는 방식까지 혁신할 것 같다. 자, 다음과 같은 놀라운 (그리고 때로는 충격적인) 드론의 사용 사례를 살펴보자.

군사용 드론

드론이 군사 작전에 사용되는 사례는 정보 수집부터 테러 용의자에 대한 무장 드론의 배치까지 다양하다.

- 드론 개발의 핵심 분야 중 하나는 AI에 기반한 드론 부대다. 이 부대는 자기 조직self-organizing(처리 기능을 높이기 위해 정보 처리계가 과거 경험의 기억과 외부에서 입력된 정보를 기초로 자발적으로 시스템 내부의 조직을 개조하고 변경해가는 일—옮긴이) 드론으로서 조화로운 행동이 가능하며, 내부적으로 스스로 결정을 내리고 서로 통신하며 목표를 달성한다. 2018년 **미국 고등연구계획국**DARPA은 "최소한의 통신으로…… 예상치 못한 위험에 대처하는" 드론 부대를 개발하고 있다고 공식적으로 밝혔다.[1] 즉, 인간 조종사의 통신이 방해를 받더라도, 드론 부대는 여전히 임무 달성이 가능

하다는 뜻이다. 영국 정부는 영국군이 미래에 이와 유사한 드론 부대를 운영할 것이라고 공식화했다.[2]

- **미국 고등연구계획국**은 드론 부대와 지상 로봇●[13장]의 조합을 실험하고 있다. 2019년에 시행된 시험에서 선보인 바에 따르면, 미래에는 드론 부대와 지상 로봇이 도시에서 보병 부대와 발맞춰 건물을 발견하고, 포위하며, 확보하도록 돕는다. 이 작전은 잠재적으로 250대의 드론과 로봇을 포함할 수 있다.[3]

- 한편, **미 육군**은 손바닥만 한 드론의 사용을 시험하고 있다. 이 드론은 병사들보다 앞서 날아가 동영상을 포함한 정보를 보내줄 수 있다.[4]

- **러시아 국방부**가 소개한 동영상에 따르면, 최신 스텔스 전투 드론인 S-70 Okhotnik-B가 활동 중이다.[5] 이 드론은 전투기 옆에서 나란히 비행하며, 어떻게 무인항공기가 임무 중인 조종사와 동행하며 주변 시야를 넓혀줄 수 있는지 보여준다. (일부 군사용 드론은 미사일 공격을 유인하는 미끼로 사용될 수 있다.)

수색 구조 및 소방 드론

드론은 자연재해 상황이나 수색 구조 임무에 매우 유용하게 사용될 수 있다.

- **취리히대학교** 연구진은 접을 수 있는 드론을 개발했다. 이 드론은 재난 지역에서 이용할 수 있도록 설계됐으며, 좁은 틈을 통과하기 위해 모양을 바꿀 수 있다.[6]

- 드론은 소방관을 도와 위험을 가늠하고, 건물에 갇힌 사람들을 수색하며, 소방 계획을 위한 건물 지도를 작성하고, 화재 조사를 수행할 수 있다. 또한, 적극적으로 화재를 진압할 수도 있다. **에어론스**Aerones의 소방 드론은 극심한 열을 견딜 수 있으며, 대단히 높은 곳까지 비행할 수 있다.[7]

- 드론은 수색 구조 임무에도 자주 사용된다. 드론은 지역을 수색하거나 아니면 단순히 밤에 불을 밝힐 수 있다. 한 예로 영국에서 드론이 **링컨셔주 경찰**을 도와, 차 사고로 내팽개쳐진 사람을 발견해냈다. 사고는 추운 밤에 일어났는데, 경찰은 저체온증을 우려해 열화상 카메라를 장착한 드론으로 즉시 사고 피해자를 찾아낼 수 있었다.[8]

법 집행 드론

드론은 다수의 법 집행 시나리오에 활용될 수 있다. 동영상 증거 수집부터 용의자 추격, 또는 경찰 진입 전 원격 상황 파악에 쓰일 수 있다.

- 어떤 남자가 호텔에 숨어 폭탄으로 건물을 폭파하겠다고 위협하

는 상황에서, 경찰은 드론으로 **폭탄이 가짜라는 사실을 확인했**다.[9] 이 정보가 대단히 중요했던 이유는 지상의 저격팀이 범인 사살을 고려하고 있었기 때문이다. 폭탄이 진짜가 아니라는 정보 덕분에 경찰은 범인을 테이저건(전기충격총)으로 제압할 수 있었다.

- **중국 교통경찰**은 교통법규를 어긴 운전자에게 드론으로 지시를 한다. 국영 CCTV에 중계된 한 예에서, 경찰은 모터 달린 자전거를 탄 운전자에게 드론을 통해 헬멧 착용을 권했다.[10] 운전자는 이 지시에 따랐다.

- 드론은 불법 어업과도 맞서 싸울 수 있다. 예를 들어, **시 셰퍼드 컨저베이션 소사이어티**Sea Shepherd Conservation Society는 공해에서 불법 조업 중인 어민을 드론으로 잡는다.[11]

배달용 드론

제프 베조스의 비전인 드론 배달은 점점 더 현실에 가까워지고 있다.

- 2019년 6월, **아마존**은 자동조종 드론을 몇 개월 내에 출시하겠다고 밝혔다.[12] 이 드론은 컴퓨터 비전◉12장과 머신러닝◉1장을 이용해 전선 같은 장애물을 피하며 24킬로미터까지 날아가고, 2.3킬로그램의 물건을 나를 수 있다.

- 또한 2019년에, 구글의 모기업인 알파벳의 자회사 **윙 에이비에이션**Wing Aviation이 버지니아주 블랙스버그에서 상업적인 드론 배달을 시작하도록 연방항공국FAA, Federal Aviation Administration의 승인을 받았다.[13] 윙 에이비에이션의 드론은 승인에 앞서 7만 번 이상의 시험 비행을 했다.

- 국제 화물 운송 기업 UPS도 연방항공국으로부터 배달용 드론 운용 승인을 받았다. 애당초 드론을 통한 무인 택배 서비스는 병원 물품 전달로 한정할 예정이었으나, UPS는 범위를 더 확장할 계획이다.[14]

- 외딴 지역에서는 드론 배달이 삶과 죽음을 가를 수 있다. **르완다**와 **가나**의 일부 지역에서는 드론이 혈액이나 필수 의학 용품을 전달한다.[15]

산업용 드론

농지 모니터링부터 건축 측량까지, 드론은 서로 다른 분야에서 광범위하게 사용된다.

- 농업 분야에서 드론은 가축을 몰거나 작물을 살피는 데 활용될 수 있다. 한 예로, **프랑스의 농업협동조합**이 드론으로 작물을 관리해 수확량을 평균 10퍼센트 늘렸다.[16]

- **건축**에서 드론은 구조 검사를 더 쉽고 안전하게 만들고 있다. 기존의 항공사진보다 옥상과 외부를 더 자세히 볼 수 있으며, 넓은 수역 위에 건설되는 다리나 고층 건물을 쉽게 조사할 수 있다.[17]

- **에어버스**가 새로 출시한 혁신적인 정비 드론은 비행기 조사 시간을 줄이고 조사 보고서의 품질을 높인다.[18] 스스로 움직이는 이 드론은 비행기 내부의 정해진 경로를 따라 움직이며 사진을 촬영하고, 이 자료는 분석을 위해 중앙 시스템으로 전송된다. 조사 보고서는 자동으로 작성된다.

여객용 드론

몇몇 기업이 여객용 드론 개발에 힘을 쏟고 있다는 사실을 들으면 깜짝 놀랄지 모르겠다. 이것이 로스앤젤레스같이 인구가 밀집한 도시의 교통 혼잡에 해결책이 될 수 있을까? 결과는 시간이 말해줄 것이다.

- 독일의 항공 기업 **볼로콥터**Volocopter는 회전 날개가 18개인 2인승 항공 택시를 몇 차례 시험했다. 이 항공 택시는 조종사가 운전하거나 스스로 날 수 있으며, 완전히 전기로만 움직인다.[19] 현재 이 항공 택시는 30분 동안 최대 약 27킬로미터를 운행할 수 있다.

- **우버**는 2023년까지 항공 택시 서비스를 개발할 계획이다.[20] 마찬가지로 에어버스도 2023년까지 **시티에어버스**CityAirbus 전기 여

객용 드론을 제공하려는 목표가 있다.[21]

- 중국의 스타트업 **이항**亿航은 무인 여객용 드론의 선두 주자다. 이항은 본사가 있는 광저우에서 시작해 드론 택시 사업을 확산할 계획이다.[22]

주요 도전 과제

군사용 드론과 관련한 윤리적인 문제점이 많아 보인다. 예를 들어, 스스로 전략적 결정을 내릴 수 있는 드론 부대 개발이 타당한가? 드론 부대는 인간의 개입 없이 목표물을 식별해 무기를 사용할 수 있다. 이는 나를 비롯한 많은 사람을 불편하게 만드는 발상이다. AI 및 로봇 분야의 다수 전문가가 자동 무기 사용에 관한 공개 항의서에 서명했다.[23] 이에 따라 2019년 미 국방부가 군사용 AI를 감독하는 윤리학자를 초빙하려 한 것으로 보인다.[24]

또한 보안과 관련한 우려가 있다. 즉, 드론이 해킹당할 가능성이 있다. 이런 공격으로부터 드론을 방어하는 일은 더 중요해질 것이다. 특히, 무기를 사용할 수 있는 군사용 드론인 경우에 더욱 그렇다. (유럽연합 안보위원 줄리언 킹Julian King은 테러리스트가 군중이 밀집한 곳을 드론으로 공격할 수 있다고 경고했다.[25])

법적인 규제도 있다. 미국과 영국에서는 오락용 이외의 드론에 관한 규제가 있는데, 이는 드론의 크기, 속도, 비행할 수 있는 높이를 제한한다. 아마존 같은 일부 기업은 배달용 드론을 시험하기 위해 이런 규정으로부터 면제를 받았다. 만약 상업용 드론이 더 널리 사용된다면, 예를 들어 다수의 기업이 도시 내에서 수천 대의 드론을 공중에 띄운다면 분명히 이런 규제는 확장되어야 할 것이다. 우리는 상업용 드론의 안전한 운행을 관리할 총체적인 체계가 필요하다. 소음 공해와 프라이버시도 생각해봐야 한다. 기본적으로 드론은 카메라가 달린 시끄러운 비행체다. (나사가 발표한 자료에 따르면, 사람들은 지상의 교통 소음보다 드론의 소음을 더 짜증스럽게 느낀다.[26])

항공 교통에 관해 고려할 부분도 있다. 예를 들어, 여객용 드론이 배달용 드론과 통신할 필요가 있는가? 항공 관리 시스템이 드론에 잘 대처할 수 있는지 점검해봐야 한다.

여객용 드론에 관한 규제는 눈여겨볼 만하다. 아마존 같은 기업이 배달용 드론을 허가받기 어렵다고 느낀다면, 여객용 드론은 얼마나 더 까다로울까? (물론, 긍정적인 이유로 까다로울 것이다.) 사람이 타지 않은 여객용 드론을 시험하는 것도 문제지만, 시험 승객을 태운 드론을 계속 쏘아 올리는 것은 또 다른 문제다.

물리적 인프라를 갖추는 과제도 있다. 이런 드론은 이륙 및 착륙, 또는 대기할 장소가 필요하다. 결과적으로 드론의 상업적 이용은 도시의 모습을 바꿔놓을 것이다.

마지막으로 이 책의 다른 장에서도 많이 보았듯이, 일자리에 관련한 문제가 있다. 배달용 드론이 표준화된다면, 운전사들의 생계에 큰 충격●14장이 가해질 수 있다.

드론 및 무인항공기라는 기술 트렌드를 준비하는 법

여러분의 비즈니스에 이런 기술 트렌드가 미치는 영향은 여러분이 어느 산업군에 속하느냐에 분명히 좌우된다. 여러분의 비즈니스가 운송 및 물류에 포함된다면, 드론이 가져올 충격에 서둘러 대비해야 한다. 상품이나 사람을 A에서 B로 실어 나를 필요가 있는 기업의 프로세스는 드론을 통해 향상될 수 있다.

주

1. CODE Demonstrates Autonomy and Collaboration with Minimal Human Commands: www.darpa.mil/news-events/2018-11-19

2. How swarming drones will change warfare: www.bbc.com/news/technology-47555588

3. Watch DARPA test out a swarm of drones: www.theverge.com/2019/8/9/20799148/darpa-drones-robots-swarm-military-test

4. Watch DARPA test out a swarm of drones: www.theverge.com/2019/8/9/20799148/darpa-drones-robots-swarm-military-test

5. Watch Russia's combat drone fly next to a fighter jet: https://futurism.com/the-byte/russia-unmanned-combat-air-drone-jet

6. Self-folding drone could speed up search and rescue missions: www.cnbc.com/2019/02/18/self-folding-drone-could-speed-up-search-and-rescue-missions.html

7. Aerones firefighting drone: https://www.youtube.com/watch?v=qaYwwEhIGBE

8. Drones in Search and Rescue: 5 Stories Showcasing Ways Search and Rescue Uses Drones to Save Lives: https://uavcoach.com/search-and-rescue-drones/

9. "Eyes in the Sky" and Embry-Riddle Training Help Police End Standoff.Embry-Riddle Aeronautical University: https://news.erau.edu/headlines/eyes-in-the-sky-and-embry-riddle-training-help-police-end-hotel-standoff

10. Police drone caught barking orders at Chinese driver: https://futurism.com/the-byte/police-drone-orders-chinese-driver

11. We Really Can Stop Poaching. And It Starts With Drones, Wired: www.wired.com/2016/07/we-really-can-stop-poaching-and-it-starts-with-drones/

12. Amazon drone deliveries to begin "in months", Independent: www.
    independent.co.uk/life-style/gadgets-and-tech/news/amazon-drone-
    deliveries-where-when-date-a8946566.html

13. Drone delivery taking off from Alphabet's Wing Aviation:www.
    therobotreport.com/drone-delivery-taking-off-from-alphabets-wing-
    aviation/

14. UPS wins first broad FAA approval for drone delivery: www.cnbc.
    com/2019/10/01/ups-wins-faa-approval-for-drone-delivery-airline.
    html

15. The Most Amazing Examples of Drones In Use Today, Forbes: www.
    forbes.com/sites/bernardmarr/2019/07/01/the-most-amazing-
    examples-of-drones-in-use-today-from-scary-to-incredibly-
    helpful/#5588815f762a

16. Flying High - How a French farming cooperative used drones to boost
    its members' crop yields: www.sensefly.com/app/uploads/2017/11/
    flying_high_how_french_farming_cooperative_used_drones_boost_
    members_crop_yields.pdf

17. How UAVs Are Being Used in Construction Projects: www.
    thebalancesmb.com/how-drones-could-change-the-construction-
    industry-845041

18. Airbus launches advanced indoor inspection drone to reduce aircraft
    inspection times and enhance report quality: www.airbus.com/
    newsroom/press-releases/en/2018/04/airbus-launches-advanced-
    indoor-inspection-drone-to-reduce-aircr.html

19. 6 Amazing Passenger Drone Projects Everyone Should Know
    About, Forbes: www.forbes.com/sites/bernardmarr/2018/03/26/6-
    amazing-passenger-drone-projects-everyone-should-know-
    about/#785378924ceb

20. Uber's aerial taxi play: https://techcrunch.com/2018/05/09/ubers-

aerial-taxi-play/

21. Airbus's Flying Taxi Is Poised for Takeoff Within Weeks, Bloomberg: www.bloomberg.com/news/articles/2019-01-23/airbus-s-flying-taxi-is-poised-for-takeoff-within-weeks

22. China could be the first in the world to start regular flights on pilotless passenger drones: www.cnbc.com/2019/08/28/chinas-ehang-testing-flights-on-autonomous-passenger-drones.html

23. Autonomous weapons: An open letter from AI & robotics researchers: https://futureoflife.org/open-letter-autonomous-weapons/

24. Pentagon seeks "ethicist" to oversee military AI, The Guardian: www.theguardian.com/us-news/2019/sep/07/pentagon-military-artificial-intelligence-ethicist#

25. Warning Over Terrorist Attacks Using Drones Given By EU Security Chief, Forbes: www.forbes.com/sites/zakdoffman/2019/08/04/europes-security-chief-issues-dire-warning-on-terrorist-threat-from-drones/#e740d287ae41

26. Drone noise is driving people crazy: www.engadget.com/2017/07/18/study-says-drone-noise-more-annyoing-than-any-car/?guccounter=1&guce_referrer=aHR0cHM6Ly93d3cuZ29vZ2xlLmN vbS88&guce_referrer_sig=AQAAADMydvLnpdwEE-9CP-wKBhn0Km8Eio WMPDoHDvpcJxMNMkiPJSUZ8MQPkCNp07cDNIOVK_e6olHrY4vStjoI 1rCcGowj6eGL8KDh2cLHv7XLcM7aWgFvZOKYU8sstc5STCrE66XrnP8 cSxMxW1zVeuAnziWOUDxbQQ-_HvzrGKh

트렌드

20

사이버 보안과
사이버 복원력

CYBERSECURITY AND
CYBER RESILIENCE

TECH TRENDS IN PRACTICE

한 문장 정의

사이버 보안은 사이버 공격이나 데이터 절도와 같은 사이버 범죄를 방지하는 능력이다. 사이버 복원력은 시스템이나 데이터 방어에 실패했을 때 피해를 완화하고 사고가 발생하기 이전이나 그에 준하는 상태로 시스템 및 데이터를 유지하는 능력이다.

사이버 보안과 사이버 복원력이란 무엇인가?

기술은 전례 없는 새로운 기회뿐만 아니라 전례 없는 새로운 위협도 가져다준다. 24시간 인터넷으로 연결된 이 시대에 데이터의 흐름은 갈수록 빨라지고 있다. 비즈니스는 온라인으로 연결된 시스템에 의존하고, 고객은 24시간 서비스를 기대한다.

즉, 해킹, 피싱, 랜섬웨어, DDoS 공격 등 사이버 위협이 큰 문제를 일으킬 잠재력이 있다는 뜻이다. 이런 공격으로 서비스가 방해를 받아 고객과 서비스 제공업체 사이의 신뢰에 금이 갈 수 있다. 그뿐만 아니라 개인정보 및 금융 정보를 도난당할 수도 있다. 이렇게 되면 고객의 신뢰를 잃음과 동시에 규제 당국에 막대한 벌금을 물어야 한다.

IBM의 보고서에 따르면, 개인정보를 유출한 조직의 평균 소송비용은 386만 달러(약 46억 원)에 달한다. 유출한 기록 1건당 약 148달러(약 18만 원)에 해당하는 셈이다.[1]

영국항공British Airways이 고객 정보 유출로 1억 8,300만 파운드(약 2,800억 원)의 벌금을 물게 됐다는 등의 내용이 빈번하게 뉴스 헤드라인을 차지하곤 한다. 기업이 보유하고 있는 데이터의 가치가 오르면서, 상황은 더 나빠질 것으로 보인다. 해커들은 AI ⓞ1장까지 동원해가며 새로운 툴과 기술을 개발하고 있다. 전 세계의 데이터 유출을 모니터하는 보안 전문 기업 4iQ에 따르면, 2018년에는 2017년보다 도난당한 데이터의 유통이 424퍼센트 증가했다.[2]

고객 신뢰 하락과 막대한 벌금은 중소기업을 무너뜨릴 수 있으며, 심지어 대기업도 실추된 명예를 회복하기까지 수년이 걸릴 수 있다. 사이버 복원력이라는 기술 트렌드는 툴과 전략을 연구해 이런 위협을 극복하며, 온라인 세계에서 무슨 일이 벌어지든 서비스가 끊기지 않도록 한다.

사이버 보안 vs. 사이버 복원력

자, 그렇다면 사이버 보안과 사이버 복원력의 차이는 무엇인가? 간단히 설명하면, 사이버 보안은 피해가 발생하기 전에 위협을 차단하며, 사이버 복원력은 보안 조치가 실패했을 때 잠재적인 피해를 완화하는 것이다.

344

사이버 보안은 분명히 어느 조직에든 매우 중요한 요소이지만, 사이버 복원력은 모든 사안을 염두에 둬야 한다. 즉, 보안에 실패하면 비즈니스 프로세스의 효율이 떨어지거나 꽤 충격을 받을 수 있다.

어떤 방어 전략이라 해도 해커의 침입이나 개인의 실수를 100퍼센트 방지하지는 못한다. 그러므로 조직은 일이 잘못되었을 때를 대비한 절차와 툴, 전략을 갖고 있어야 한다.

피해가 크면 비즈니스의 기본적인 기능은커녕 고객에게 어떤 서비스도 제공하지 못할 정도다. 잘 짜인 전략은 이런 피해의 손실을 최소화하고, 빈틈을 막으며, 고객을 안심시킬 수 있을까?

과거에는 사이버 복원력이 기업의 IT 부서에만 할당된 업무로 여겨졌다. IT 부서는 방화벽 및 스팸 필터, 악성 코드 대비 프로그램을 설치하는 책임이 있었으니 말이다.

오늘날 기업 프로세스의 많은 부분은 온라인화되고 디지털 정보처리에 더욱더 의존하고 있다. 이에 따라 외부 위협은 점점 다양해지고 공격이 어떤 방향에서 들어올지도 알 수 없다. 모든 부서는 기업 전반에 걸친 사이버 복원력 유지에 제 역할을 맡아야 하며, 모든 직원은 외부 공격을 인식하고 대응하도록 훈련받아야 한다. 게다가 요즘 기업들은 점점 더 클라우드 및 에지 컴퓨팅●7장에 기대고 있다. 즉, 사이버 복원력은 여러분의 기업을 넘어 더 넓은 관점에서 고려되어야 한다.

사이버 보안과 사이버 복원력은 실제로 어떻게 사용되는가?
사이버 보안이 일반적으로 공격의 위협에 대비한다면, 사이버 복원력은 비즈니스가 입은 피해를 얼마나 효과적으로 완화할 수 있을지에 집중한다. 피해의 원인은 해커의 공격 등 적대적이거나 단순한 직원 실수 등 비적대적인 요소까지 다양하다.

사이버 보안과 사이버 복원력의 차이를 분별하는 방법은 무엇일까? 사이버 복원력은 어떤 사이버 보안 솔루션도 완벽할 수 없다는 사실을 받아들인다는 점이다. 그러므로 사이버 보안으로 공격의 위험을 최소화할 뿐만 아니라, 그 피해를 가능한 한 줄이기 위한 사이버 복원력 전략도 필요하다.

딥페이크 공격
사이버 공격에 사용되는 기술이 점점 더 정교해진다는 사실을 알아야 한다. 한 최신 기술은 '딥페이크' AI 기술◉ 1장, 11장을 사용해 기업의 고위 간부 목소리를 합성한 뒤 데이터 및 현금 유출을 지시하는 가짜 전화를 걸기도 했다.[3] 이런 새로운 형태의 공격을 알리고 이로 인해 기업이 어떤 영향을 받을 수 있는지 이해시키는 것이 사이버 복원력의 중요 요소다.

랜섬웨어

점점 늘어나는 또 다른 공격은 랜섬웨어다. 해커는 개인적인 파일이나 비즈니스 파일을 암호화한 뒤, 암호를 풀어주는 대가로 돈을 요구한다. 이런 돈은 대개 익명의 암호화폐로 지급된다.

- 가장 유명한 예는 2019년 5월에 있었던 **볼티모어** 랜섬웨어 공격 사건이다. 이 사건에서 시市 컴퓨터가 해커에 의해 점령당했고, 해커는 7만 2,000달러(약 8,600만 원)의 암호화폐를 요구했다. 최근에는 텍사스주의 지방자치단체 23곳이 유사한 공격으로 오프라인화되었다.[4] 이런 공격으로 주목받은 사실도 있다. 필수적인 서비스가 손상되면 사람들의 생활이 위협에 처할 수 있으며, 그러므로 만일에 대비한 계획이 반드시 필요하다는 사실이다.

- **노 모어 랜섬웨어**No More Ransomware 같은 프로젝트도 나와 있다. 이 프로젝트는 전 세계의 36개국 법 집행 기관 사이의 협력으로서, 이제까지 20만 명의 피해자에게서 1억 8백만 달러(약 1,300억 원)의 돈을 보호했다.[5]

소셜 미디어 해킹

소셜 미디어를 비롯해 누구나 접근할 수 있는 채널에 관한 보안 조치도 필요하다. 종종 사회공학적 해킹social engineering hacking(이메일, 인터넷 메신저, 트위터 등을 통해 사람에게 접근하는 채널이 다각화됨에 따라 지인으로 가장해 원하는 정보를 얻어내는 공격 방법—옮긴이)으로 이런 곳이 뚫리기도 하는데, 예를 들어 권한 있는 사용자를 속여 로그인 정보를 빼내는 수법 등이 있다.

- 최근, 해커가 **런던 경찰청 트위터와 이메일 계정**을 접수했다.[6] 이와 같은 보안 사건은 최전선에서 활동하는 채널에 대한 불신으로 이어질 수 있다. 이때 사이버 복원력 전략은 신뢰 회복에 중점을 둔다. 즉, 무엇이 문제였는지 투명하게 설명하며, 다시는 같은 사건이 반복되지 않도록 어떤 조치를 할지 상세히 알리는 것이다.

민감한 데이터의 저장 및 보호

훌륭한 사이버 보안 및 사이버 복원력 전략은 민감한 데이터를 필요할 때만 저장하는 것이다. 즉, 언젠가 유용할 것이라는 판단 아래 데이터를 마구 저장하는 습관을 피해야 한다. 민감한 데이터는 해커에게 좋은 먹잇감이다.

해킹과 데이터 절도가 뉴스 헤드라인을 차지하지만, 또 한편으로는 그에 대응하는 조직의 능력도 관심사가 된다. 직원의 실수나 자연재해로 인한 위협에 어떻게 대처하는지도 마찬가지다. 이런 사태는 분명히 기업의 운영에 타격을 줄 수 있다. 이런 사건이 일으키는 피해에 대비하고, 그 영향을 최소화하는 전략을 만드는 역할은 사이버 복원력을 향상하는 데 진지한 관심을 두는 인원이 맡아야 한다.

주요 도전 과제

여러분이 마주칠 가능성이 큰 문제 한 가지는, 사이버 보안 및 사이버 복원력이 전적으로 IT 부서에만 속한 업무라는 생각이다. 나는 사이버 복원력과 관계있는 기업을 종종 방문하는데, 그때마다 대다수 직원은 해커나 바이러스, 악성 소프트웨어, 또는 시스템 장애에 거의 신경 쓸 것 없다고 여기는 듯한 태도였다. 즉 'IT 인력'이 그들이 맡은 업무만 제대로 하면 된다고 생각하는 것이다.

앞서 설명했듯이, 사이버 복원력의 수준은 단지 디지털 시스템뿐만 아니라 조직 전체가 함께 대응하는 정도에서 비롯된다.

오늘날 방화벽, 2요소 인증two-factor authentication(두 가지 요소를 조합하여 인증하는 것을 의미한다. 2단계 인증이라고 말하기도 한다—옮긴이), 멀웨어malware(악의적인 목적을 위해 작성된 실행 가능한 코드의 통칭—옮긴이) 방지 프로그램 등의 정교한 방어책도 개인의 부주의나 안전하지 않은 소프트웨어 설치, 위험한 링크 클릭 등으로 무력화될 수 있다.

최신으로 업데이트된 툴(운영 체제 포함)을 사용하지 않는다면, 여러분은 해커가 파고들 수 있는 빈틈을 보이는 것이다.

랜섬웨어부터 암호화되지 않은 고객 정보를 실수로 흘리는 일까지, 서로 다른 공격과 장애가 여러분에게 어떤 영향을 미치는지 이해해야 어디에 사이버 복원력 자원을 투입할지 계획할 수 있다.

물론, 개인의 실수로 인한 피해를 완화하는 일은 매우 어려울 수 있다. 한 끔찍한 예로, 어느 웹 호스팅 기업 소유주는 자사 컴퓨터에 저장돼 있던 악성 코드를 실행함으로써, 자사의 모든 기록물은 물론 1천 곳이 넘는 고객사의 데이터를 전부 삭제해버렸다.[7]

그런데 알고 보니 이 실수는 기업 홍보를 위한 거짓말이었다. (내가 비즈니스에서 즐겨 사용하는 방식은 아니다.) 어쨌든 외부의 공격뿐 아니라 조직 내부의 실수를 막기 위해선 주의가 필요하다는 사실을 알 수 있다.

사이버 복원력과 사물인터넷

사물인터넷●[2장]은 사이버 복원력과 관련하여 무수한 문제를 일으킨다. 과거에는 시스템 장애나 해킹이 그날그날의 업무에 사용하는 컴퓨터에만 영향을 미쳤다. 그러나 오늘날은 제조, 판매, 고객 서비스, 연구개발, 물류 등 비즈니스 전반에 걸쳐 서로 연결된 무수한 기기와 장비가 무슨 일이 있어도 문제없이 작동해야 한다.

종종 알 수 있는 사실[8]은 산업 장비부터 아이들 장난감이나 주방용품에 이르기까지 대다수 '스마트' 기기에 매우 기초적인 보안 기능이 결여되어 있다는 점이다. 이런 기기가 일반적으로 제조업체가 제공하는 보안 업데이트나 패치에 의존하기 때문이다. 즉, 소비자가 직접 백신 프로그램이나 멀웨어 방지 프로그램을 설치하지 않는다.

센서, 카메라, 그 밖에 사물인터넷 기반의 스마트 기기들이 수집하는 데이터에 접근하지 못한다면 어떻게 될까? 이런 충격을 가늠하는 일은 필수적이다. 예를 들어, 여러분이 품질 관리 프로세스를 위해 컴퓨터 비전●12장 카메라를 이용한다면, 이 카메라가 DDoS 공격을 받았을 때 품질 관리 프로세스는 전면 중단될 수 있다.

이전에는 개인의 업무나 자료에 국한된 영향을 미친 사이버 공격이나 시스템 장애가 이제는 잠재적으로 어떠한 영역으로든 퍼질 수 있다. 여러분이 서비스를 수행하기 위해 서로 연결된 기기에 의지하고 있다면, 마찬가지 이유로 사물인터넷은 심각한 문제를 드러낼 수 있다.

사이버 복원력의 핵심 원리는 연속성 보장이다. 어느 곳이 중단되면 문제가 될 수 있는지 찾아내고, 모든 프로세스가 톱니바퀴 돌아가듯 제 역할을 다하도록 보장하는 것이 사이버 복원력이라는 기술 트렌드의 중요성을 이해하는 핵심이다.

사이버 보안과 사이버 복원력이라는 기술 트렌드를 준비하는 법

사이버 보안은 의심의 여지 없이 방어의 최전선이다. 여러분의 모든 기기가 가장 최신으로 업데이트된 펌웨어 위에 돌아가고, 방화벽, VPN, 백신 프로그램, 멀웨어 방지 프로그램이 작동하고 있으며, 모든 소프트웨어와 툴이 최신 패치로 업데이트되도록 보장하는 것이 중요한 첫 번째 단계다.

사이버 복원력을 향상하기 위해서는 어느 곳에 사건이 발생했을 때 가장 큰 피해를 입는지 확인해야 한다. 민감하고 가치 있는 데이터가 어디에 저장되어 있는지, 여러분의 작업이 어느 부분에서 기술에 의존하는지를 목록으로 작성하면 서비스의 연속성이 어떤 식으로 영향받는지에 관해 전체적인 시각을 갖출 수 있다.

이 지점에서 바로 디지털 트윈●⁹ᵃᵗ이 중요한 역할을 맡으며 개입할 수 있다. 여러분의 조직이나 프로세스를 디지털 시뮬레이션하면, 부정적인 사건이 전체적인 결과와 효율에 미치는 영향을 평가할 수 있다.

일단 핵심 기능이 어떻게 영향을 받는지 이해했으면, 외부 공격이나 시스템 장애 시 가능한 한 충격을 완화할 조치를 마련할 수 있다. 즉, 이런 조치는 품질 관리, 재정, 고객 서비스, 보안과 같은 필수 기능이 정상적으로 작동하도록 하는 오프라인 비상 대응 절차 구축을 포함한다. 시스템이 수리되고 정상적인 서비스가 재개될 때까지 말이다.

또 다른 필수 단계는 견고한 대응 계획 마련이다. 즉, 외부 공격이나 시스템 장애 시 어떤 조치를 해야 하는지뿐만 아니라, 누구에게 책임이 있고, 시스템 장애를 어떻게 보고하며, 그 충격을 어떻게 측정할지 명확하게 정해야 한다. 좋은 방법 중 한 가지는 각 부서의 대표를 모아 대응팀을 꾸리는 것이다. 이들은 '긴급 사태'를 선언할 수 있는 책임이 있고, 개선 업무를 조직화할 수 있으며, 복원 조치의 성공과 실패를 각자의 책임 범위 내에서 보고하게 된다.

많은 비즈니스에서 고객 서비스는 사이버 공격으로 인한 서비스 중단 상황에서 대단히 중대하다. 고객이 계속해서 여러분을 신뢰할 수 있으며, 고객의 데이터가 안전하다는 믿음을 주는 것이 중요하다. 신뢰 손상은 사이버 복원력으로 회복해야 할 가장 심각한 위협이다.

마지막 단계는 복구다. 즉, 손실된 데이터를 복구하는 것은 물론 가능한 한 가장 빠르게 정상 활동을 재개하도록 해야 한다. 만약 복원 전략의 일환으로 데이터를 백업하지 않았다면, 잃어버렸거나 삭제된 데이터를 복구하는 일은 시간이 오래 걸릴 수 있다. 사이버 복원력에 따르면, 조직 내의 어떤 데이터도 100퍼센트 '안전'하다고 할 수 없으므로, 데이터가 손상되었을 때를 대비한 조치가 필요하다. 데이터 복구 및 업무 정상화, 그리고 이를 위한 조치의 책임이 누구에게 있는지 명확히 밝히는 것이 퍼즐의 마지막 조각이다.

앞서 언급한 각 단계는 미국 국립표준기술원National Institute of Standards and Technology[9]에서 구축한 사이버 보안 체계에 기초했다. 물론 사이버 공격이 업무의 연속성에 미칠 수 있는 충격을 고려하기 위해 각 단계를 더 상세히 설명했다.

앞선 내용을 전부 달성하기 위해서는, 조직의 고위 임원부터 생산직 노동자에 이르기까지 모든 인원에게 사이버 보안과 사이버 복원력의 원리를 교육할 필요가 있다. 대기업에서는 이런 일이 쉽지 않다. 그러나 여기에 시간과 자원을 투자하면, 여러분이 처음으로 사이버 공격을 당하거나 아니면 무심코 실수를 저질렀을 때 몇 배로 보상받을 수 있을 것이다.

주

1.   2019 Cost of a Data Breach: www.ibm.com/security/data-breach

2.   4iQ Identity Breach Report 2019: https://4iq.com/2019-identity-breach-report/

3.   Fake voices help cyber crooks steal cash: www.bbc.co.uk/news/technology-48908736

4.   Texas government organizations hit by ransomware attack: www.bbc.com/news/technology-49393479

5.   The quiet scheme saving thousands from ransomware: www.bbc.co.uk/news/technology-49096991

6.   Met Police hacked with bizarre tweets and emails posted: www.bbc.co.uk/news/uk-england-london-49054332

7.   This man deleted his company with a single line of bad code, CNBC: https://www.cnbc.com/2016/04/14/this-man-deleted-his-company-with-a-single-line-of-bad-code.html

8.   IoT Security is being seriously neglected: www.aberdeen.com/techpro-essentials/iot-device-security-seriously-neglected/

9.   What is the CIF?: https://www.nist.gov/itl/iad/visualization-and-usability-group/what-cif

트렌드 **21**

양자 컴퓨팅

QUANTUM COMPUTING

TECH TRENDS IN PRACTICE

양자 컴퓨팅이란 무엇인가?

기존의 컴퓨터는 지난 세기 동안 기하급수적으로 발전했지만, 그 중심을 들여다보면 가장 단순한 전자식 계산기가 더 빨라진 것에 불과하다. 즉, 기존의 컴퓨터는 한 번에 '비트' 하나의 정보만을 처리할 수 있으며, 그것은 1과 0의 이진법 형태였다.

양자 컴퓨팅은 원자보다 작은 크기에서 발생하는 기이한 현상을 이용한다. 양자 얽힘quantum entanglement, 양자 터널링quantum tunneling, 그리고 입자가 동시에 여러 상태로 존재할 수 있는 능력 등을 활용하는 것이다. 이런 것들을 통해 오늘날 이용 가능한 가장 빠른 프로세서보다 훨씬 빠른 프로세서를 만들 수 있다. 잠재적으로는 수억 배 빠르다.[1]

구글의 연구진은 2019년 세계 최초로 양자 컴퓨터를 이용해 전통적인 비양자 컴퓨터에서는 해결이 불가능했던 계산에 성공했다고 발표했으며, 양자 컴퓨터의 발전이 무어의 법칙을 산산조각 낼 것이라고 알렸다.[2] 1965년에 정의된 무어의 법칙은 전산 능력이 대략 2년마다 2배씩 증가한다는 내용이다.

이런 전산 능력 성장의 예로, 2,048비트 RSA 암호화 알고리즘을 살펴보자. 이는 현재 기업과 정부가 전송하는 가장 민감한 데이터뿐만 아니라 인터넷 트래픽의 안전을 지키기 위해 사용된다. 그러나 이는 결국 알고리즘이며, 암호 키를 통해 암호를 풀 수 있는 것처럼, 억지 기법brute force으로도 암호를 풀 수 있다. (억지 기법이란 올바른 암호 키를 찾을 때까지 무작정 모든 수를 대입하는 것이다.)

2,048비트 RSA로 암호화된 정보를 '해독'하려면, 현재 사용 가능한 컴퓨터로 수백만 년이 걸린다. 그러나 양자 컴퓨터는 약 8시간 만에 풀어낼 수 있다.[3]

양자 컴퓨터는 데이터를 처리하기 위해 표준 2진법 비트가 아니라 '퀀텀 비트(양자 비트)quantum bit', 즉 큐비트qubits를 사용한다. 양자 컴퓨터 전산 능력의 핵심은 큐비트가 동시에 1과 0으로 존재할 수 있는 것처럼 보인다는 사실이다. 오늘날 상업적으로 이용 가능한 가장 강력한 양자 컴퓨터는 50큐비트다.[4] 한편 2,048비트 RSA를 8시간 만에 풀어낼 수 있는 가상의 기계는 약 2천만 큐비트일 것이다. 50큐비트와 2천만 큐비트에 엄청난 차이가 있는 것 같은가? 지난 60년간 전산 능력은 이미 1조 배 증가했다.[5]

물론 말 그대로 이런 퀀텀 점프에는 긍정적인 의미가 있다. 일반적인 2진법 컴퓨팅이 우리가 컴퓨터로 업무를 처리하는 데는 이미 충분하지만, 믿을 수 없을 정도로 빠른 양자 컴퓨팅은 AI◉1장 같은 분야, 혹은 유전자 정보◉16장 등 복잡한 구조를 해독하는 데 다양하게 사용될 수 있다.

전문가 대부분에 따르면, 양자 컴퓨팅은 한동안 일반적인 용도로는 사용되지 않을 전망이다. 그러나 기술계의 거인인 구글, IBM, 인텔은 누구나 원자보다 작은 구조를 탐색하고 유익을 얻을 수 있는 플랫폼을 만들고 있다. 그리고 양자 컴퓨팅을 제쳐놓더라도, 기존의 컴퓨터 프로세서는 지난 반세기 동안 그래왔듯 대단히 빠르게 발전하고 있다.

오늘날 양자 컴퓨팅 이외에도, 가까운 미래에 빠른 연산을 할 수 있는 기술들이 개발 중이다. 그중 하나인 팩셀PAXEL은 '나노 광학 nanophotonics'을 통해 빛의 다양한 세기를 이용하여 계산을 수행한다. 이는 집적 회로를 통과하는 데이터의 속도를 높이며, 더 빠른 처리 속도를 제공하고 에너지 소비는 낮춘다.[6]

더 빠른 네트워크 스피드◉15장가 데이터 전송 속도의 증가에만 그

치지 않고 기존에는 불가능했던 새로운 가능성을 연 것처럼, 더 빠른 처리 속도는 기술의 지평선을 더욱 넓힐 것이다.

양자 컴퓨팅은 실제로 어떻게 사용되는가?

양자 컴퓨팅의 실제 사용은 우주 시대에나 가능할 것처럼 손에 잡히지 않고 아득하게 느껴질 수 있다. 양자 컴퓨팅 이용이 학계나 고도로 이론적인 작업에 국한되어 있고, 실용적인 쓰임새가 거의 없기 때문이다.

- 예를 들어, 시간 결정time crystal을 만드는 일은 이론 물리학자들에겐 흥미로운 지적 과제이지만 우리에게는 거의 쓸모가 없다. 현재로서 시간 결정은 양자 컴퓨팅을 이용해서만 가능하다.[7] (시간 결정이란 보통의 결정처럼 공간에 따라 반복되는 구조를 가질 뿐 아니라, 시간에서도 반복되는 구조를 갖는 결정을 말한다.)

- 양자 컴퓨팅을 최초로 상업적으로 이용한 기업은 캐나다에 있는 **디웨이브**D-Wave로서 록히드 마틴Lockheed Martin과 나사에 서비스를 제공한다. 2012년 **하버드대학교** 연구진은 단백질 접힘 문제를 풀기 위해 디웨이브의 원One 시스템을 사용했다.[8] 단백질 접힘 문제란 단백질이 3차원 공간에서 취하는 물리적 형태를 예측하는 일이다. 단백질은 접힘으로써 생물학적으로 기능한다. '잘못 접힌misfolded' 단백질은 질병이나 알레르기로 이어질 수 있으며, 따라서 이런 과정을 이해하는 것은 의학적으로 매우 가치 있

다. 단백질 접힘 예측은 기존 컴퓨터로도 가능하지만(크라우드소싱을 통해 다수의 컴퓨터로 분산 처리한 folding@home 프로젝트에서 볼 수 있다[9]), 양자 컴퓨팅은 필요한 에너지를 대폭 줄이면서도 처리 속도를 높일 수 있는 잠재력이 있다.

- **폭스바겐**의 연구진은 디웨이브의 기술을 이용해 또 다른 프로젝트를 시행했다. 연구진은 양자 방법quantum methods으로 도심의 차량 흐름을 모델링했다.[10] 이는 오늘날의 기술로는 예측하기가 매우 어렵고 복잡한 작업이다. 그러나 이런 것은 별로 놀랍지 않다. 특정 자동차가 특정 도로 위를 달릴 것인지와 같은 변수를 무려 270개나 시뮬레이션에 설정하면, 우주에 있는 모든 원자보다도 가능성이 풍부할 것이다!

- 사실 양자 컴퓨팅은 복잡한 종류의 모델링을 훨씬 효율적으로 할 수 있는 잠재력을 제공한다. 예를 들어, 일기 예보는 복잡한 기상학적 상황을 모델링하는 능력에 달려 있다. **영국 기상청**Met Office에 따르면, 양자 컴퓨터는 오늘날 사용하는 것보다 더욱 진보한 모델링을 할 수 있다. 양자 컴퓨터 탐구는 차세대 예보 시스템을 구축하기 위한 방안 중 하나다.[11]

- 단백질 접힘과 기상학의 예를 살펴봤지만, **글로벌 금융 시장**보다 더 복잡하진 않을 것이다. 주식 시장, 통화, 물가를 완전히 이해하는 문제는 가장 정교한 머신러닝 알고리즘의 한계를 넘어선다.

물가는 국제 정치, 지역 경제, 소비자 트렌드, 과학 발전, 사회 변화, 전쟁, 자연재해, 그리고 유명인사가 트위터에 올린 글에 영향을 받는다. 이런 혼돈이 시장에 미치는 영향은 완벽히 계산할 수 없다. 그러나 프로세서의 발전은 분명히 우리를 더 나은 예측으로 이끌 수 있다.

- AI의 발전으로 변덕스러운 금융 시장의 움직임을 예측하고 반응할 수 있는 것에 더해, 양자 컴퓨팅은 매일 대형 은행과 결제 서비스 제공업체가 처리하는 수많은 거래 가운데 부정행위를 인식하고 그에 대처하는 능력을 대단히 향상할 수 있다. 또한 좀 더 믿을 만하고 공정한 **개인 신용평가**를 제공할 수 있다.[12]

양자 컴퓨팅은 패턴 인식과 최적화 방법optimization methods 개발과 관련해 대단한 잠재력을 갖추었다고 평가되므로, 최초로 양자 컴퓨팅을 금융을 비롯한 다른 복잡하고 수익성 좋은 분야에 성공적으로 적용하는 사람은 그야말로 돈을 쓸어 담을 수 있을 것이다.

주요 도전 과제

이런 새로운 종류의 컴퓨터 프로세서가 등장하면서 풀어야 할 큰 숙제 중 하나는 특별히 프로그래밍이 된 소프트웨어가 필요하다는 점이다. 즉, 여러분이 양자 컴퓨터 CPU나 나노 광학 CPU를 구해 노트북에 설치한다 해도, 여러분의 윈도는 대단히 빨라지기는커녕 제대로 작동조차 하지 않는다.

최근의 컴퓨터를 보면, CPU의 클록 속도clock speed가 멀티코어 구조에 자리를 내주고 있다. 프로세서에 코어를 더 많이 탑재하면 여러 업무를 동시에 처리할 수 있으며, 이는 엄청난 성능 향상으로 이어진다. 그러나 멀티 코어를 사용하기 위해서는 특별히 프로그래밍한 소프트웨어가 있어야 한다.

새로운 데이터 프로세싱 기술이 출현하면, 그 이점을 온전히 누릴 수 있는 툴과 응용 프로그램을 만들기 전에, 먼저 새로운 소프트웨어 아키텍처가 요구된다. 즉 소프트웨어 엔지니어들이 기본으로 돌아가 완전히 새로운 기술을 익히고 양자 역학의 기초를 다져야 하는 것이다.

스마트한 엔지니어들이 이런 기술을 익히느라 시간을 보낼 만큼 상업적인 가치가 생기기 전까지는, 양자 컴퓨팅이나 그 외의 컴퓨터 프로세싱 관련 프로젝트를 수행할 수 있는 사람을 찾기가 어려울 수 있다.

양자 컴퓨팅으로 돈을 만지려는 사람들에게 또 다른 어려움이 있다. 분명한 상업적인 기회가 없다는 점이다. 최근 구글이 최초로 '양자 우위quantum supremacy'[13]를 달성했다고 발표하기 전만 해도, 양자 컴퓨터가 가져다주는 유익은 없었다. (양자 우위란 양자 컴퓨터가 기존 슈퍼컴퓨터의 성능을 넘어서는 현상을 말한다.)

즉, 연구에 투입되는 시간과 자원의 균형을 맞출 필요가 있다. 여러분이 20년 후에 여러분의 산업계에 일어날 일을 정확히 예측한다 해도, 그 일을 앞당기기 위해 현재 여러분의 모든 자원을 쏟아붓는다면 단기적인 경쟁력 상실로 이어질 수 있다. 그러나 한편으로 미래를 무시하면 누군가가 양자 컴퓨터의 활용 가능성을 이해했을 때 결국 뒤처질 수밖에 없다.

클라우드에 기반한 서비스형 양자 컴퓨터quantum-as-a-service가 이미 구글, 마이크로소프트, IBM에서 이용 가능하다. 즉 필요한 사람은 전산 능력을 사용할 수 있다. 그러므로 "좋은 기회를 놓치고 싶지 않은 마음"의 덫을 피하면서도, 여러분이 무엇을 얻어야 하는지 판단하는 것이 중요하다.

만약 여러분이 현재 이용 가능한 50큐비트의 전산 능력 이상을 탐구하길 원한다면, 먼저 해결해야 할 기술적 문제가 있다. 양자 컴퓨팅은 (그 외에 다른 발전된 컴퓨팅도) 대단히 비싸고 까다롭다.

양자 컴퓨팅은 극단적으로 추운 환경에서만 작동한다. 디웨이브 2XD-Wave 2X 같은 기계 내부는 절대온도 0.015도에서 돌아간다. 절대온도 1도가 채 안 되며, 별 사이 공간보다 180배 더 차갑다.[14] 원자보다 작은 입자를 측정하기 위해서는 가능한 한 정상 상태 stationary state(물질계의 상태가 시간에 의해 변화하지 않는 경우를 말한다— 옮긴이)에 가까워야 하기 때문이다. 오직 세계에서 재원이 가장 풍부한 기관과 연구소에서만 이런 연구가 가능하다. 물론 기술에 대한 이해가 높아지고 상업적 가능성이 명확해지면 상황은 뒤바뀔 수 있다.

양자 컴퓨팅이라는 기술 트렌드를 준비하는 법

이 기술 트렌드를 활용하고자 한다면 이해해야 할 점이 있다. 전산 능력의 향상이 다만 "다른 것은 다 똑같고 단지 속도만 빠른" 게 아니라, 어떤 혁신을 일으킬 수 있다는 것이다.

사실, 얼마간 양자 컴퓨팅이 우리의 일상생활에 눈에 띄는 변화를 일으키지 않을 수 있다. 그러나 양자 컴퓨팅은 대단히 혁명적이리라 기대되기 때문에, 많은 개발자와 엔지니어들이 미래에 대한 비전을 갖고 충격에 대비하기 시작할 것이다.

만약 여러분의 비즈니스가 시뮬레이션, 모델링, 또는 복잡한 시스템을 예측하는 산업에 속한다면, 즉 금융, 제약, IT 보안에 종사한다면, 충격이 느껴지는 시점은 그리 멀지 않을 수 있다.

암호학이 대표적인 분야다. 이미 상당 부분의 알고리즘이 양자 컴퓨터에도 안전하도록 개발되고 있으며, 그러므로 보안 데이터의 전송 및 처리가 양자 시대에도 여전히 가능할 것이다.

물론 우리에겐 이런 일이 대단해 보이지 않을 수 있다. 우리는 온라인으로 주고받는 신용카드 번호 같은 비밀 정보가 20년 뒤에 양자 컴퓨터로 해독된다고 하더라도 별로 신경 쓰지 않는다. 이미 오늘날의 정부 기관도 같은 위협을 겪고 있기 때문이다. 지금 주고받는 정보도 당연히 안전하게 보호되어야 한다는 요구가 있다.

현존하는 시스템의 한계를 이해하기 시작하는 시점, 즉 우리가 지금 분석하는 대상이 예측하기에 몹시 복잡해지는 상황이 되면, 기업이나 기관은 양자 컴퓨팅이나 그 밖의 발전된 컴퓨팅이 좋은 대안 혹은 필수품이 되리라 판단할 수 있다.

좀 더 기술적으로 관심 있는 사람들을 위해서는 다수의 양자 컴퓨팅 프로그래밍 언어와 소프트웨어 개발 키트가 이미 존재하며, 이와 관련된 온라인 자료도 많다. 이런 것들을 공부하면 양자 컴퓨팅이 어떻게 우리를 돕는지 더 잘 이해할 수 있다. 예를 들어, 디웨이브가 개발한 Ocean, 구글의 Cirq, 마이크로소프트의 Q Sharp, IBM의 Qiskit은 모두 오픈소스 프로젝트이며, 퀀텀 시뮬레이터 quantum simulator나 클라우드○7장의 실제 양자 컴퓨터에서 코드를 실험할 수 있다.

양자 컴퓨팅에 관한 기본 지식이 수학과, 물리학과, 컴퓨터공학과 대학생 및 대학원생의 수업에 점점 포함되고 있다. 학계에서 제공하는 기초 교육은 양자 컴퓨팅의 이론 및 응용을 공부하고자 하는 사람들에게 좋은 기반이 될 수 있다. 또한, 기술을 습득하고자 하는 사람들에게도 마찬가지다. 양자 컴퓨팅 기술은 가까운 미래에 수요가 매우 늘어날 수 있다.

주

1. Where do quantum computers get their speed: http://quantumly.com/ m.quantum-computer-speed.html

2. Google claims to have reached quantum supremacy, Financial Times: www.ft.com/content/b9bb4e54-dbc1-11e9-8f9b-77216ebe1f17

3. How a quantum computer could break 2048-bit RSA encryption in 8 hours: www.technologyreview.com/s/613596/how-a-quantum-computer-could-break-2048-bit-rsa-encryption-in-8-hours/

4. Google's "Quantum Supremacy" Isn't the End of Encryption, Wired: www.wired.com/story/googles-quantum-supremacy-isnt-end-encryption/

5. Visualizing the Trillion-Fold Increase in Computing Power: www.visualcapitalist.com/visualizing-trillion-fold-increase-computing-power/

6. Using light to speed up computation: www.sciencedaily.com/releases/2019/09/190924125018.htm

7. A team of University of Maryland researchers have developed the world's first time crystals: https://dbknews.com/2017/03/16/time-crystals-discovery/

8. D-wave-quantum-computer-solves-protein-folding-problem.html: http://blogs.nature.com/news/2012/08/d-wave-quantum-computer-solves-protein-folding-problem.html

9. Folding@Home – About: https://foldingathome.org/about/

10. Traffic Flow Optimization using the D-Wave Quantum Annealer: www.dwavesys.com/sites/default/files/VW.pdf

11. Novel architectures on the far horizon for weather prediction: www.nextplatform.com/2016/06/28/novel-architectures-far-horizon-weather-prediction/

12.   Quantum computing for finance: Overview and prospects: www.
      sciencedirect.com/science/article/pii/S2405428318300571#sec0009

13.   Google quantum computer leaves old-school supercomputers in the
      dust: www.cnet.com/news/google-quantum-computer-leaves-old-
      school-supercomputer-in-dust/

14.   The D-Wave 2X Quantum Computer Technology Overview: www.
      dwavesys.com/sites/default/files/D-Wave%202X%20Tech%20
      Collateral_0915F.pdf

22

로봇 프로세스
자동화

ROBOTIC PROCESS
AUTOMATION

TECH TRENDS IN PRACTICE

로봇 프로세스 자동화란 무엇인가?

로봇 프로세스 자동화는 인간이 수행하는 규칙적인 업무를 소프트웨어 로봇에 맡겨 처리 시간을 최소화하는 것이다. 로봇 프로세스 자동화의 목표는 생산성을 높이고 실수를 줄이며, 인간 근로자가 더 가치 있는 업무, 즉 로봇이 수행할 수 없는 고객 응대나 '전반적인' 전략 개발 등을 할 수 있도록 돕는다. 로봇 프로세스 자동화는 다른 디지털 시스템과의 소통, 데이터 수집, 정보 검색, 거래 처리 등을 수행하도록 프로그래밍된다.

물리적인 로봇◉13장은 여러 물리적인 작업, 즉 컨베이어 벨트 생산 라인 업무라든가, 심지어 집 짓기를 수행한다.[1] 마찬가지로 소프트웨어 로봇은 반복적인 디지털 업무를 처리하는 데 사용할 수 있다.

그러기 위해선 소프트웨어가 업무 처리에 관한 '교육'을 받아야 한다. 그러나 소프트웨어 구현에는 AI[1장]가 점점 더 폭넓게 사용될 것이다. 작업에 능숙해지고, 스스로 과제를 자동화하며, 어떤 업무가 자동화되어야 하는지 우선순위를 정하기 위해서다.

로봇 프로세스 자동화를 새로운 프로세스 전체로 바라보면 안 된다. 이것은 프로세스의 한 '단계'다. 로봇 프로세스 자동화는 독립적으로 작동하며, 어떤 이유로 작동이 멈추면 인간 근로자가 대신 작업을 수행할 수 있다. 물론 로봇보다 느리고 실수가 잦겠지만 말이다. 집 짓기의 예에서 인간 근로자든 로봇이든, 누가 작업했든지 간에 모든 구성 요소가 제자리에 제대로 놓인 것처럼, 소프트웨어 로봇 프로세스 자동화도 마찬가지다. 실제로 자동화되는 작업은 벽돌을 나르기와 같은 중간 업무인 셈이다.

다시 말해, 로봇 프로세스 자동화는 기존의 시스템을 대체하는 게 아니라 보완하며, 시스템과 인간 근로자 사이에서 완충 장치로 작동한다.

로봇 프로세스 자동화의 시작은 웹 주소 자동 완성 기능 등이었으며, 스프레드시트의 매크로나 이메일 자동 응답기로도 사용됐다. 오늘날은 더욱 발전해 고객 서비스 챗봇으로 쓰이기도 한다.

이전까지는 로봇 프로세스 자동화를 구현하려면 기계에 구조화된 규칙을 입력해야 했다. 그러나 로봇 프로세스 자동화 기술이 진화함에 따라 컴퓨터 비전●12장이나 자연 언어 처리●10장 같은 인지 컴퓨팅 기술이 더 발전할 테고, 그러므로 더 많은 업무를 더 간단하게 자동화할 수 있다. 손으로 쓴 글씨, 카메라나 센서로 수집한 자료에서 자동으로 데이터를 읽어내는 능력은 수많은 기회를 열 수 있다. 미래의 로봇 프로세스 자동화 툴은 여러분이 하는 업무를 어떻게 도울지 판단하기 위해, 처음에는 단지 여러분을 빤히 지켜보기만 할 것이다. 그러다 어느 순간 여러분을 대신해 이메일을 보낸다. 나는 컨설팅이나 연설과 관련한 요청이 들어오면 매우 비슷한 내용으로 답장을 보내곤 한다. 그리고 그 뒤로 이어지는 대화도 매번 매우 유사하다. 로봇 프로세스 자동화 툴은 내가 일반적으로 어떻게 답변하는지 학습함으로써, 나를 대신해 이메일 초안을 잡거나 이메일 전체를 작성할 수 있을 것이다.

사실, 시장조사업체 가트너의 예측에 따르면, 거대 조직의 85퍼센트가 2022년까지 로봇 프로세스 자동화를 설치할 예정이다.[2] 한편 포레스터Forrester의 조사에 따르면, 로봇 프로세스 자동화 툴과 관련한 지출은 2019년 10억 달러(약 1조 2천억 원)에서 2020년 15억 달러(약 1조 8천억 원)에 이른다.[3]

로봇 프로세스 자동화는 물리적인 인프라 변화를 거의 요구하지 않으므로 구현 비용이 상대적으로 값싸며, 인간 근로자의 작업 시간을 줄이고 실수를 없애므로 빠르게 유익을 얻을 수 있다. 이런 이유로 로봇 프로세스 자동화는 종종 단기 성공 전략으로 여겨진다. 이익이 빠르게 눈에 보이므로 더 많은 프로젝트에 추가 적용될 수 있다.

로봇 프로세스 자동화는 실제로 어떻게 사용되는가?

로봇 프로세스 자동화는 '화이트칼라 자동화'로 불리곤 한다. 사무직, 관리직, 또는 전문 인력이 하는 일을 자동화하기 때문이다.

로봇 프로세스 자동화 시스템은 우리가 일상적으로 사용하는 맞춤법 검사 프로그램이나 자동 완성 기능과 같은 소프트웨어와 온라인 시스템 속에 구현된다. 사실, 이 책을 쓰면서도 마이크로소프트 워드가 미주 번호를 자동으로 깔끔하게 정리하고 있다. 이런 원리는 비즈니스 프로세스로 이어진다. 특히, 금융 서비스 업계에서 사용법을 빠르게 찾고 있다.

금융 서비스의 로봇 프로세스 자동화

은행과 보험 회사가 로봇 프로세스 자동화를 채택하고 있다. 다음과 같은 예를 살펴보자.

- **아메리칸 피델리티 어슈어런스**American Fidelity Assurance는 로봇을 만드는 데 걸린 인간 근로자의 노동 시간을 10시간씩 단축할 수 있었다. (보험금 청구 처리 및 회계 업무를 대신할 로봇이었다.) 또한 머신러닝을 통해 이메일 내용을 바탕으로 정확한 도착지를 판단

하고, 이메일을 올바른 수신인에게 전송한다. 모두 인간 근로자가 수행했던 업무였다.[4]

- 싱가포르 은행 OCBC는 주택담보대출 전환에 걸리는 시간을 45분에서 1분으로 줄일 수 있었다. 적격 여부 심사, 다른 옵션 추천, 그리고 이메일 초안을 잡는 일까지 모두 자동화한 덕분이다.[5]

- **DBS 은행**은 IBM과 협력해 로봇 프로세스 자동화 전문가 조직 Centre of Excellence for RPA을 만들고 50개 이상의 비즈니스 프로세스를 최적화했다.[6] IBM의 상무이사 애덤 로렌스Adam Lawrence는 다음과 같이 말했다. "프로세스를 자동화하는 기술은 이미 오래 전부터 있었습니다. 하지만 이제 기술이 진보해 자율적 의사 결정을 통한 인지 자동화cognitive automation가 가능해졌습니다. 데이터 검색으로 새로운 시각도 얻고, 맞춤형 지원도 할 수 있습니다."

- 또 다른 어느 주요 은행은 로봇 프로세스 자동화를 통해 자율준수 프로세스compliance process의 속도를 높였다. 이 프로세스는 인간 근로자가 200곳이 넘는 웹사이트에 게시되는 규정 및 규제 변화를 모니터하는 업무였다. 이 은행은 로봇 프로세스 자동화 제공업체 크리온Kryon의 솔루션을 사용해 웹사이트 로그인 과정 및 자료 수집을 자동화하여 인간 근로자의 작업 시간을 한두 시간에서 단 20분으로 단축했다. 또한 실수도 줄어들었다.[7]

소매업의 로봇 프로세스 자동화

- **월마트**는 고객 서비스, 노사 관계, 회계 감사, 송장 지급 등 많은 업무를 수행하기 위해 500대의 봇을 사용하고 있다. CIO 클레이 존슨Clay Johnson은 다음과 같이 말했다. "많은 아이디어가 업무에 싫증 난 직원들에게서 나왔습니다."[8]

- 호주의 도매업체 **멧캐시**Metcash는 로봇 프로세스 자동화를 시작하기 위해 '가장 자동화하기 쉬운 목표'를 찾는 위원회를 발족했다. 프로그램 관리자 제니퍼 미첼Jennifer Mitchell은 인터뷰에서 다음과 같이 설명했다. "로봇 프로세스 자동화는 임시 처방이 아닙니다. 우리의 목표는 직원을 돕는 것이고, 그러려면 디지털화된 모든 프로세스를 찾아 그것을 어떻게 간소화하고 자동화할 수 있을지 고민해야 합니다."[9] 이제까지 멧캐시는 자동화할 수 있는 값싸고 반복적인 업무를 20개 발견했다.

헬스케어의 로봇 프로세스 자동화

헬스케어는 사람을 직접 상대하지 않으며, 행정적인 업무가 많은 분야 중 하나다. 환자 기록은 대단히 꼼꼼하고 정확해야 하며, 필요할 때 언제든 볼 수 있어야 한다. 그러면서도 프라이버시가 보장돼야 한다. 로봇 프로세스 자동화는 손으로 쓴 차트나 의료 영상에서 쉽게 데이터를 추출할 수 있다. 이 말은 의사가 항상 환자에 관한 최신 정보를 볼 수 있다는 의미다. 또한 정보는 암호화되어, 개인의 세부사항이 데이터를 읽는 모든 시스템에 누설되지 않는다.

이런 기능은 환자에게까지 확장될 수 있다. 환자는 디지털 인터페이스로 진료 접수를 하고, 본인 확인을 하며, 정보 동의를 제공할 수 있다. 이런 데이터는 자동으로 양식을 기입하고 기록을 보증하는 데 이용될 수 있다.

고객 서비스의 로봇 프로세스 자동화

고객 서비스에도 역시 여러 기회가 있다. 챗봇은 점점 흔해지고, 자연 언어 처리 기술의 발전 덕택에 고객을 이해하고 돕는 능력이 출중해지고 있다. 그 결과 고객 서비스 담당자는 반복 작업에서 자유로워지고, 인간의 개입이 필요한 좀 더 복잡한 업무에 전념할 수 있다.

- 보험사 콜센터가 좋은 예다. 로봇 프로세스 자동화가 구현되면 상담원이 통화 중에 지급 규정을 확인할 수 있으며, 고객이 기다리는 동안 로봇 프로세스 자동화가 자료를 모으고 고객 기록을 업데이트한다. 결과적으로 평균 통화 시간을 70퍼센트 단축하고, 고객이 통화 중 대기하며 기다리는 시간을 2분에서 40초로 줄일 수 있었다.[10]

- 로봇 프로세스 자동화가 자동으로 구현될 수 있는지 알아내기 위해 프로세스와 시스템을 분석하는 툴이 등장했다. 클라우드 기반

HR 전문 기업 **피플독**PeopleDoc은 '피플봇PeopleBots'을 포함한 시스템을 사용한다. 피플봇은 경영 활동을 효과적으로 모니터해 자동화가 도움이 될 만한 상황을 찾는다.[11] 그 뒤 머신러닝 알고리즘이 프로세스를 자동화할 최선의 방법을 결정하고 작업에 착수한다.

주요 도전 과제

아마도 가장 중요한 과제는 로봇 프로세스 자동화가 사람들의 일자리에 미치는 영향이다. 많은 직원이 해고되는 것은 분명하겠지만, 프로세스 자동화를 구현할 수 있는 인재에 대한 수요도 있을 것이다. 시장조사업체 포레스터에 따르면, 로봇 프로세스 자동화 및 기타 프로세스 자동화는 2025년까지 미국의 일자리 16퍼센트를 대체할 전망이다. 그러나 새로운 일자리가 9퍼센트만큼 생겨나므로, 순손실은 7퍼센트다.

직업이 사라지는 동시에, 완전히 새로운 일거리가 생겨나기도 한다. 또 사람들에게 기존과는 전혀 다른 역할이 맡겨질 수 있다. 반복적인 작업이 점점 더 자동화될 때, 창의적이고 전략적이며 고객을 상대하는 업무에 할당할 수 있는 시간은 더욱 늘 것이다. 이는 커다란 문화적 변화를 일으킬 수 있다. 컴퓨터 앞에 앉아 보내는 시간이 줄어들므로 '현장' 근무에 더 큰 기회가 생길 수 있다. 이런 예상이 긍정적으로 들릴 수 있는 반면, 기존의 규칙과 틀에 익숙한 사람들은 부정적으로 반응할지 모른다. 그러므로 직원들에게 주어지는 새로운 자유 시간을 어떻게 최대한 활용할지 교육·훈련할 필요가 있다.

사회적인 어려움뿐만 아니라 기술적인 문제 또한 존재한다. 로봇 프로세스 자동화를 계획하고, 구현하고, 배치하려면 기술을 가진 직원을 새로 고용하거나, 기존의 근로자를 다시 가르쳐야 한다. 로봇 프로세스 자동화를 구현한다는 것은 기존 시스템의 꼭대기에 새로운 툴을 써서 또 다른 시스템을 쌓는 것을 의미한다. 이렇게 사용되는 새로운 툴은 조직 대부분이 갖추고 있지 않을 가능성이 크다. 또한 시스템 구현으로 인한 지출 대비 이익을 가늠하는 작업도 고급 기술에 해당한다. 많은 로봇 프로세스 자동화 구현이 투자 자본수익률ROI 목표를 달성하는 데 실패했다.[12]

즉, 자동화하기 좋은 업무를 올바르게 선택하는 일이 필수적이며, 그에 따른 기대는 현실적이어야 한다. AI가 로봇 프로세스 자동화의 가능성을 무척이나 넓혔지만, 지금 당장은 다량의 반복적인 업무에만 실행 가능하다. 인간 근로자가 감독하거나, 인간 근로자의 의사 결정이 꼭 필요한 작업은 인간 근로자가 개입해야 하는 필요 때문에 속도 면에서의 이점을 모두 잃으며, 인간 근로자의 실수를 줄인다는 장점도 보장할 수 없다.

자동화가 적절한 해법인지도 따져볼 필요가 있다. 어떤 경우에는 프로세스 자체가 문제일 수 있다. 프로세스가 의도한 목표를 달성하고 있는지, 혹은 필요한 요건을 충족하고 있는지 신중히 고려해야 한다. 업무의 반복적인 특성이 너무나 많은 자원을 요구한다면 로봇 프로세스 자동화가 문제를 해결한다기보다 '임시방편'일 수 있다. 이는 비용이 많이 드는 위험한 실수다. 무조건 자동화하기보다 프로세스를 개선하거나 다시 고민해보는 편이 훨씬 효과적일 수 있다.

로봇 프로세스 자동화라는 기술 트렌드를 준비하는 법

첫 번째 단계는 어떤 프로세스를 자동화할 수 있고, 어떤 프로세스를 자동화할 수 없는지 기본을 이해하는 일이다. 일반적으로 이 일은 '바쁜 작업'이다. 추산에 따르면 정보 처리 노동자의 일과 가운데 10퍼센트에서 20퍼센트의 시간을 차지한다.[13] 다수의 반복적인 작업, 즉 기록을 열고 검색하며, 서로 다른 디지털 공간에 자료를 전송하고, 반복적으로 마우스를 클릭하는 업무는 훌륭한 자동화 후보다. 그러나 창조적인 사고와 인간의 의사 결정이 포함된 일은 대개 자동화되지 않는다.

다음으로, 어떤 업무를 자동화해야 하는지 확인하는 단계가 있다. 이런 업무는 현재 여러분의 조직이 목표를 달성하는 데 보탬이 되지만, 근로자의 시간을 너무 많이 소비하는 일이다. 기억하라. 우선 '단기 성과'를 내는 것이 좋은 아이디어다. 단기 성과는 로봇 프로세스 자동화의 유익을 설명한다. 그러나 반복적인 업무를 줄이는 것에 부정적이거나 자동화가 일자리 및 조직 문화에 미칠 영향을 걱정하는 직원을 설득해야 한다.

그다음으로는 이용 가능한 기술, 또는 로봇 프로세스 자동화를 성
공적으로 구현하기 위해 협력해야 할 파트너를 찾아볼 수 있다. 또
다른 질문은 여러분의 인프라에 관한 것일 수 있다. 기존의 인프라
에 로봇 프로세스 자동화를 구현할 수 있을까? 그리고 기존 근로
자들이 그들 앞에 놓인 시간과 기회를 최대한 활용하기 위해 무엇
을 필요로 할까?

협력업체를 고를 때는 이미 실적이 입증되었으며, 또한 다가오는
변화에 맞서 인적 자원을 어떻게 관리해야 할지 도울 수 있는 곳
으로 선택하라. 인적 자원 관리는 프로세스 자동화와 관련해 가장
예측하기 어렵고 다루기 까다로운 문제다.

어도비의 로봇 프로세스 자동화도 '단기 성과'와 함께 시작되었다.
그 후 많은 시험 계획이 설계되어 로봇 프로세스 자동화를 재무
업무에 접목했다. 이익이 분명해졌을 때의 다음 단계는 로봇 프로
세스 자동화 '전문가 조직'을 만드는 것이었다. 이를 통해 언제 어
디를 자동화하는 게 적절할지 전체적으로 바라보며, 재사용 가능
한 툴과 기술을 개발하며 작업을 진행했다.[14]

기술 변화와 관련된 모든 것과 마찬가지로, 온라인에는 무수한 정
보와 자료가 있다. 이를 통해 여러분은 스스로 학습하고 변화에 대

비할 수 있다. 로봇 프로세스 자동화 솔루션 제공업체 유아이패스 UiPath는 온라인 아카데미를 개설해 그곳에서 많은 무료 훈련을 받을 수 있도록 한다. 각 학습 과정은 비즈니스 분석 담당자, 기술 구현 관리자, 솔루션 설계자 등 역할에 따라 카테고리가 나뉘어 있으며, 각각은 로봇 프로세스 자동화를 향한 구체적인 여정을 다루고 있다.

이런 자료 외에도 유아이패스는 로봇 프로세스 자동화 개발자와 열정적인 팬들을 위한 커뮤니티를 만들어 툴, 정보, 전략을 공유할 수 있도록 했다.[15] 또한 무료로 제공되는 로봇을 통해 여러분의 조직이 로봇 프로세스 자동화를 이해하도록 돕고, 그것이 어디에 유용한지 실험할 수 있다.

주

1. The House The Robots Built: www.bbc.com/future/bespoke/the-disruptors/the-house-the-robots-built/

2. Gartner Says Worldwide Spending on Robotic Process Automation Software to Reach $680 Million in 2018: www.gartner.com/en/newsroom/press-releases/2018-11-13-gartner-says-worldwide-spending-on-robotic-process-automation-software-to-reach-680-million-in-2018

3. How Automation Is Impacting Enterprises In 2019: https://go.forrester.com/blogs/predictions-2019-automation-technology/

4. RPA is poised for a big business break-out: www.cio.com/article/3269442/rpa-is-poised-for-a-big-business-break-out.html

5. Examples and use cases of robotic process automation (RPA) in banking: www.businessinsider.com/rpa-banking-examples-use-cases?r=US&IR=T

6. DBS Bank accelerates digitalization transformation with robotics programme: https://www.dbs.com/newsroom/DBS_Bank_accelerates_digitalisation_transformation_with_robotics_programme

7. RPA Use Cases: www.kryonsystems.com/Documents/Kryon-UseCases-Financial.pdf

8. What is RPA? A revolution in business process automation: www.cio.com/article/3236451/what-is-rpa-robotic-process-automation-explained.html

9. What RPA Really Means for Managing Accounting: www.intheblack.com/articles/2019/11/01/what-rpa-really-means-for-management-accounting

10. Kryon RPA for Call Centers: https://www.kryonsystems.com/rpa-call-center/

11.   Robotic Process Automation and Artificial Intelligence in HR and Business Support – It's Coming: www.bernardmarr.com/default.asp?contentID=1507

12.   Why RPA Implementations Fail: www.cio.com/article/3226387/why-rpa-implementations-fail.html

13.   All the Robotic Process Automation (RPA) Stats You Need to Know: https://towardsdatascience.com/all-the-robotic-process-automation-rpa-stats-you-need-to-know-bcec22eaaad9

14.   Adobe CIO: How we scaled RPA with a Center of Excellence: https://enterprisersproject.com/article/2019/10/rpa-robotic-process-automation-how-build-center-excellence

15.   UiPath Go: www.uipath.com/rpa/go

트렌드 **23**

대량 개인화 및
마이크로 모먼츠

MASS PERSONALIZATION AND
MICRO-MOMENTS

TECH TRENDS IN PRACTICE

한 문장 정의 ─────────

대량 개인화는 제품과 서비스를 대량으로 공급하지만, 각각의 수요에 맞
춤형으로 제공하는 것이다. 마이크로 모먼츠는 고객이 요구할 때 즉시 반
응할 수 있는 기회를 말한다.

대량 개인화 및 마이크로 모먼츠란 무엇인가?

대량 개인화

타깃화된 매스 마케팅은 1960년대와 1970년대에 소비자에게 광
고 우편물을 보내며 발전했다. 고객은 연령, 주거, 소득 등으로 나
눌 수 있었으며, 그룹별로 좀 더 관심을 보일 것 같은 제품이 홍보
됐다.

오늘날은 인터넷과 소셜 미디어 덕분에 우리가 누구이며 무엇을
하는지에 관한 정보가 예전보다 더 많이 생성◦4장된다. 그리고 마
케터는 이런 내용을 수집·분석할 수 있다.

즉, 공급자는 우리에게 개인적인 수요를 충족할 맞춤형 제품이나

서비스를 제공할 수 있다. 맞춤형 이메일 마케팅부터 우리의 소비 수준에 따른 가격 설정까지, 대량 개인화는 제품 판매량을 늘리고, 소비자 만족도를 높이며, 고객 이탈을 줄이기 위해 사용될 수 있다.

온라인과 데이터에 기반한 대량 개인화의 시작은 고객의 IP 주소로 지리적 위치를 알아내 고객을 각 지역에 해당하는 페이지로 연결하는 것부터였다. 수집되는 데이터의 양과 종류가 늘면서 고객의 구성도 더 풍부해졌다. 대체로 연령, 관심사, 직업, 그 밖의 여러 가지로 구분할 수 있다. 즉, 마케터가 그리는 각각의 고객 집단이 점점 개인화되는 것이다.

개인화는 마케팅에 더욱더 중요해지고 있다. 소비자들이 타깃을 잘못 설정한 대량 전달에 대해 점점 더 화를 내기 때문이다. 딜로이트Deloitte의 조사에 따르면, 소비자의 69퍼센트는 성가시거나 부적절한 광고 때문에 어느 브랜드의 팔로우를 끊거나 구독을 취소하거나 계정을 닫는다.[1] 그러나 여기서 모순점이 하나 있다. 같은 조사에서 20퍼센트의 소비자만이 제품 광고를 위해 자신의 개인 정보를 사용해도 좋다고 답했다는 점이다. 이런 상황에도 불구하고, 또 개인정보 사용에 관한 규제가 늘어나고 있는데도, 소비자 중 상당수는 자신의 활동이 추적되고 분석되어도 좋다는 동의를 하고 있다. 각각의 동의가 구체적으로 어떤 내용인지 읽기 귀찮아서일지도 모르겠다!

이와 동시에 맞춤형 제품과 서비스에 대한 관심과 요구는 의심의 여지 없이 늘고 있다. 우리는 집이나 자동차 등 고가의 상품을 구매할 때 맞춤 제작에 익숙하다. 건축업자나 자동차 제조업체는 우리가 지갑을 더 열도록 추가 옵션을 제공한다. 보석이나 맞춤 의상을 구매하는 사람들은 자신만의 문구를 덧붙이기도 한다. 오늘날 대량 판매 제품도 개인적으로 맞춤 서비스를 받을 수 있다. 그럼으로써 소비자는 자신만의 고유한 것을 구매했다고 느낀다. 이런 서비스 중에는 고객을 맞춤 프로세스에 직접 참여시키는 방식도 있다. 즉, 고객에게 사이트를 안내해 그곳에서 직접 완성품을 디자인하거나 옵션을 선택하게 한다.

자동화된 소매업체, 로봇을 이용한 제조○13장, 그리고 3D 프린팅○24장은 모두 맞춤형 제품 및 서비스의 공급을 쉽게 만들며, 이런 역량을 갖추는 데 성공한 기업들은 시장을 선도할 수 있다. 딜로이트의 보고서는 이렇게 결론 내린다. "앞으로 자사 제품에 개인화 요소를 포함시키지 못한 기업은 수익과 고객 충성도를 모두 잃을 것이다."

마이크로 모먼츠

전통적으로 마케터는 우리가 무엇을 하며, 언제, 왜, 누구와 함께 하는지에 관한 정보를 얻고 싶어 했다. 이런 정보를 통해 우리가 누구인지 파악하고, 우리가 필요로 하는 (또는 필요로 하지 않는) 제품을 판매하는 최선의 방법을 알아냈다.

이런 정보를 고속 처리하는 기술이 더 강력해짐에 따라, 이제는 앞서 말한 작업이 거의 실시간으로 가능하다. 즉, 마케터는 우리에게 점점 더 가까이 다가와 우리가 제품이나 서비스를 찾고 있는 순간을 즉각적으로 포착하게 된 것이다.

이런 초창기 예로, 미국의 소매업체 타깃 코퍼레이션Target Corporation을 들 수 있다. 이 기업은 누군가가 임신했다는 사실을 당사자가 가족이나 친구에게 말하기도 전에 미리 추측하는 법을 안다.[2]

오늘날의 기술은 임신이나 약혼 같은 주요 사건의 예측을 넘어, 우리가 매 순간 무엇을 하는지 확인하는 정도에 도달했다. 극단적인 예로, 페이스북의 전략은 사람들이 언제 자신의 외모에 대해 우울해하는지 밝혀내, 그들에게 체중 감량이나 외모 관리와 관련한 제품을 추천한다.[3] 이런 기술이 부당하게 사용되면, 그야말로 끔찍하고 비윤리적일 수 있다.

그러나 이런 기술이 프라이버시 및 자료 수집에 윤리적으로 접근한다면, 우리 삶이 긍정적으로 바뀔 가능성도 있다. 우리가 필요한 바로 그 순간에 제품과 서비스를 제공하고, 타깃을 잘못 설정한 광고가 만들어낸 낭비를 줄이며, 부적절하고 성가신 광고 자체를 줄일 수 있다.

완벽한 마이크로 모먼츠가 발생하는 상황은 우리가 문제를 해결하려 애쓰는 순간에 정확히 제품 및 서비스가 공급되는 때이다. 즉, 이어서 무슨 영화를 볼지 골라주거나, 결혼식에 어떤 옷을 입을지 제안하며, 혹은 우리가 방문해야 하는 장소를 어떻게 다녀올지 안내하는 식이다. 이런 절호의 기회가 언제 발생할지 예측할 수 있다는 것은, 비즈니스가 정확한 타이밍에 우리 삶에 개입할 수 있다는 사실을 의미한다. 이것은 마케팅 효율을 극도로 높여준다.

마이크로 모먼츠라는 용어는 구글에서 처음 사용한 것으로 알려져 있다.[4] '욕구를 해소하는 짧은 순간'을 일컫는 말로, 마케터는 오늘날 24시간 연결된 문화가 만들어낸 이 현상을 최대한 활용할 수 있다.

대량 개인화 및 마이크로 모먼츠는 실제로 어떻게 사용되는가?

구글, 페이스북, 넷플릭스, 아마존, 그리고 스포티파이 같은 인터넷 거인들은 고객이 원하는 때에 맞춤형 추천을 하는 법을 학습함으로써, 개인화와 마이크로 모먼츠라는 트렌드를 선도했다. 여러분이 아마존에서 제품을 검색하거나, 넷플릭스에서 어떤 영화를 볼지 고민하며 스크롤을 내릴 때, 서비스 공급업체는 여러분이 무엇을 원할지 판단해 화면에 샘플을 보여준다.

특히, 구글을 비롯한 다른 검색 엔진인 바이두와 마이크로소프트의 빙Bing은 웹 검색 결과를 점점 더 개인화하고 있다. 즉, 다른 페이지가 얼마나 많이 특정 페이지에 링크되어 있는지와 같은 기본적인 지표 외에도, 여러분의 개인적인 사항, 즉 위치, 인적 사항, 검색 기록 등이 검색 결과에 반영된다.[5]

여기서 단서를 얻은 모든 산업계의 기업들은 시류에 편승하여 점점 더 많은 자원을 쏟아부으며 앞선 기업들과 똑같은 결과를 뒤쫓으려 할 수 있다.

식품 소매업체에서는 종종 다량의 재고가 팔리지 않고 썩는다. 소비자의 수요 예측에 실패했기 때문이다.

- **월마트**나 **테스코**Tesco 같은 소매업체는 현재 각 상품이 각 지점에서 얼마나 팔릴지 예측하기 위해 고도로 타깃화된 분석을 하고 있다.

- **아마존**은 예측 배송을 준비하고 있다. 즉, 고객이 주문하기도 전에 제품을 발송하는 것이다. 이는 소비자가 제품 구매를 원할 가능성이 크다는 가정 아래 안전하다.[6]

- **코카콜라**는 전 세계 마케팅을 다변화한다. 현지 문화와 전통에 따라 광고와 포장을 달리한다.

- 인도의 청량음료 브랜드 **페이퍼 보트**Paper Boat는 한 걸음 더 나아

갔다. 이 기업은 지역의 입맛에 맞는 향을 첨가하기 위해 각 지역에서 생산되는 망고를 사용한다. 소비자들은 음료를 맛보며 고유의 향을 느낀다.[7] 페이퍼 보트는 왓츠앱WhatsApp으로 소비자 선호도를 조사하며, 음료의 레시피 변경은 자동화된 공장에서 '최대 2분에서 3분가량' 소요된다.

- 헤드폰 제조업체 **리볼스**Revols는 이어폰 생산을 위한 크라우드펀딩에 성공했다. 리볼스의 소비자는 자신의 귀에 맞는 이어폰의 형태를 스스로 만든다. 이때 모양을 잡기 위해 제품을 1분 이내로 착용하고만 있으면 된다.[8] 기존에는 오디오광이나 원했던 이런 수요를 채우기 위해 (또는 독특하게 생긴 귀 모양에 맞추기 위해) 맞춤 제작을 해야 했고, 비용이 수천 달러에 달했다. 리볼스의 혁신은 어떻게 제조업체가 대단히 비싼 맞춤 제작 수준의 솜씨를 대량 판매 시장에 선보일 수 있는지 좋은 예시가 되어준다.

다른 혁신적인 기업들도 실제로 맞춤형 서비스를 제공하고 있다.

- 훌륭한 예로 디지털 피트니스 코치인 Vi의 개인 트레이닝 프로그램이 있다. 이 프로그램은 사용자의 건강 및 활동 수준에 따라 맞춤형 달리기 루틴을 제공한다.

- 뉴스 발행과 관련해 전 세계에 관한 최신 정보를 독자에게 최초로 공급하겠다는 끊임없는 경쟁이 있다. 이는 언론사에 유의미하

거나 이익이 된다. 대형 언론사들은 맞춤형 뉴스에 상당한 자원을 투자해왔다. 중국의 뉴스 종합 앱 **진르터우탸오**今日頭條에 따르면, 특정 독자가 24시간 안에 흥미를 느낄 만한 뉴스를 정확히 예측하는 것이 가능하다고 한다.[9]

- 미용 업계도 발 빠르게 이런 트렌드에 올라탔다. 독일의 스타트업 **스킨메이드**Skinmade는 머신러닝을 이용한 맞춤형 스킨 크림을 출시했다. 머신러닝으로 키오스크에서 고객의 피부 상태를 분석한 뒤, 고객이 기다리는 동안 스킨 크림을 제조한다.

- **뉴트로지나**Neutrogena가 개발한 앱은 이용자가 카메라로 얼굴을 스캔하면, 맞춤 제작한 마스크팩을 집 앞으로 배달한다.[10]

대량 개인화는 헬스케어에서 혁신을 일으키고 있다. 그중에는 개인의 건강 위험도를 알아보는 맞춤형 유전자 검사, 타깃화된 유전자 치료, 그리고 의료 기록과 영상 분석에 기반한 맞춤형 보고서 제공 및 진단 서비스가 있다.[11]

물론 이런 기술 트렌드가 악용될 가능성도 있다. 바로 앞서 언급한 페이스북 사건이 그 예다. 2017년에 유출된 한 보고서에 따르면, 페이스북은 이용자가 서비스를 어떻게 사용하는지에 따라 이용자의 정신 상태를 판단할 수 있는 능력이 있다. 페이스북은 이런 정보를 활용해 광고주에게 언제 상품을 광고해야 하는지 정확히 알 수 있다고 홍보했다. 또 다른 실험에 따르면, 십 대의 경우 자신의 뉴스피드에 이런 광고가 보이면 더 쉽게 우울증 관련 제품을 구입하는 경향이 있었다.

주요 도전 과제

아마도 가장 큰 과제는 맞춤형 마케팅, 제품, 서비스에 대한 소비자들의 욕구와 개인정보 수집 및 행동 분석에 관한 대중의 불신 사이에서 균형을 맞추는 일이다.

이는 개인정보를 수집하는 기업이라면 반드시 극복해야 할 장애물이다. 그러나 규제 기관이 데이터를 부적절하게 수집하는 기업 및 마케터를 처벌하고 있기 때문에 데이터를 책임감 있게 사용하는 기업에 관한 신뢰도는 올라갈 게 틀림없다. 데이터를 고객 동의 없이 수집하고, 남용하며, 적절히 보호하는 데 실패한 기업은 여러 관할권 내에서 무거운 벌금이라는 위협에 직면하겠지만, 타깃화된 마케팅과 개인화의 이점은 더욱더 매력적일 수 있다. 또, 전 세계적으로 개인정보 기반 마케팅에 대한 대중의 태도는 지역마다 매우 다르지만, 이런 태도가 하나로 수렴되는 징후도 엿보인다. 최근 미국 소비자에 대한 조사에 따르면, 전체 소비자의 62퍼센트는 유럽의 일반 개인정보 보호법 같은 규제 도입에 찬성하는 것으로 나타났다.[12]

잘못 타깃화된 마케팅이 소비자에게 흥미가 없는 것처럼, 지나치게 개인화된 광고는 섬뜩할 수 있다. 즉, 소비자에게 여러분의 비즈니스가 신뢰할 만하다고 증명할 수 있는 여러 노력이 필요하다. 어떤 데이터를 모으고, 그것을 어떻게 사용하는지 명확하게 설명할 뿐만 아니라, 프라이버시에 민감한 이용자에게 익명으로 제품과 서비스를 사용할 기회를 주는 것이 필수적인 전략이다. 구글이나 페이스 사용자들은 자신에 관한 어떤 정보가 수집되는지 확인하고, 수집되는 정보의 양과 종류를 제한할 수 있다.

이런 사항 이외에도, 대량 개인화 및 마이크로 모먼츠에는 자체적인 도전 과제가 있다. 둘은 각각 데이터 분석 전략의 발전을 요구한다. 무엇이 정말 가치 있고, 무엇이 단지 '무의미한 소음'인지 구별하기 위해서다.

일단 이런 문제를 해결하면 제품과 서비스를 내놓으면서 추가적인 개인화 단계를 거치는데, 여기서 발생하는 마찰을 극복해야 한다. 앞서 소개한 대량 개인화의 실제 사용 사례에서 여러 기업은 소비자가 개인정보를 부담 없이 제공하도록 다양한 방법을 사용했다. 그중 최고의 방법은 고객이 개인적인 선택을 내리는 과정을 재밌고 만족스러운 경험으로 바꾸는 것이다. 즉, 앱과 인터넷 사이트를 이용해 완제품이 완성되어가는 제조 과정을 이해할 수 있게 한다. 그러나 이런 방법은 기업이 고객에게 맞춤 경험을 선사하기 위해 자사의 비영업 부서, 제조 과정, 주문 절차를 최적화해야 한다는 부담이 따른다.

대량 개인화 및 마이크로 모먼츠라는
기술 트렌드를 준비하는 법

어느 조직이든 우선시해야 하는 절차가 있다. 바로 데이터 수집 방법을 다시 확인하고, 데이터 수집에 관해 고객에게 얼마나 상세히 알리고 있는지 재점검하는 것이다. 고객과 신뢰를 쌓는 작업도 필수적이다. 프라이버시 보호와 관련한 투명하고 빈틈없는 정책이 큰 역할을 할 수 있다.

일단 고객이 불쾌해할 정도로 타깃화하지 않는다는 확신이 들었다면, 고객의 행동과 수요를 더 잘 이해하기 위해 툴 이용이나 개발을 생각해볼 수 있다. 이미 기존에 만들어진 툴이 많다. 페이스북이나 구글의 타깃화된 마케팅 프로그램 역시 마찬가지다. 이 프로그램들은 페이스북과 구글이 소유한 막대한 양의 데이터를 활용한다.

그러나 이런 툴은 누구나 이용 가능하다. 따라서 여러분이 대중보다 더 뛰어나길 원한다면, 여러분은 좀 더 여러분의 필요에 맞춘 툴을 찾거나, 아니면 스스로 데이터 수집 및 분석 체계를 만들 수 있다. 하지만 여기에는 비용이 꽤 많이 들 수 있으므로, 여러분의 접근법이 사업 전략과 일치하는지, 또 여러분의 프로젝트가 전체적인 사업 목표를 향해 올바로 향하고 있는지 확인해야 한다.

개인화는 또한 물류 및 공급망 프로세스의 철저한 재검토를 요구할 수 있다. 개개의 소비자 수요에 맞춘 상품과 서비스를 제공하려면, 재고 관리가 다른 방식으로 이루어져야 한다. 올바른 물품이 적절히 비축되어 있다는 사실을 확인할 지능적인 방법도 필요하다. 상품이나 서비스가 전달되기 전에 디자인이 즉각적으로 결정되기 때문이다. 관리만 잘한다면 재고를 오랫동안 쌓아놓을 필요가 없어져 비용을 줄일 수 있으며, 부패나 손상으로 인한 손실도 막을 수 있다.

AI◉¹장와 같은 떠오르는 기술이 도움을 줄 수 있다. 이런 신기술이 어떻게 공급과 수요를 예측하는 데 보탬이 되는지 조사하는 것도 좋다.

대량 개인화는 모든 비즈니스를 위한 것은 아니다. 그러나 불과 몇 년 전만 해도 '대량 생산'과 '맞춤 디자인'은 서로 완전히 다른 것으로 여겨졌고, 이제는 점점 둘 사이에 교집합이 생기는 모양새다. 이 사실을 고려하면 새로운 기술 트렌드에 여러분의 조직이 뛰어들어야 하는 건 아닌지 다시 생각해볼 시점임이 분명하다.

주

1. Made to Order: The Rise of Mass Personalisation: www2.deloitte.com/ content/dam/Deloitte/ch/Documents/consumer-business/ch-en-consumer-business-made-to-order-consumer-review.pdf

2. How Target Figured Out A Teen Girl Was Pregnant Before Her Father Did, Forbes:www.forbes.com/sites/kashmirhill/2012/02/16/ how-target-figured-out-a-teen-girl-was-pregnant-before-her-father-did/#4744d10f6668

3. Facebook helped advertisers target teens who feel "worthless": https:// arstechnica.com/information-technology/2017/05/facebook-helped-advertisers-target-teens-who-feel-worthless/#

4. Balancing the See-Saw of Privacy and Personalization: The Challenges Around Marketing for Micro-Moments: https://medium.com/@ petesena/balancing-the-see-saw-of-privacy-and-personalization-the-challenges-around-marketing-for-micro-1fedc9144f62

5. Google's Personalised Search Explained: https://www.link-assistant. com/news/personalized-search.html

6. Amazon Wants to Use Predictive Analytics to Offer Anticipatory Shipping: https://www.smartdatacollective.com/amazon-wants-predictive-analytics-offer-anticipatory-shipping/

7. How beverages maker Paperboat is using analytics to personalize consumer tastes: www.techcircle.in/2018/10/15/how-beverages-maker-paperboat-is-using-analytics-to-personalise-consumer-tastes

8. Custom fit earphones: Audio nirvana or a waste of money?: https:// arstechnica.com/gadgets/2017/07/custom-fit-earphones-snugs-ue18-review/

9. Toutiao, a Chinese news app that's making headlines, The Economist: www.economist.com/business/2017/11/18/toutiao-a-chinese-news-app-thats-making-headlines

10. Cutting-Edge Beauty Brands Like Skinmade Are Redefining Customization With AI Technology: www.psfk.com/2019/06/reinventing-beauty-experiences-enhanced-customization.html

11. 10 Examples Of Personalization In Healthcare, Forbes:www.forbes.com/sites/blakemorgan/2018/10/22/10-examples-of-personalization-in-healthcare/#32ffece824e0

12. The pitfalls of personalisation: https://gdpr.report/news/2019/04/10/the-pitfalls-of-personalisation./

24

3D 및 4D 프린팅과 적층 가공

3D AND 4D PRINTING AND
ADDITIVE MANUFACTURING

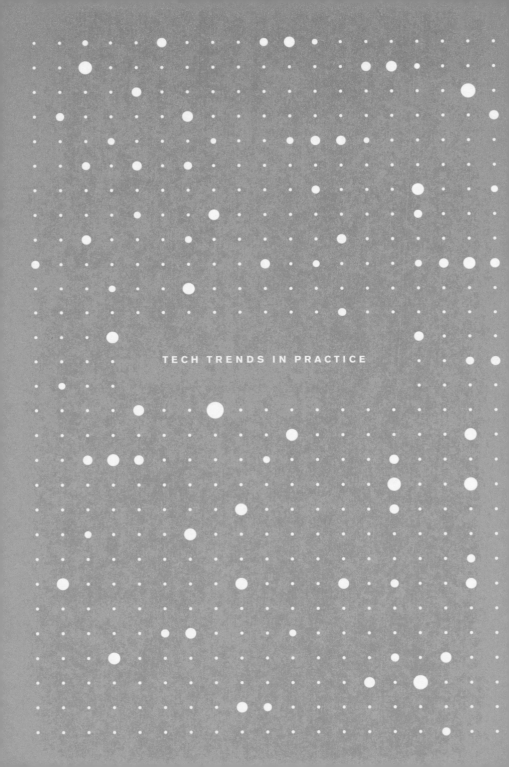

TECH TRENDS IN PRACTICE

한 문장 정의 ─────────
적층 가공이라고 알려지기도 한 3D 프린팅은 층을 쌓아 올리는 방식으로
디지털 파일로부터 3D 물체를 만드는 것을 의미한다. 4D 프린팅은 기본
적으로 같은 절차를 바탕으로 하지만, 프린트된 물체가 스스로를 변형할
수 있는 능력을 갖추고 있다.

3D 및 4D 프린팅과 적층 가공이란 무엇인가?

이 책에 반복적으로 등장하는 주제가 있다면 자동화의 부상이다.
3D 프린팅은 AI나 안면 인식 기술과 같은 트렌드와 비교하면 상
당히 낮은 수준의 기술로 보이지만, 비즈니스 프로세스를 간소화
하고 자동화하는 주제로 같이 묶을 수 있다. 예를 들어, 3D 프린팅
을 사용하면 미래의 공장에서 현장 장비의 예비 부품을 빠르게 프
린트할 수 있다. 예비 부품이 먼 나라에서 배에 실려 오는 걸 기다
릴 필요 없이 말이다. 심지어 전체 조립 라인을 3D 프린터로 대체
할 수도 있다.

여러분의 상상처럼, 3D 프린팅은 제조업을 뒤바꿀 잠재력이 있
다. 그러나 사실 3D 프린팅은 더 넓은 영역에서 사용될 수 있다.

인체 조직이라든가 무기 또는 음식까지 프린트할 수 있다.

그렇다면 3D 프린팅은 어떻게 작동할까? 전통적인 제조 방식은 뭔가를 덜어내는 식이었다. 즉, 절삭 공구를 이용해 플라스틱이나 금속 같은 원자재를 잘라내거나 속을 파냈다. 그러나 3D 프린팅은 첨가하는additive 프로세스다. (그래서 적층 가공additive manufacturing이라 말하기도 한다.) 즉, 층 위에 층을 쌓아 물체를 완성한다. 어떤 재료 덩어리를 잘라내 원하는 모양으로 다듬는 게 아니라, 무無에서 시작해 조금씩 물체를 쌓아나간다. 실제로 3D 프린팅된 물체를 절단해보면 마치 나무의 나이테처럼 겹겹이 쌓인 얇은 층을 볼 수 있을 것이다.

그러나 여기서 한 걸음 되돌아가보자. 뭔가를 프린트하려면, 그 물체의 3D 모델이 필요하다. 즉 디지털 설계도가 있어야 한다. 이런 설계도 또는 모델은 수백에서 수천 개의 층으로 층층이 '잘린다'. 이런 정보는 3D 프린터에 입력되며, 그러면 3D 프린터는 한 층 위에 또 한 층, 또 한 층 위에 또 다른 한 층을 쌓는다.

3D 프린팅의 장점은 아주 복잡한 모양도 훨씬 쉽게 만들 수 있다는 점이다. 또한 전통적인 방식보다 재료를 적게 사용한다. (환경 및 가격 책정에 도움이 된다.) 제품과 부품을 현지에서 프린트할 수 있으므로 수송비가 줄어든다. 그리고 규모의 경제를 생각할 필요 없이 제품 견본을 빠르고 쉽게 만들 수 있다. 이는 빠른 시제품 생

산, 주문 제작, 맞춤 제작에서 게임 체인저가 될 수 있는 요소다. 게다가 3D 프린팅에 사용되는 재료는 플라스틱, 금속, 분말, 콘크리트, 액체, 심지어 초콜릿까지 매우 다양하다.

인터내셔널 데이터 코퍼레이션International Data Corporation의 예측에 따르면, 3D 프린팅에 대한 전 세계 지출은 2019년 140억 달러(약 16조 8천억 원)에서 2022년 230억 달러(27조 6천억 원)로 성장할 전망이다.[1] 3D 프린팅의 성장은 더 빠르고 더 합리적인 가격의 3D 프린터로 가속화될 것이며, 3D 프린터는 AI●1장, 사물인터넷●2장, 음성 인터페이스●11장, 기계 공동 창의성 및 생성적 디자인●17장과 결합될 것이다. 달리 말해 더 스마트해지고, 더 넓게 연결되며, 더 접근하기 쉬워진다고나 할까?

자, 그럼 4D 프린팅이란 무엇일까? 4D 프린팅은 최첨단 적층 가공이다. 3D 프린팅처럼 첨가하는 방식이지만, 만들려는 물체가 어떤 조건(물이나 열 등)이 충족되면 스스로 모양을 바꾼다. 즉, 3D 프린팅과 모든 면에서 똑같지만 형태 변형이라는 차원이 추가되었다. 예를 들어 보관 상자가 어떤 조건이 충족되면 스스로 납작해질 수 있다. 또, 가구가 스스로 조립될 수 있다. (이케아를 떠올려보라!) 그 밖에도 구조물이 급격한 기후변화로 타격을 입은 뒤에 스스로 수리할 수 있다. 가능성은 끝이 없다. 4D 프린팅은 여전히 실험 단계여서 모든 응용 사례를 다 알 수는 없지만, 분명히 적층 가공 분야를 혁신할 수 있을 것이다.

3D 및 4D 프린팅과 적층 가공은 실제로 어떻게 사용되는가?

3D 프린팅과 4D 프린팅이 다양한 부문에서 어떤 충격을 주고 있는지 살펴보자.

제조업에서의 3D 프린팅

기업들은 3D 프린팅으로 수리용 기계 부품을 쉽게 만들고 생산 프로세스를 전환할 수 있으며, 제품을 주문 제작하고 시제품을 더 빠르게 내놓을 수 있다.

- 세계에서 가장 큰 제조업체 중 한 곳인 **GE**는 3D 프린팅에 15억 달러(약 1조 8천억 원)를 쏟아부으며 투자를 확대하고 있다. 한 예로, GE는 LEAP 제트 엔진에 쓰는 연료 노즐을 3D 프린팅하고 있으며, 연간 3만 5,000개의 노즐을 생산하기를 기대하고 있다.[2]

- 독일의 스포츠의류 업체 **아디다스**에 따르면, 3D 프린팅 기술 덕택에 새로운 신발 디자인을 시장에 선보이는 데 일주일이면 충분하다고 한다. 아디다스는 초기에 독일과 미국에 있는 고도로 자동화된 공장 두 곳에서 운동화 바닥을 3D 프린팅했으며, 현재는 중국 공장에서도 그렇게 하고 있다.[3]

- 3D 프린팅은 자동차 제조업체에서 크게 유행하고 있다. BMW 및 **포드**를 포함한 독일과 미국의 기업 네 곳 중 세 곳은 차량 부품과 예비 부품을 대량 생산하기 위해 3D 프린팅 기술을 사용하

고 있다.[4]

- **지멘스 모빌리티**는 기관사 좌석의 팔걸이를 비롯한 기차 부품을 주문 제작하기 위해 3D 프린팅을 이용한다. 결과적으로 지멘스 모빌리티는 주문 제작 비용을 낮추는 것은 물론, 제작 시간을 몇 주에서 단 며칠로 단축할 수 있었다. 또 온라인 플랫폼에서도 주문 제작 부품의 공급을 늘리고 있다.[5]

인체 조직 3D 프린팅

의료 부문이 3D 프린팅 기술의 얼리어답터라는 얘기를 들으면 놀랄지도 모르겠다. 예를 들어, 3D 프린팅 덕분에 개인 맞춤형 인공기관을 만드는 것이 가능하다. 그러나 사실 의료계의 3D 프린팅 사용은 인공기관의 예보다 훨씬 넓다.

- **웨이크 포레스트 재생의학연구소**Wake Forest Institute for Regenerative Medicine 연구진은 뼈, 근육, 귀를 프린트할 수 있으며, 이를 동물에 성공적으로 이식하기도 했다.[6] (이것은 바이오프린팅bioprinting으로 알려져 있다.) 여기서 핵심은 프린트한 조직이 이식 후에도 살아남아 제 기능을 다하는 것이다.

- 제대로 기능하는 하나의 장기 전체를 바이오프린트하는 기술이 나오려면 아직 갈 길이 멀다. 그러나 과학자들은 장기의 일부 조직을 프린트할 수 있다. 예를 들어, 에든버러대학교 **재생의학**

MRC센터MRC Center for Regenerative Medicine 연구진이 프린트한 간 세포는 1년 동안 살아남았다.[7] 이들은 장기적으로 이와 같은 기술이 만성 간 질환을 앓고 있는 환자들에게 도움이 되기를 바라고 있다.

- **노스웨스턴대학교 파인버그 의과대학**은 쥐 한 마리에 3D 프린트된 난소를 이식했다. 이 쥐는 계속해서 건강한 새끼를 낳고 있다.[8]

음식 프린팅

많은 물질을 3D 프린트할 수 있다. 음식이라고 무엇이 다르겠는가?

- **초크 에지**Choc Edge는 초콜릿 요리사가 초콜릿을 어떤 모양으로든 디자인할 수 있는 3D 프린터를 판다.[9] 여느 3D 프린팅 프로세스처럼 3D 디자인은 녹은 초콜릿을 한 번에 한 층씩 매우 얇게 쌓아 올린다. 프린트가 완료되면 식어서 굳는다. 허쉬 역시 3D 프린트된 초콜릿을 실험하고 있다.[10]

- 달콤한 주제를 좀 더 얘기하자면, 우크라이나의 전직 건축가이자 현직 페이스트리 셰프 **디나라 카스코**Dinara Kasko는 대단히 기하학적인 페이스트리를 3D 프린팅하여 인스타그램에서 무척 유명해졌다.[11]

- 스타트업 **노바미트**Novameat는 세계 최초로 채식주의자를 위한 스테이크를 3D 프린팅했다고 주장한다. 이 스테이크는 식물 단백질로 만들어졌다. 노바미트에 따르면, 고기는 전혀 포함되지 않았지만 힘줄이 있는 고기의 육질을 잘 재현했으며, 그러면서도 유축농업보다 훨씬 (환경 파괴 없이) 지속 가능하다고 한다.[12] 전 세계 인구가 급증함에 따라(2050년까지 90억 명 이상에 달할 수 있다) 우리가 당장 해결해야 할 문제는 지구를 파괴하지 않으면서도 사람들을 먹일 수 있는 음식을 개발하는 것이다. 3D 프린팅이 보탬이 될 수 있다.

건물 프린팅

건축과 건설 기술도 3D 프린팅으로 향상할 수 있다. 이것이 합리적인 가격의 주택 공급을 가능케 할까? 다음의 예시를 살펴보자.

- 러시아의 스타트업 **아피스 코어**Apis Cor는 일반적인 주택을 24시간 안에 3D 프린트함으로써 건축 비용의 40퍼센트를 줄일 수 있다.[13] 게다가 아피스 코어의 프린터는 이동이 가능해서 공장이 아니라 현장에서 가동할 수 있다. 프린터는 벽을 만들기 위해 콘크리트 혼합물로 층을 쌓는다. 그 후 프린터를 치우고 단열재, 창문, 지붕을 추가한다. 아피스 코어는 다음 단계로 고층 건물의 기반, 각 층 바닥과 지붕까지 프린트할 수 있는 3D 프린터를 만들 계획이다.

- **두바이**는 2030년까지 건물의 25퍼센트를 모두 3D 프린팅하겠다는 야심 찬 목표를 세웠으며, 이를 달성하기 위해 3D 프린팅 건설업체 코자Cozza와 손을 잡았다.[14] 코자는 3D 프린팅 로봇을 이용해 두바이의 저층 빌딩을 대규모 개발하려는 계획을 세우고 있다.

- 샌프란시스코의 주택 공급 비영리단체 뉴 스토리New Story는 값이 1만 달러(약 1,200만 원)에 불과하고, 48시간 만에 집을 지을 수 있는 소형 주택을 만들기 위해 건설 기술 기업 **아이콘**Icon과 협력했다. 이는 프린터가 단지 25퍼센트의 속도로 작업한 결과다.[15] 아이콘은 55~74제곱미터 정도인 주택을 24시간 만에 4천 달러(약 480만 원)의 비용으로 지을 수 있을 것으로 예상한다.

현실 속의 4D 프린팅

4D 프린팅은 아직 초기 단계에 있다. 그러나 다음의 예들을 보면 앞으로 무엇이 가능할지 가늠해볼 수 있다.

- **MIT 자가조립연구실**MIT Self-assembly Lab은 스스로 조립하고 프로그래밍이 가능한 재료과학의 발전에 몸 바치고 있다. 한 가지 예를 들면, 납작하게 프린트된 구조물이 뜨거운 물에 놓이는 순간 정육면체 모양으로 천천히 접힌다.[16] 이런 종류의 기술은 제조, 건설, 조립 라인에 쓰임새가 많다.

- 프랑스 기업 **프와티**Poietis는 "통제하는 방향으로 진화할 수 있는" 조직 세포를 프린트할 수 있다고 주장한다.[17]

- **로렌스 리버모어 연구소**Lawrence Livermore National Laboratory 연구진은 열이 가해지면 스스로 조정할 수 있는 실리콘 물질을 프린트했다. 이것은 착용자가 성장함에 따라 그에 맞춰 크기가 커지는 신발을 만드는 데 사용될 수 있다. 달리 표현하자면, 진정한 주문 제작 신발이라 할 수 있다.[18]

주요 도전 과제

이 책의 다른 기술 트렌드와 마찬가지로 3D 프린팅 기술에는 기회가 많다. 그러나 극복해야 할 장애물도 있다.

3D 프린팅은 재료를 적게 사용함으로써 제조업이 환경에 미치는 영향을 줄일 수 있지만, 우리는 프린터 자체가 미치는 충격을 판단해야 한다. 한 예로, 3D 프린팅은 플라스틱을 주로 사용하는 경향이 있다. 물론 이런 경향은 금속, 콘크리트, 그 밖의 다른 재료를 더 자주 사용하면 바뀔 수 있다. 또 한 가지 고려할 사항은 3D 프린터가 기존의 주조, 주물, 기계 가공보다 수백 배 많은 에너지를 사용한다는 점이다.[19]

또, 3D 프린팅은 지식재산권 소유자를 곤란에 처하게 할 수 있다. 즉, 3D 프린팅 기술은 너무나 쉽고 값싸게 위조품을 만들 수 있다.

(예를 들어 가짜 스타워즈 장난감들을 생각해보라.) 가트너에 따르면, 디지털 저작권 침해는 전 세계적으로 1년에 1천억 달러(약 120조 원)의 손실에 이를 수 있다.[20]

무기를 쉽게 프린트할 수 있다는 문제점도 있다. 2019년 영국의 한 학생은 3D 프린팅을 이용한 총을 제조해 유죄 판결을 받았다. 이와 같은 종류로는 영국에서 최초의 유죄 선고다. 이 학생은 디스토피아적 영화를 찍기 위해 총을 제작했다고 주장했으나, 왜 가짜 총이 아니라 진짜 제대로 작동하는 총을 프린트했는지 설명할 수 없었다.[21]

3D 프린팅은 근로자 안전에도 영향을 미칠 수 있다. 어느 연구에 따르면, 적층 가공 방식은 근로자에게 해를 끼칠 수 있다.[22] 특히, 근로자가 적층 가공 과정 중에 생성된 초미세 금속이나 다른 입자에 노출되는 경우 심각한 건강 문제를 일으킬 수 있다. 이와 관련한 과학은 여전히 발전하는 중이지만, 분명히 위험 관리자가 고려해야 할 부분이 있다. 제조업체는 적층 가공 시 사용하는 재료의 안전을 평가하고, 환기 및 쓰고 남은 재료의 처분을 신경 써야 할 것이다.

3D 및 4D 프린팅과 적층 가공이라는 기술 트렌드를 준비하는 법

글을 쓰는 현재 3D 프린팅은 절대 흔하지 않다. 그러나 이번 장의 예시에서 볼 수 있듯, 이 기술은 전통적인 제조 방식을 혁신할 잠재력이 충분하다. 그러므로 여러분의 비즈니스가 제조업에 속한다면 3D 프린팅이 어떻게 여러분의 제조 활동을 업그레이드할지 알고 싶을 것이다.

내가 특별히 3D 프린팅과 관련해 관심을 가진 부분은, 이 기술이 제품의 대량 개인화●23장를 실현할 수 있다는 점이다. 3D 프린팅 덕분에 제품과 디자인은 단 1개의 상품 주문에도 대응할 수 있다. 적용 분야는 맞춤형 운동화부터 개인의 영양학적 필요를 고려한 음식까지 다양하다.

소비자로서 우리는 맞춤형 상품과 서비스에 익숙하다. 집을 관리하는 방식에 따라 자동으로 온도를 맞춰주는 스마트 온도 조절 장치, 우리가 뭘 보고 싶어 하는지 이해하여 적절한 콘텐츠를 제공하는 TV 스트리밍 플랫폼, 각자의 고유한 운동 목표를 달성하도록 돕는 피트니스 트래커까지, 고객이 원하는 바를 정확히 제공하는 것이 비즈니스 성공의 핵심이다. 그러나 맞춤형 상품은 전통적으로 비싸고 손이 많이 갔다. 3D 및 4D 프린팅은 모든 것을 바꿀 잠재력이 있다. 물론 3D 프린팅의 광범위한 채택에 대한 회의적 시각도 존재하지만, 나는 제품을 얼마나 개인 맞춤화할 수 있느냐가 3D 프린팅의 미래에 차이를 가져올 수 있다고 믿는다. 그러므로 여러분의 고객이 맞춤형 상품에 좀 더 관심을 보인다면, 그 목표를 달성하는 수단으로 3D 프린팅을 선택할 만한 가치는 충분하다.

주

1. IDC Forecasts Worldwide Spending on 3D Printing to Reach $23 Billion in 2022: https://www.businesswire.com/news/home/20180803005338/en/IDC-Forecasts-Worldwide-Spending-3D-Printing-Reach

2. 3D printers start to build factories of the future, The Economist: www.economist.com/briefing/2017/06/29/3d-printers-start-to-build-factories-of-the-future

3. 3D printers start to build factories of the future, The Economist: www.economist.com/briefing/2017/06/29/3d-printers-start-to-build-factories-of-the-future

4. Start Your Own 3D Printing Business: 11 Interesting Cases Of Companies Using 3D Printing: https://interestingengineering.com/start-your-own-3d-printing-business-11-interesting-cases-of-companies-using-3d-printing

5. Siemens Mobility Overcomes Time and Cost Barriers of Traditional Low Volume Production for German Rail Industry with Stratasys 3D Printing: https://www.incus-media.com/siemens-mobility-overcomes-time-cost-barriers-traditional-low-volume-production-german-rail-industry-stratasys-3d-printing/

6. Wake Forest Researchers Successfully Implant Living, Functional, 3D Printed Human Tissue Into Animals: https://3dprint.com/119885/wake-forest-3d-printed-tissue/

7. Liver success holds promise of 3D organ printing, Financial Times: https://www.ft.com/content/67e3ab88-f56f-11e7-a4c9-bbdefa4f210b

8. 3D-Printed Ovaries Offer Promise as Infertility Treatment: www.livescience.com/59189-3d-printed-ovaries-offer-promise-as-infertility-treatment.html

9. Choc Edge: http://chocedge.com/

10. You can now 3D print complex chocolate structures, Wired: www.wired.co.uk/article/cocojet-chocolate-3d-printer

11. We Interviewed Dinara Kasko: 3D Printing Instagram Food Sensation: www.3dnatives.com/en/dinara-kasko-pastry-chef060420174/

12. Novameat develops 3D-printed vegan steak from plant-based proteins: www.dezeen.com/2018/11/30/novameat-3d-printed-meat-free-steak/

13. #3DStartup: Apis Cor, Creators of the 3D printed house: www.3dnatives.com/en/apis-cor-3d-printed-house-060320184/

14. This Startup Is Disrupting The Construction Industry With 3D-Printing Robots, Forbes: www.forbes.com/sites/suparnadutt/2017/06/14/this-startup-is-ready-with-3d-printing-robots-to-build-your-house-fast-and-cheap/#25aa3d016e8e

15. These 3D-printed homes can be built for less than $4,000 in just 24 hours: https://www.businessinsider.com/3d-homes-that-take-24-hours-and-less-than-4000-to-print-2018-9?r=US&IR=T

16. MIT Self-assembly Lab: https://selfassemblylab.mit.edu/

17. Four Ways 4D Printing is Becoming a Reality: www.engineering.com/3DPrinting/3DPrintingArticles/ArticleID/18551/Four-Ways-4D-Printing-Is-Becoming-a-Reality.aspx

18. Lab researchers achieve "4D printed" material: www.llnl.gov/news/lab-researchers-achieve-4d-printed-material

19. The dark side of 3D printing: 10 things to watch:www.techrepublic.com/article/the-dark-side-of-3d-printing-10-things-to-watch/

20. Gartner Says Uses of 3D Printing Will Ignite Major Debate on Ethics and Regulation: www.gartner.com/en/newsroom/press-releases/2014-01-29-gartner-says-uses-of-3d-printing-will-ignite-major-debate-on-ethics-and-regulation

21. UK student convicted for 3D printing gun: https://futurism.com/the-byte/uk-student-convicted-3d-printing-gun

22.   Tackling the risks of 3D printing: https://www-409.aig.co.uk/insights/
      tackling-risks-3d-printing

25

나노기술과
재료과학

NANOTECHNOLOGY AND
MATERIALS SCIENCE

TECH TRENDS IN PRACTICE

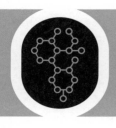

나노기술과 재료과학이란 무엇인가?

이번 장에서는 나노기술과 재료과학을 함께 소개한다. 두 분야는 각각 새로운 재료와 제품을 선보이고 있다. 작은 칩부터 센서, 구부릴 수 있는 디스플레이, 오랫동안 지속되는 배터리, 연구실에서 키운 먹거리까지 종류가 다양하다. 때가 되면, 나노기술과 재료과학의 발전이 스마트 기기●2장, 스마트 도시●5장, 자율주행차와 드론 ●14장. ●19장, 유전자 편집●16장, 3D 및 4D 프린팅●24장 등등 이 책에 이미 등장한 다른 기술 트렌드에 반영될 것이다.

'생명공학'은 나노기술 및 재료과학과 밀접히 연결돼 있으며, 연구실에서 배양해낸 인체 조직 같은 혁신으로 우리를 이끈다. 나는 이번 장에서 주로 나노기술 및 재료과학에 집중할 테지만, 생명공학의 예시도 몇몇 들겠다.

나노기술에 관해 개략적으로 살펴보자. 여러분 주변의 모든 것, 즉 여러분이 앉은 의자와 여러분이 손에 들고 있는 이 책이나 태블릿은 원자와 분자로 구성되어 있다. 나노기술은 몹시 작은 크기의 세상까지 들여다보므로, 모든 것을 구성하는 원자를 관찰할 뿐만 아니라 원자를 움직여 새로운 것을 만들기도 한다. 이런 의미에서 나노기술은 건축에 비유될 수 있다. 물론, 매우 작은 규모이다.

그렇다면 얼마나 작을까? 마이크로스코픽microscopic('미세한' '미시적인'이라는 의미의 단어이며 마이크로미터 단위의 크기를 뜻할 수 있다—옮긴이)은 잊자. 우리는 나노스코픽nanoscopic을 이야기하고 있다. 나노 단위는 마이크로 단위보다 1,000배 작으며, 미터나 킬로미터 같은 일상적인 규모보다는 십억 배 이상 작다. (나노의 문자적인 의미는 10억 분의 1이다.) 예를 들어, 여러분의 머리카락 두께가 대략 10만 나노미터이고, 인간 DNA의 폭은 2.5나노미터이다. 우리가 어느 정도의 크기를 다루고 있는지 알겠는가?

그런데 왜 나노 단위의 크기가 중요할까? 어떤 재료를 원자나 분자 크기의 수준에서 바라보면 더 많은 것을 이해할 수 있기 때문이다. 또한, 원자 크기의 수준에서는 물질이 완전히 다른 성질을 갖는다. 연필 속에 들어 있는 흑연과 다이아몬드의 차이를 살펴보자. 둘 다 탄소로 이루어져 있다. 그런데 탄소가 어떤 방식으로 결합하면 흑연이 되고, 또 다른 방식으로 결합하면 다이아몬드가 된다.

또 다른 예를 들어보자. 비단은 촉감이 대단히 부드럽고 섬세하다. 그러나 비단을 나노 단위로 확대해보면, 가교결합cross-link이 형성 돼 있음을 알 수 있다. 이것은 비단을 튼튼하게 한다. 우리는 이런 지식을 활용해 나노 수준의 크기에서 다른 물질을 조작할 수 있다. 즉, 매우 강력한 케블라Kevlar(방화복, 콘크리트 건조물 보강재 등으로 폭 넓게 이용되며, 특히 방탄 성능이 우수해 방탄복이나 방탄모 등에 사용된 다—옮긴이) 같은 최첨단 물질을 만들 수 있다. 또는 어떤 제품을 더 가볍게 하거나, 또는 어떤 직물을 얼룩이 지지 않게 할 수도 있다. 이런 방식으로 나노기술이 개입한다. 즉, 나노 수준의 크기에서 재 료에 관한 정보를 얻어 그로부터 새로운 제품을 만든다.

여러분은 이제 나노기술과 재료과학이 어떻게 연결되었는지 알 수 있을 것이다. 나노 수준의 크기에서 재료를 연구하는 것은 재료 과학의 한 분야로 여겨질 수 있는데, 여기서 재료들은 원자나 분자 단위에서 관찰된다. 그러나 나노기술은 분자생물학이나 양자물리 학 같은 다른 분야의 과학 원리를 포함하기도 한다. 그러므로 나노 기술은 대개 하나의 다른 분야로 인식된다.

오늘날, 작은 컴퓨터 칩이나 트랜지스터, 스마트폰 디스플레이 등 은 모두 나노기술과 재료과학을 이용해 만들어진다. 그러나 진정한 혁신은 여전히 수십 년 정도 멀리 떨어져 있다. 미래의 '나노 기기nanomachines' 및 '나노봇nanobots'은 인체에 주입돼 세포를 수리할 수 있으며, '하이퍼서피스hypersurface'는 어떤 표면surface이든 터치스크린 인터페이스로 바꿀 수 있다. 만약 우리가 원자를 조작할 수 있다면, 이론적으로는 훨씬 많은 것을 만들어낼 수 있다.

나노기술과 재료과학은 실제로 어떻게 사용되는가?

자, 나노기술 및 재료과학, 생명공학과 관련해 어떤 매력적인 사례들이 있는지 살펴보자.

제조업에서의 나노기술

나노기술의 수많은 응용 사례는 제조업에서 찾아볼 수 있다. 즉, 더 강력하고, 더 가볍고, 더 오래가는 혁신적인 제품을 만들 수 있다. 달리 말하자면, 더 뛰어난 상품들이다.

- **메서코트**MesoCoat는 세르마클래드CermaClad라는 나노 복합소재 코팅을 개발했다. 이는 석유 산업에 사용되는 파이프를 코팅해 부식과 마모를 방지한다.[1]

- **천이 씌워진 가구**에 이용되는 발포제를 탄소 나노섬유로 코팅하면 인화성을 35퍼센트까지 줄일 수 있다.[2]

- **테니스**에도 나노기술이 사용된다. 테니스공이 더 오랫동안 탄력

을 유지할 수 있도록 하며, 테니스 라켓을 더 강하게 만든다.[3]

- **나노레펠**Nanorepel은 여러분의 자동차 도색을 새똥으로부터 보호할 수 있는 나노코팅을 만든다.[4]

- 나노기술은 우리가 매일 사용하는 많은 전자기기에 활용된다. 인텔의 컴퓨터 프로세서가 바로 그 예다. **인텔**의 최신 코어 프로세서Core processor는 10나노기술이 적용됐다.[5]

재료과학의 발전

재료과학의 진화된 모습을 살펴보자. 이 중 상당수는 나노기술로부터의 발전을 포함한다.

- 탄소섬유의 개발 덕택에 우리는 대단히 강하고, 가볍고, 높은 성능을 보여주는 복합재료를 갖게 되었다. **보잉 787 드림라이너** Boeing 787 Dreamliner는 기체와 날개에 이런 복합재료를 사용한다.

- **그래핀**graphene은 세계에서 가장 얇은 재료로서, 한 층의 원자로 이루어졌다. 강철보다 200배 강력하면서도, 여전히 유연하게 구부러질 수 있다. 세라믹이나 금속에 추가하면 성질을 더 강하고 유연하게 만들고, 부식을 방지할 수 있는 잠재력이 있다. 한번 생각해보라. 구부러지는 태양 전지, 녹슬지 않는 금속 코팅, 그리고 녹 방지 페인트가 있다면 우리 생활이 어떻게 달라질 것인가.

- **하이퍼서피스**는 현재 개발 중인 기술로서, 어떤 물체나 표면, 재료를 지능적인 표면으로 바꾸어 동작을 탐지하고 명령을 수행할 수 있도록 한다. 예를 들어, 탁자로 TV, 조명, 온도 조절 장치 등을 조종할 수 있다. 하이퍼서피스 스타트업은 자동차 제조업체로부터 많은 관심을 받고 있다.[6]

- 우리가 전자기기를 매일 들고 다닐 수 있는 것은 리튬이온 배터리의 개발 덕분이다. 리튬이온 배터리는 상대적으로 작고, 가벼우며, 에너지 밀도가 높다. 그러나 과학자들은 더 작고 더 높은 에너지를 낼 수 있으며, 더 수명이 길면서도 환경에 피해를 덜 주는 배터리를 만들려 경쟁하고 있다. 배터리의 성능 향상은 친환경 에너지를 저장하고 전기차 사용률을 높이기 위해 특히 중요하다. **도요타** 연구진은 7분 만에 완전히 충전하거나 방전할 수 있는 배터리 물질을 시험하고 있는데, 이는 전기차를 위해 이상적인 조건이다.[7] 마찬가지로 **그래뱃**Grabat은 리튬이온 배터리보다 33배 빠르게 충전 및 방전할 수 있는 그래핀 배터리를 만들고 있다. 그래핀 배터리는 한 번 충전하면 전기차를 약 800킬로미터쯤 달리게 할 수 있다.[8] 심지어 제낙스 J. 플렉스Jenax J. Flex 배터리라는 이름의 접을 수 있는 배터리도 있다. 미래에는 전자기기를 접을 수도 있을 것이다.[9]

스마트 재료와 자기 회복self-healing 재료

미래에 개발 가능한 그 밖의 재료에는 어떤 것이 있을까? 만약 다음의 예시가 참고 자료가 된다면, 많은 제조업체가 자신의 특성을 변화시키고 스스로 치유하는 재료에 관심을 두게 될 것이다.

- 과학자들은 인간의 몸이 스스로 회복하는 데서 영감을 받아 스스로 손상과 마모를 치료할 수 있는 **자기 회복 재료**를 개발하고 있다. 최초로 상업화할 수 있는 자기 회복 재료는 얼룩이나 기상 재해의 피해를 스스로 해결하는 페인트나 코팅일 수 있다.[10] 그러나 누가 알겠는가? 시간이 지나면 금이 갔을 때 스스로 고치는 다리가 나타날지도 모를 일이다.

- 스마트 재료는 주변 환경에 따라 변화하는 성질이 있다. 이런 예 중 하나는 안경에 사용되는 **변색**photochromic 렌즈다. 햇빛에 노출되면 선글라스가 되고, 실내에 들어오면 보통의 안경으로 되돌아온다.

- **형상 기억 고분자**는 스마트 재료의 또 다른 예로, 열을 가하면 원래의 모양으로 돌아온다. 이 기술을 자동차 범퍼에 적용해 사고 후에 더 쉽게 수리할 수 있는 특허도 나와 있다. 따라서 미래에는 자동차 범퍼가 움푹 들어가더라도, 이론적으로는 쉽게 원래 모양으로 되돌릴 수 있다.[11]

생명공학의 사용 사례

생명공학은 헬스케어, 제조업, 농업을 포함한 모든 산업 분야에 걸쳐 새로운 기술을 개발하기 위해 기관계(기능적으로 서로 관련성을 가진 기관의 집합체. 근육 계통, 소화 계통, 신경 계통, 순환 계통 등이 있다—옮긴이) 및 세포, 세포기관 등을 이용한다. 예를 들어, 의생명공학 Medical biotechnology은 우리에게 백신 및 항생제를 제공한다.

- MIT 총장이었던 수잔 혹필드Susan Hockfield는 『**살아 있는 기계의 시대**The Age of Living Machines』에서, 인류가 직면한 과제들을 해결하기 위해 '자연의 천재성nature's genius'을 활용하는 미래를 예측했다. 수잔 혹필드는 생물학과 공학이 만나 우리가 아직 상상하지 못한 기술을 탄생시킬 것이라고 예상한다.[12]

- 생명공학은 농업 분야에서 **유전자 변형 작물**을 가능케 했다. 이 덕분에 농부는 생산량을 늘리거나 질병에 강한 작물을 키울 수 있다. 생명공학은 또한 음식에 영양분을 첨가하기도 한다. '황금 쌀golden rice'이 대표적인 예로, 여기에는 베타카로틴이 함유됐다. 유전체학과 유전자 편집을 더 살펴보려면 16장을 참고하라.

- 노스캐롤라이나의 **듀크대학교** 연구팀은 심근경색으로 파괴된 심근세포를 대신할 수 있는 패치를 개발했다. 실험실에서 배양한 심근으로 만든 패치는 수술을 통해 환자에게 부착할 수 있다. 설치류를 대상으로 한 패치 실험은 성공적이었다.[13] 물리적 증강 인

간에 관해서는 3장에서 더 자세히 읽을 수 있다.

- 실험실에서는 단지 인체 조직만 배양하지 않는다. 좀 더 지속 가능하고 윤리적인 식품 공급을 위한 노력의 일환으로, 과학자들은 연구실에서 먹거리를 자라게 하는 실험을 하고 있다. 실험실 고기 또는 세포 농업cellular agriculture은 소나 닭 등 동물의 세포를 취해 바이오리액터bioreactor(생물의 체내에서 일어나는 물질 분해, 합성, 화학적 변환 등 생화학적 반응 프로세스를 인공적으로 재현하려는 시스템—옮긴이)의 생육 배지(유기체를 기르기 위해 영양원으로 사용되는 매체—옮긴이)에 넣어 '배양육'을 만드는 과정을 포함한다. 해산물도 마찬가지다. 예를 들어, **블루날루**BlueNalu는 다양한 해산물에서 근육 세포를 추출해 연구실에서 배양한다. 음식 3D 프린팅에 관해서는 24장을 참고하라.

주요 도전 과제

나노 수준의 크기에서 물질을 조작하는 것과 관련한 심각한 우려가 있다. 특히 우리는 나노 크기의 기기나 유기체가 환경과 인체에 미칠 수 있는 영향에 대해 아는 바가 없다. 우리는 작은 입자가 인체에 상당한 해를 끼칠 수 있다는 사실을 안다. 지난 수십 년간 사용한 화학물질과 재료는 인간에게 유독하다. 나노 물질도 이와 같은 위협을 가하게 될까? 나노 물질은 뇌를 보호하는 혈관-뇌 장벽을 통과할 수 있을 만큼 작다. 만약 우리가 의류에서부터 파이프에 바르는 일광 차단제까지 모든 것에 나노 입자를 사용하게 된다면, 이런 입자가 우리에게 독이 되지 않는다고 어떻게 보장할 수 있을까?

'그레이 구grey goo' 시나리오는 나노기술과 관련해 가장 흔하게 언급되는 이야기다. 이 이론에 따르면, 인간은 자기복제를 할 수 있는 위험한 나노봇을 만들 수 있고, 이 나노봇은 멈출 줄 모르는 기세로 모든 것을 삼킨다. 이런 시나리오가 설득력 없게 들릴 수도 있다. 이 용어를 처음 사용한 나노기술의 선구자 에릭 드렉슬러K. Eric Drexler 박사는 후에 '그레이 구'라는 용어가 만들어지지 않기를 바랐다고 얘기했지만, 여기에 담긴 교훈은 무척 단순하다. 인간이 인간에게 유익하기보다 해로운 것을 개발하면 무슨 일이 벌어지겠는가? (인간은 이미 오랜 역사 동안 그렇게 해왔다. 담배와 핵무기가 쉬운 예다.)

우리가 우연히 모든 생명을 멸종시키지 않는다고 하더라도, 생각해봐야 할 문제점은 또 있다. 나노봇이 모든 질병을 없애서 인간이 대단히 장수하게 됐다고 치자. 그렇다면 지구에 어떤 영향이 있을까? 우리가 더는 인간의 모습이 아닌 형태로 스스로 증강하기를 원할까? (증강 인간에 관해서는 3장에 더 자세히 설명되어 있다.)

나노기술이 범죄자나 테러리스트에 의해 사용될지 모른다는 걱정도 있다. 예를 들어, 탐지되지 않을 만큼 매우 작은 무기를 만드는 일도 가능하다. 그러나 결론적으로 나노기술의 유익은 이런 잠재적 리스크보다 크다. 이 분야에 종사하는 많은 사람이 그렇게 믿는다.

나노기술과 재료과학이라는 기술 트렌드를 준비하는 법

나노기술과 재료과학의 많은 첨단 연구가 학계에서 이루어지고 있다. 따라서 이런 기술은 아직 비즈니스 세계에 널리 퍼지지 않았다. 그러나 미래에는 다수의 기업, 특히 제조 분야가 나노기술로부터 유익을 얻을 것이다. 더 강하고, 더 가벼우며, 더 안전하고, 더 스마트한 제품을 개발할 수 있는 잠재력을 고려하고 있는가? 이것이 바로 나노기술과 재료과학이 우리를 도울 수 있는 방법이다.

지금은 당장 나노기술을 개발할 것이 아니라 추세를 관망하는 편이 좋다. 그러나 나노기술이 발전할 때는 여러분의 비즈니스를 위해 이를 어떻게 사용할지 고민하기 시작해야 한다. 먼저 다음과 같은 질문을 염두에 두자.

- 나노기술을 적용해야 할 강력한 이유가 있는가? 예를 들어, 나노기술은 제품의 성능을 높이는가? 이 책의 다른 기술과 마찬가지로, 단지 기술을 위한 기술은 별로 좋은 아이디어가 아니다.

- 안전성은 어떻게 고려할 것인가? 달리 말하면, 나노 입자가 고객에게 안전하다고 어떻게 보장할 것인가? 그리고 나노기술이 적

용된 제품을 생산하는 직원들을 어떻게 보호할 것인가?

• 환경에 미치는 리스크는 무엇인가? 나노 물질이 (환경 파괴 없이) 지속 가능한지 고려해야 한다.

주

1. MesoCoat Receives Two (New) Grants to Develop CermaClad Arc Lamp Applications: www.businesswire.com/news/home/20141006005918/en/MesoCoat-Receives-New-Grants-Develop-CermaClad%E2%84%A2-Arc

2. Carbon Nanofibers Cut Flammability of Upholstered Furniture: www.nist.gov/news-events/news/2008/12/carbon-nanofibers-cut-flammability-upholstered-furniture

3. Nanotechnology in sports equipment: The game changer: www.nanowerk.com/spotlight/spotid=30661.php

4. Nanorepel: www.nanorepel.eu/?lang=en

5. Intel's New 10-Nanometer Chips Have Finally Arrived, Wired: www.wired.com/story/intel-ice-lake-10-nanometer-processor/

6. HyperSurfaces turns any surface into a user interface using vibration sensors and AI, Techcrunch: https://techcrunch.com/2018/11/20/hypersurfaces/

7. Future batteries, coming soon: Charge in seconds, last months and charge over the air: www.pocket-lint.com/gadgets/news/130380-future-batteries-coming-soon-charge-in-seconds-last-months-and-power-over-the-air

8. Future batteries, coming soon: Charge in seconds, last months and charge over the air: www.pocket-lint.com/gadgets/news/130380-future-batteries-coming-soon-charge-in-seconds-last-months-and-power-over-the-air

9. Jenax J. Flex battery: https://jenaxinc.com/

10. Self-healing materials:www.explainthatstuff.com/self-healing-materials.html

11. Automobile bumper based on shape memory material: https://patents.

google.com/patent/CN101590835A/en

12. Susan Hockfield on a new age of living machines: http://news.mit. edu/2019/3q-susan-hockfield-new-age-living-machines-0507

13. Lab-grown patch of heart muscle and other cells could fix ailing hearts, Science: www.sciencemag.org/news/2019/04/lab-grown-patch-heart-muscle-and-other-cells-could-fix-ailing-hearts

나오며

지금까지의 여정이 4차 산업혁명을 이끄는 25가지 기술 트렌드에 관해 좀 더 깊이 이해할 수 있는 즐거운 시간이었기를 바란다. 아마 여러분도 나처럼 이 책에 소개된 여러 기술을 떠올리며 매우 흥분하거나 아니면 몸서리쳤을 수 있다. 이런 기술이 얼마나 혁신적인지, 또한 4차 산업혁명이 어떠한 기회와 충격을 가져다줄지 생각해보는 계기가 되었으면 한다. 많은 기술이 우리 사회와 기업에 상당한 영향을 주겠지만, 아마도 그 변화는 우리가 현재 상상하는 범위를 넘어설 것이다. 기술은 우리의 업무를 개선하고, 비즈니스 모델을 수정하며, 비즈니스와 산업을 완전히 재정의할 수 있다.

분명히 앞선 산업혁명처럼 승자와 패자가 나올 것이다. 변화를 관리하는 것은 우리의 책임이며, 이런 기술을 통해 더 나은 세상을 만드는 것도 우리에게 달려 있다. 우리는 반드시 기술이 인간을 위하고, 삶을 더 낫게 하며, 인류가 직면한 문제를 풀도록 유도해야 한다.

우리는 이제껏 이보다 더 강력한 기술을 가져본 적이 없다. 잘만 사용한다면 재해와 기아를 없애며, 불평등과 가난을 줄이고, 허위 정보와 가짜 뉴스를 뿌리 뽑고, 헬스케어에 더 접근하기 쉬워진다. 우리는 우리의 도시와 사회를 더 탄력적이고 지속 가능하게 만들 수 있다. 반드시 그렇게 하자!

나와 일한 많은 기업 및 정부가 미래 기술을 더 깊이 이해하며 사용하기를 원했다. 나는 그들 중 다수가 미래 기술을 통해 세상을 더 나은 곳으로, 더 인간적인 곳으로 만들 것이라는 긍정적인 시각을 갖고 있다.

책이라는 물성의 한계를 넘어 여러분과도 폭넓게 소통하기를 원한다. 질문이 있다면 무엇이든 나에게 묻고, 기술에 관한 성공담이 있다면 함께 공유했으면 좋겠다. 내가 여러분의 기업을 도울 수 있을 거라는 생각이 들면 부담 없이 연락해도 좋다.

링크드인 Bernard Marr   트위터 @bernardmarr

유튜브 Bernard Marr   인스타그램 @bernardmarr

페이스북 facebook.com/BernardWMarr

내가 운영하는 웹사이트 www.bernardmarr.com을 방문해도 좋다. 더 많은 콘텐츠와 주간 뉴스레터 등 최신 정보를 접할 수 있다.

감사의 말

나는 대단히 혁신적이고 빠르게 움직이는 분야에서 일하게 된 것을 행운으로 여긴다. 또한 다양한 기업 및 정부 조직과 협업할 수 있었던 것도 일종의 특권이라고 생각한다. 이들 모두 진정한 가치를 전하는 최신 기술을 사용하고자 했는데, 그로 인해 나는 매일 새로운 것을 배웠고 또 이런 책도 써낼 수 있었다.

지금까지 나를 도와준 많은 사람에게 감사를 전하고 싶다. 함께 일한 기업의 많은 분이 나를 신뢰해주었고, 오히려 나에게 새로운 지식과 경험을 제공했다. 내가 또 고마움을 표시해야 하는 분들은 개인적으로, 또는 블로그와 책, 그 밖의 다른 형식으로 자신의 견해를 나와 공유해준 사람들이다. 이들 덕분에 나는 매일 지식을 흡수했다! 개인적으로 알고 지내는 핵심 사상가와 이론가들도 빼놓을 수 없다. 나는 그들의 조언과 우리가 함께 나눈 대화를 매우 높이 평가한다.

편집팀과 출판팀에게도 감사를 표한다. 아이디어를 출판으로 연결하는 데는 팀 단위의 노력이 들어간다. 여러분의 조언과 도움에 진심으로 감사한다. 애니 나이트, 켈리 래브럼, 새만타 하틀리에게 마음을 전한다.

또한 아내 클레어와 세 자녀 소피아, 제임스, 올리버에게 감사한다. 가족은 내가 사랑하는 일, 즉 더 나은 세상을 만들 수 있는 아이디어를 학습하고 나누는 작업을 할 수 있도록 영감과 자유를 제공해주었다.

찾아보기

다가온미래

Tech Trends in Practice
포스트 코로나 시대를 구원할 파괴적 기술 25

초판 1쇄 발행 2020년 11월 13일
초판 2쇄 발행 2020년 12월 14일

지은이 버나드 마
옮긴이 이경민
펴낸이 김선식

경영총괄 김은영
기획편집 이수정 **책임마케터** 권장규
마케팅본부장 이주화
채널마케팅팀 최혜령, 권장규, 이고은, 박태준, 박지수, 기명리
미디어홍보팀 정명찬, 허지호, 김은지, 박재연, 배한진, 임유나
저작권팀 한승빈, 김재원
경영관리본부 허대우, 하미선, 박상민, 김형준, 윤이경, 권송이, 김재경, 최완규, 이우철
외부스태프 표지·본문디자인 책과이음

펴낸곳 다산북스 **출판등록** 2005년 12월 23일 제313-2005-00277호
주소 경기도 파주시 회동길 357 3층
전화 02-704-1724
팩스 02-703-2219 **이메일** dasanbooks@dasanbooks.com
홈페이지 www.dasanbooks.com **블로그** blog.naver.com/dasan_books
종이·출력·인쇄 갑우문화사

ISBN 979-11-306-3275-9 (03500)

다산북스(DASANBOOKS)는 독자 여러분의 책에 관한 아이디어와 원고 투고를 기쁜 마음으로 기다리고 있습니다.
책 출간을 원하는 아이디어가 있으신 분은 이메일 dasanbooks@dasanbooks.com 또는 다산북스 홈페이지 '투고원고'란으로
간단한 개요와 취지, 연락처 등을 보내주세요. 머뭇거리지 말고 문을 두드리세요.